人 工 智 能 应 用 丛 书
全国高等院校人工智能系列“十三五”规划教材

人工智能导论

RENGONG ZHINENG DAOLUN

徐洁磐 编著

中国铁道出版社有限公司
CHINA RAILWAY PUBLISHING HOUSE CO., LTD.

内容简介

本书由四篇共17章组成。第一篇是基础理论篇,共九章(第1~9章),从整体角度介绍人工智能的基本概念与基础理论。第二篇是应用技术篇,共四章(第10~13章),介绍人工智能基础理论与相关分支领域相融合所产生的新技术。第三篇是应用篇,共三章(第14~16章),介绍智能产品的开发及目前广为流行的四种应用实例。第四篇是展望篇,共一章(第17章),对人工智能学科今后发展提出建议和看法。

在本书的编写中坚持三项原则:教材的现代性,即新的技术路线与新的体系,并形成新一代人工智能技术;教材的应用性,即更加关注人工智能与其他学科、领域的融合,将人工智能应用到多个行业中去;教材的引导性,即坚持教材的入门与引导作用。本书的出版,在一定程度上填补了新一代人工智能教材的空白。

本书适合作为人工智能、计算机类专业及相关专业“人工智能”课程教材及培训教材,也可作为人工智能应用、开发人员的基础读物。

图书在版编目(CIP)数据

人工智能导论/徐洁磐编著.—北京:中国铁道出版社有限公司,2019.7(2020.9重印)
(人工智能应用丛书)
全国高等院校人工智能系列“十三五”规划教材
ISBN 978-7-113-25870-2

Ⅰ.①人… Ⅱ.①徐… Ⅲ.①人工智能-高等学校-教材
Ⅳ.①TP18

中国版本图书馆CIP数据核字(2019)第133735号

书　　名:人工智能导论
作　　者:徐洁磐

策　　划:周海燕　　　　**编辑部电话:**(010)51873090
责任编辑:周海燕　卢　笛
封面设计:穆　丽
责任校对:张玉华
责任印制:樊启鹏

出版发行:中国铁道出版社有限公司(100054,北京市西城区右安门西街8号)
网　　址:http://www.tdpress.com/51eds/
印　　刷:三河市航远印刷有限公司
版　　次:2019年7月第1版　2020年9月第3次印刷
开　　本:787 mm×1 092 mm　1/16　**印张:**17　**字数:**356千
书　　号:ISBN 978-7-113-25870-2
定　　价:49.80元

编委会

序 言

自 2016 年 AlphaGo 问世以来，全球掀起了人工智能的高潮，人工智能学科也进入第三次发展时期。由于它的先进性与应用性，人工智能在我国也迅速发展，党和政府高度重视，2017 年 10 月 24 日习近平总书记在中国共产党第十九次全国代表大会报告中明确提出要发展人工智能产业与应用。此后，多次对发展人工智能做出重要指示。人工智能已列入我国战略性发展学科中，并在众多学科发展中起到“头雁”的作用。

人工智能作为科技领域最具代表性的应用技术，在我国已取得了重大的进展，在人脸识别、自动驾驶汽车、机器翻译、智能机器人、智能客服等多个应用领域取得突破性进展，这标志着新的人工智能时代已经来临。

由于人工智能应用是人工智能生存与发展的根本，习近平总书记指出：人工智能必须“以产业应用为目标”，其方法是：“要促进人工智能和实体经济深度融合”及“跨界融合”等。这说明应用在人工智能发展中的重要性。

为了响应党和政府的号召，为发展新兴产业，同时满足读者对人工智能及其应用的认识需要，中国铁道出版社有限公司组织并推出以介绍人工智能应用为主的“人工智能应用丛书”。本丛书以应用为驱动，应用带动理论，反映最新发展趋势作为主要编写方针。本丛书大胆创新、力求务实，在内容编排上努力将理论与实践相结合，尽可能反映人工智能领域的最新发展；在内容表达上力求由浅入深、通俗易懂；在内容和形式体例上力求科学、合理、严密和完整，具有较强的系统性和实用性。

“人工智能应用丛书”自问世至今已一年有余，已编辑出版 6 本著作，预计到 2019 年底将出版 12 本相关应用性著作。

2019 年是关键性的一年，随着人工智能研究、产业与应用发展迅速，人工智能人才培养已迫在眉睫，一批新的人工智能专业已经上马，教育部已于 2018 年批准 35 所高校开设工智能专业，同时有 78 个与人工智能应用相关的智能机器人专业，以及 128 个智能医学、智能交通等跨界融合型应用专业也相继招生，预计到 2019 年年底将会有超过 200 所高校投入人工智能专业建设中。

面对这种形势，在设立专业的同时，迫切需要继续深入探讨相关的课程设置，教材编写也成当务之急，因此中国铁道出版社有限公司在原有应用丛书基础上，又策划组织了“全国高等院校人工智能系列‘十三五’规划教材”，以组织编写人工智能应用型专业教材为主。

这两套丛书均以“人工智能应用”为目标，采用两块牌子一个班子方式，建立统一的“丛书编委会”，即两套丛书一个编委会。

这两套丛书适合人工智能产品开发和应用人员阅读，也可作为高等院校计算机专业、人工智能相关专业的课程教材及教学参考材料，还可供对人工智能领域感兴趣的读者阅读。

丛书在出版过程中得到了人工智能领域、计算机领域很多专家的支持和指导，特别是得到何新贵院士的指导与帮助，丛书的组织编写不但是全体作者的共同努力，同时也得到了广大读者的支持，在此一并致谢。

人工智能是一个日新月异、不断发展的领域，许多理论与应用问题尚在探索和研究之中，观点的不同、体系的差异在所难免，如有不当之处，恳请专家及读者批评指正。

“人工智能应用丛书”编委会

“全国高等院校人工智能系列‘十三五’规划教材”编委会

2019 年 7 月

前　言

伴随着 AlphaGo 的出现，人工智能得到了空前的关注。特别是在大数据、“互联网 +”等技术驱动之下，人工智能已成为推动新一轮产业和科技革新的动力，占据着国家战略制高点的地位。目前人工智能已列入我国战略性发展学科中，并在众多学科发展中起到了“头雁”的作用。

从另一个角度看，如果要评选当前最为热门的学科，人工智能肯定榜上有名。国内众多知名高校纷纷开设人工智能专业，预计 2019 年还会有更多学校投入人工智能专业建设中，一个人工智能研究、开发、应用及人工智能人才培养的百花齐放局面正在形成。

面对这种形势，迫切需要编写适应当前发展要求的人工智能基础性读物，它可以作为人工智能人才培养的基础性教材，也可作为人工智能研究、开发、应用人员从事实际工作的辅导性读物。这种读物就是《人工智能导论》。

为编好教材，我们在编写中坚持以下三项原则。

1. 教材的现代性

实际上从目前市场上看，有关人工智能导论、人工智能原理之类的教材还是很多的，但仔细探究就会发现，适应当前人工智能发展需求的教材并不多。现在人工智能已进入第三个发展时期，并已形成“新一代人工智能”，这个时期人工智能的技术发展特点体现在以下两方面。

(1)新的技术路线

新一代人工智能的技术路线包含：

● 新的技术内容

以深度学习（特别是其中的卷积神经网络）为代表的机器学习方法；以知识图谱为知识表示（特别是由它所组成的知识库）的现代推理方法是当前人工智能技术发展新的特色。

● 新的数据平台

以大数据技术作为发展人工智能新的数据平台，以支撑深度学习与现代推理方法的发展。

● 新的计算平台

以超级计算机、5G通信、互联网、物联网、云计算、移动终端、人工智能芯片、传感技术以及多种人工智能专用软件工具等所组成的高性能计算平台。

(2)新的体系

新一代人工智能正在成为一门独立、完整的一级学科,这需要一种新的体系,它应是有别于传统的、老的体系,能适应人工智能最新发展的体系。

凡符合以上两个特色的教材可称为“新一代人工智能教材”。可喜的是这种教材已在我国出现,但可惜的是还比较少。本书正是向此目标努力的新一代人工智能教材。

2. 教材的应用性

从人工智能发展的经验与教训看,应用的受限一直是人工智能发展的瓶颈,每当人工智能应用受到阻碍时就出现了人工智能发展的低潮,要保持人工智能的发展必须不断开拓应用,与多种领域、行业实现“跨界融合”发展,特别是与“实体经济融合”发展。同时通过应用倒逼人工智能理论的发展,并为其发展指明方向与目标。

特别需要知道的是,正是由于人工智能在经济发展及社会发展中的重大应用性,才使人工智能学科上升成为国家级战略层次学科。

本书必须体现人工智能应用性,它表示书中的内容除了全面介绍人工智能内容外,更加要关注于人工智能与其他学科、领域的融合,将人工智能广泛应用到多个行业与领域中去,同时还要更加关注将人工智能与计算机相结合,开发出更多的产品来。这也是本书所努力追求的另一个目标。

3. 教材的引导性

人工智能导论是人工智能的基础性读物 ,它具有“入门性”与“引导性”作用。由于人工智能是一门学科,其内容涉及从理论、开发到应用,从上游、中游到下游等多方面,但它不是一本百科全书,在编写中坚持其“引导性”与“入门性”原则,具体体现为:

(1)从整体角度对人工智能学科有一个完整、系统的介绍,使读者对此学科有一个全面、整体、系统的了解与认识。

(2)对人工智能学科中的整个体系、基础概念、基本理论、主要方法、融合思路、开发原则以及应用实例等做全面介绍,但在介绍中并不着重于细节化描述而注重于概念性与关联性。

(3)在全面介绍的基础上,重点突出:突出介绍那些具有整体性、基础性的内容;突出介绍那些具有新一代技术发展特点的内容;突出介绍内容之间的关联性以及突出介绍那些有开发、应用价值的内容。

根据以上三个编写原则,本书的内容由四篇共17章组成。

第一篇是基础理论篇,共九章(第1~9章)。该篇从整体角度介绍人工智能的基本概念与基础理论。

第二篇是应用技术篇,共四章(第10~13章)。该篇介绍人工智能基础理论与相关分支领域融合所产生的新技术,在人工智能直接应用中有重要理论指导作用的技术。它们分别模拟人类视觉、听觉、语言等能力以及包括大脑、五官、四肢等器官综合处理能力。

第三篇是应用篇,共三章(第14~16章)。该篇介绍智能产品的开发及目前广为流行的四种应用实例。

第四篇是展望篇,共一章(第17章),对人工智能学科今后的发展提出建议与看法。

本书突出新技术、新体系及新应用,适合作为人工智能、计算机类专业及相关专业“人工智能”课程教材及培训教材,也可作为人工智能应用、开发人员的基础读物。

本书由徐洁磐编著,由南京大学陈世福教授审稿。本书还得到南京大学计算机软件新技术国家重点实验室的支持,在此特表示感谢。同时为简化阅读,凡书中标有“★”标志的内容为选学内容。

由于作者水平所限,不足之处望读者不吝赐教,联系方式:xujiepan@nju.edu.cn。

徐洁磐

于南京大学计算机科学与技术系

南京大学计算机软件新技术国家重点实验室

2019年5月

目 录

第一篇 基础理论篇

第二篇 应用技术篇

第三篇 应 用 篇

第四篇 展 望 篇

第一篇

基础理论篇

本篇介绍人工智能的基础理论。人工智能是一门学科,每门学科都有其独立的基础理论体系,人工智能学科也是如此。

人工智能的基础理论分两个层次:

第一层次:人工智能的基本概念、研究对象、研究方法及学科体系。

在此层次中介绍有关人工智能的定义、发展历史等人工智能的基本概念。同时,介绍人工智能的研究对象,即知识。此外,介绍人工智能的研究方法,即符号主义、连接主义、行为主义等三大主义。最后介绍人工智能的学科体系。

第二层次:基于知识的研究。

由于人工智能的研究对象,在基本概念引导下,按人工智能的学科体系,用三大主义的方法研究知识,其内容包括:

- 知识表示。
- 知识组织与管理。
- 知识获取。

以下给出了人工智能的基础理论两个层次结构示意图。

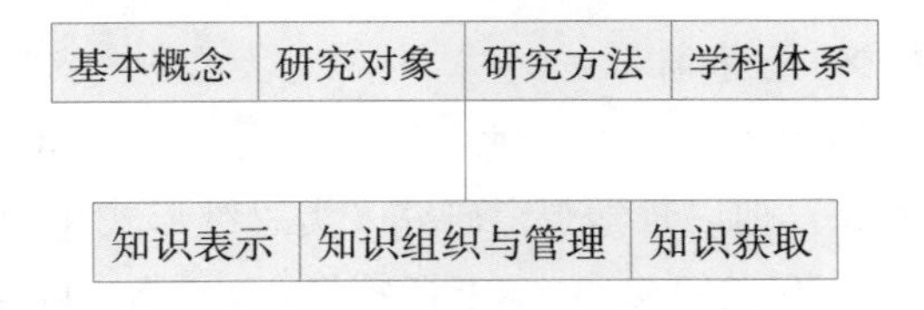

人工智能的基础理论两个层次结构示意图

本篇共9章,第1章总论,介绍人工智能基础理论中第一层次主要内容。第2章知识及知识表示,介绍第一层次中的知识及第二层次中的知识表示。第3章知识组织与管理——知识库介绍,介绍第二层次中的知识组织与管理中的知识库。第4~9章共六章,分别介绍六种知识获取方法,即第4章的知识获取之搜索策略方法,第5章的知识获取之推理方法,第6章的知识获取之机器学习方法,第7章的深度学习与卷积神经网络,第8章的知识获取之知识图谱方法,第9章的知识获取之Agent方法。

第1章 总论

2016年3月,AlphaGo在人机围棋冠军赛中与国际围棋大师李世石的5场比赛中赢得了4场,开创了历史上第一个由计算机击败国际围棋大师的先例。接着在2017年AlphaGo又战胜了围棋大师柯洁,这使它连续两年保持世界排名第一。这一辉煌的胜利,震惊全球,“人工智能”这一深踞科学殿堂、高深莫测的学科终于在短短一年之内露出它的真正面目,为全球人们所知。目前,它已成为高新技术的代名词、黑科技的代表。习近平总书记在党的十九大报告中及此后多次对发展人工智能做出重要指示。目前人工智能已列入我国战略性发展学科中,并在众多学科发展中起到了“头雁”的作用。

实际上,人工智能作为一门学科已不是一门新学科了,它已经走过六十余年历史,已是一门完整、系统的学科。本书将全面介绍人工智能的基础理论、应用技术、开发方法及应用领域。

本章是全书的总纲,它将对人工智能发展历史、人工智能定义、人工智能研究方法及人工智能学科体系等作概要性介绍。为读者了解人工智能奠定宏观基础。

1.1 人工智能发展历史

人工智能的发展已经历了三个发展时期,此外,还有人工智能出现前的萌芽阶段。

1. 人工智能出现前的萌芽期

有关人工智能最原始的研究,从古希腊时期就开始了。其代表性人物是当时的哲学家亚里士多德(Aristotle),他以哲学观点研究人类思维形式化的规律,并形成了一门新的学科——形式逻辑。20世纪初,数学家怀特海(Whitehead)与罗素(Russell)在其名著《数学原理》中用数学方法将形式逻辑符号化,亦即用数学中的符号方式研究人类思维形式化规律,这就是数理逻辑(Mathmatic Logic),又称符号逻辑(Symbol Logic)。形式逻辑与数理逻辑的出现为人工智能奠定了理论基础。

对人工智能的后续密集研究,出现在20世纪40年代直至20世纪50年代初,形成了人工智能的萌芽期。

那个时期,有一批来自不同行业、不同领域的专家从其自身专业出发,从不同角度对人工智能提出了不同的理解、认识与方案,具代表性的有:

1943 年,心理学家麦克洛奇(MaCaulloch)和逻辑学家皮兹(Ptts)首创仿生学思想,并提出了首个人工神经网络模型——MP 模型,为连接主义学派的创立打下了基础。

1948 年,维纳(Wiener,见图 1.1)首次提出控制论概念,为人工智能行为主义学派提供了理论基础。

1948 年,香农(Shannon,见图 1.2)发表《通信的数学理论》,在此文中他将数学理论引入数字电路通信中,通过纠错码的方法,有效解决了信息传输中的误码率问题。这标志了信息论的正式诞生。

图 1.1　控制论创始人维纳(Wiener)

图 1.2　信息论创始人香农(Shannon)

1950 年,图灵(Turing,见图 1.3)在《思想》(*Mind*)杂志上发表了一篇《计算的机器和智能》的论文。在论文中,提出了著名的图灵测试,首次为人工智能的概念作出了最为基础性的解释。图灵测试是指:让一台机器 A 和一个人 B 坐在幕后,让一个裁判 C 同时与幕后的人和机器进行交流,如果这个裁判无法判断自己交流的对象是人还是机器,就说明这台机器有了和人同等的智能。图 1.4 所示是图灵测试示意图。

图 1.3　图灵(Turing)

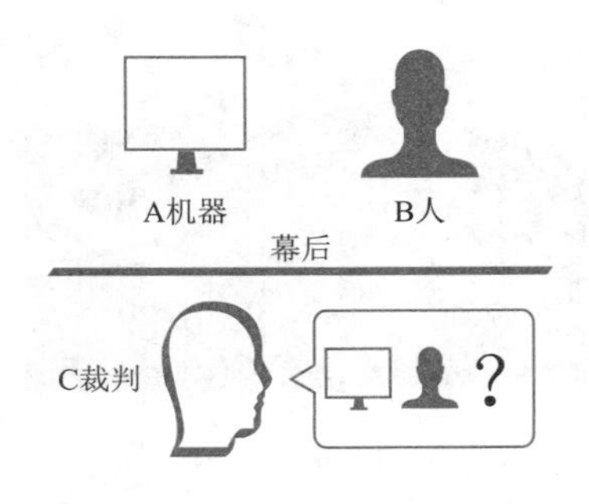

图 1.4　图灵测试示意图

1945 年第一台计算机问世,1950 年非数值计算出现,均为人工智能的应用发展提供了基本性的保证。借助于计算机的能力,人工智能应用如雨后春笋,破土而出。

1951 年,多个数学家在计算机上利用数理逻辑方法自动编排民航时刻表与列车运行时刻表。它标志着计算机的智能应用已经来临,并表明了符号主义的作用已经显现。接着,应用纠错理论与计算机相结合于通信领域中,为数字通信电路发展作出了关键性的贡献。

20 世纪 50 年代中叶,由多个研究者联合出版专著《自动机研究》将初始人工智能思想与计算机相结合,使计算机不仅有计算功能,还具有智能功能,这种有一定智能能力的计算机被命名为"自动机"。自动机概念的出现使得当时对原始人工智能的理解更为具体与深入。

以上所出现的各种研究方向与方法,包括了数理逻辑、信息论、控制论、自动机、仿生学、计算机智能应用及图灵测试等,表现了人工智能出现前的多种思想与流派,为人工智能的真正问世创造了条件。

2. 人工智能发展的初期

1)人工智能的出现

真正出现人工智能这个统一的、一致公认的名词是在 1956 年,对人工智能这门学科而言是值得纪念的一年。这年夏天,由美国学者约翰·麦卡锡(John McCarthy,见图 1.5)主要发起,在美国达特茅斯学院举行了一个长达两个月之久的研讨会,它云集了当时各领域、各流派的人工智能研究者,包括约翰·麦卡锡(John McCarthy,麻省理工学院)、香农(Shannon,CMU)、马文·明斯基(Marvin Minsky,麻省理工学院,见图 1.6)和罗切斯特(Rochester,IBM 公司,见图 1.7)等多个著名人物,此外,还包含数学、神经生理学、心理学、信息论、计算机科学、哲学、逻辑学等各界人士。此会重点研讨了如何用机器模拟人类智能的若干方向性问题,并取得了一致性的认识。在讨论中人工智能(Artificial Intelligence)的名词首次被提出,并将该名词与所讨论的主题紧密关联。这是人工智能的首次会议,此后,世界上就开启了人工智能的正式研究,并出现了人工智能第一次高潮。麦卡锡也被公认为人工智能之父。

图 1.5　1956 年人工智能首次研讨会发起人之一美国学者约翰·麦卡锡(John McCarthy)

图 1.6　1956 年人工智能首次研讨会发起人之一马文·明斯基(Marvin Minsky)

2)人工智能的第一次高潮

人工智能的第一次高潮出现于 1956 年人工智能的首次研讨会以后,一直到 20 世纪 60 年代末期为止。

在此时期中，人工智能的研究与应用都取得了重大进展，人工智能作为一门学科已初步形成，主要表现有：

（1）人工智能三大研究流派均已出现，其理论架构已基本成形。

（2）专业应用技术研究的思想、方法大体确定，在当今广为人知的一些应用热点，如机器博弈、机器翻译、模式识别及专家系统等应用技术在当时也均已出现，并形成当时人工智能中的热门。

图1.7 1956年人工智能首次研讨会发起人之一罗切斯特（Rochester）

（3）开发了若干基于计算机的应用，如五子棋博弈、西洋跳棋程序；问答式翻译、梵塔及迷宫问题的求解；自动定理证明程序等。

此外，在此期间还研制出了人工智能专用程序设计语言LISP。同时还出现了专家系统应用。

在此阶段所取得的成果在当时都是里程碑式的，但从现在的眼光看来，这些理论与应用还是初步的，真正具有实际价值的应用很少，特别是计算机应用，当时曾被人嘲弄为："简单的智力游戏而已"。在此方面的进一步发展，受制于计算机的能力不足和自身理论的欠缺。因此，到了20世纪60年代末期，人工智能的第一次高潮终于走入了低谷。接下来的几年，后来被称为"人工智能冬季"。

该时期是人工智能由萌芽期的春秋战国百花齐放到此时期逐渐形成统一的过程，是思想、方法与理论研究逐渐冲击到应用的过程。

3. 人工智能发展的第二个时期

人工智能在进入低谷后，长期处于徘徊而跳不出低水平泥坑，经历了近10年的不懈努力与奋斗后，到了20世纪70年代末期，人工智能终于迎来了新的春天，出现了第二次发展高潮。这次高潮到来的基本原因是它终于找到了一个新的突破口，即知识工程及其应用——专家系统。知识工程是当时人工智能界所提出的一个新的方向，它有完整的理论体系，并有系统的工程化开发方法。它与计算机紧密结合，依靠当时发达的计算机硬件与成熟的计算机软件以及软件工程化开发思想，使人工智能走出了应用死谷。同时还出现了与知识工程相匹配的典型应用——专家系统。这两者的有机结合所产生的效果使人工智能终于起死回生，出现了人工智能新的高潮，各种专家系统如雨后春笋纷纷问世，如医学专家系统、化学分析专家系统及计算机配置专家系统等。

这一时期中起关键性作用的人物是美国著名人工智能专家费根鲍姆（Feigenbaum），他在1977年的"第五届国际人工智能大会"上首先提出知识工程概念，并对它的关键技术做了介绍。

这一时期，人工智能的理论与应用都得到了长足的发展。在理论方面，主要是围绕以知识为中心而展开的，如知识表示、知识获取、知识管理等。特别是基于符号主义的知识表示与获取方法，如知识的逻辑推理方法和启发式搜索方法得到了充分发挥。

在应用中以专家系统为中心,并充分与当时计算机的先进技术相结合,使人工智能真正产生了实际应用效果。

这一时期的顶峰是日本五代机的出现。五代机实际上是一种用于知识推理的专用计算机。该机采用启发式搜索算法,并用布线逻辑以硬件方法实现。用此计算机实现了青光眼诊治等多项专家系统的开发。

在经过了10余年兴旺发展后,特别是实际应用的开发,逐渐发现中小型的专家系统效果尚好,但大型的专家系统实际效果并不理想,其典型表现是日本五代机的应用并未达到原有设计目标,最终导致失败。究其原因主要是推理引擎中的算法复杂性及当时计算机能力所致,由此专家系统发展受到了实质性的阻碍。到了20世纪80年代后期人工智能又一次走入低谷。

该时期的人工智能已将单纯的思想方法与计算机紧密结合;已由理论研究真正走向了实际应用。

4.人工智能发展的第三个时期

人工智能最新发展的时期始于20世纪90年代末期,一直至今仍处于不断发展之中,并与各行业、各领域应用紧密结合,形成上、中、下三游的层次式、系统、全面的发展。

这一时期出现的首个应用标志是IBM的Deep Blue成为第一个在1997年5月11日击败国际象棋世界冠军加里·卡斯帕罗夫的计算机国际象棋系统。图1.8所示是当时加里·卡斯帕罗夫与Deep Blue对弈的情境。接着,2011年,在一个"危险"智力竞赛表演比赛中,IBM的"沃森"问答系统击败了两个最强的冠军:布拉德·鲁特和肯·詹宁斯,显示了智能机器的明显优势。

图1.8 加里·卡斯帕罗夫与Deep Blue对弈

到了21世纪,人工智能的研究取得突破性进展,其最新发展的主要标志是:

(1)人工智能自身的发展:包括机器学习、人工神经网络的发展,特别是近年来深度学习技术的发展,使它在技术上有了质的飞跃。

(2)从数据角度发展人工智能:包括数据仓库、数据挖掘的发展,特别是近年来大数据技术的发展,与人工智能有机结合。

(3)计算机技术的发展:互联网的出现,物联网、云计算的发展,带动了分布式、并行计算等新型计算方式问世,极大地提高了计算能力,为人工智能发展奠定坚实基础。

随着21世纪的到来,以"新计算能力+大数据+深度学习"的三驾马车方式为代表的新技术带来了人工智能新的崛起,以前所有陷于困境的应用都因这种新技术的应用而取得了突破性进展,如人机博弈、自然语言处理(包括机器翻译)、语音识别、计算机视觉(包括人脸识别、自动驾驶、图像识别、知识推荐以及情感分析等)应用均取得突破性进展。

这一时期标志性的应用是2016年AlphaGo的横空出世,它掀起了人工智能发展的第三次高潮。人类已进入新的人工智能时代。AlphaGo的开发即应用了三驾马车方式而实现的。图1.9所示是AlphaGo与李世石对弈的情境。

图1.9 AlphaGo与李世石对弈

此外,知识工程与专家系统的研究与应用开发方面也取得了新的进展,新的知识表示方法如本体及知识图谱的问世,可直接应用网上查询系统,如著名的维基百科及苹果Siri查询已成为网民最常用的帮手。此外,将大数据自动获取的知识与专家系统相结合组成了新的专家系统结构体系,实现演绎推理与归纳推理的一体化。

该时期的人工智能已全面进入实际应用阶段,并与多个领域融合,取得了全面突破性进展。全球已进入人工智能时代。

1.2 人工智能概念介绍

1.2.1 人工智能的定义

人类的智能一直是目前世界上所知的最高等级的智能,长期以来人们都梦想着可以用人造的设施或机器取代人类的智能,这种近似神话的追求终于在现代计算机诞生后的今天得以逐步实现。实现这种梦想的学科就是人工智能学科。

那么,什么是人工智能呢?这就涉及它的定义,下面将分几个层次对人工智能的定义作介绍。

1.现有定义

自人工智能出现后,有关对它的定义在多个不同时期、从不同角度有过不同的理解与解释,因此有过很多不同定义,下面举几个有代表性的定义:

(1)第一个定义是1956年达特茅斯会议建议书中的定义:制造一台机器,该机器能模拟学习或者智能的所有方面,只要这些方面可以精确论述。

(2)第二个定义是1975年人工智能专家Minsky的定义:人工智能是一门学科,是使机器做那些人需要通过智能来做的事情。

(3)第三个定义是1985年人工智能专家Haugeland的定义:人工智能是计算机能够思维,使机器具有智力的激动人心的新尝试。

(4)第四个定义是1991年人工智能专家Rich Knight的定义:人工智能是研究如何让计算机做现阶段只有人才能做得好的事情。

(5)第五个定义是1992年人工智能专家Winston的定义:人工智能是那些使知觉、推理和行为成为可能的计算机系统。

从这些不同的定义中可以看到三组不同的关键词,可以分别归结为:

- 计算机、机器:可以归结为"计算机"。
- 学习、智能、思维、有智力、知觉、推理和行为、人才能做得好的事情:可以归结为"人类智能"。
- 模拟:可以归结为"模拟"。

综上所述,人工智能是与"计算机"、"人类智能"及"模拟"有关的学科。具体来说,即是以"计算机"为主要工具、以"人类智能"为研究目标,以及以"模拟"为研究方法的一门学科。

2. 定义的释义

在上述介绍的基础上,对人工智能作比较正式的介绍。

人工智能(Artifical Intelligence,AI)是用人造的机器取代或模拟人类智能。但从目前而言,这种机器主要指的是计算机(或称电脑),而人类智能主要指的是人脑功能。因此,从最为简单与宏观的意义上看,人工智能即是用计算机模拟人脑的一门学科。

下面作如下解释:

(1)人脑:人类的智能主要体现在人脑的活动中,因此人工智能主要的研究目标是人脑。

(2)计算机:模拟人脑的人造设施或机器是计算机,俗称电脑。

(3)模拟:就目前的科学水平而言,人类对人脑的功能及其内部结构的了解还很不够,因此还无法从生物学或从物理学观点着手制造出人脑,只能用模拟方法以模仿人脑已知的功能再通过计算机而实现之。

人工智能就是用人工制造的设备即计算机模拟人类智能(主要是人脑)的一门学科。

3. 延伸释义

(1)人类智能:就目前人们所知的人类智能即是人脑的思维活动,包括:判断、学习、推理、联想、类比、顿悟、灵感等功能。此外还有很多尚未被发现的人类智能。

(2)计算机:就目前而言,在人工智能中所使用的计算机实际上包括计算机网络,具有物联网功能,并具有云计算能力,是一个分布式、并行操作的计算机系统。

(3)模拟:在人工智能的三个关键词中,人类智能属脑科学范畴;计算机属计算机科学范畴，而真正属于人工智能研究的内容主要就是模拟方法的研究，它为模拟人类智能中的功能，构造出相应的模型，这些模型就是人类智能的模拟，又称智能模型。

经过这种解释后，可以对人工智能作更为详细的定义：

人工智能是以实现人类智能为其目标的一门学科，通过模拟的方法建立相应的模型，再以计算机为工具，建立一种系统以实现模型。这种计算机系统具有近似于人类智能的功能。

图1.10所示是人工智能定义示意图。

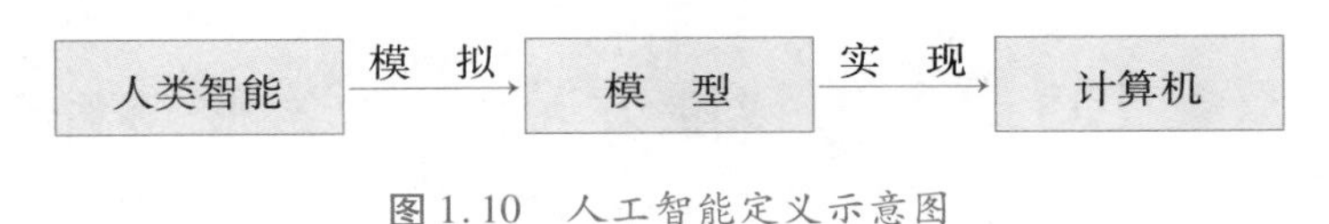

图1.10　人工智能定义示意图

从人工智能的定义中可以看出，它的研究中所涉及的学科很多，包括与“人类智能”有关的：脑科学、生命科学、仿生学等；与“模拟方法”有关的：数学、统计学、形式逻辑、数理逻辑学、心理学、哲学、自动控制论等；与“计算机”有关的互联网技术、移动互联网、物联网、云计算、超级计算机、软件工程、数据科学及算法理论等。

1.2.2　人工智能研究的内容

由上面的定义可以看出，人工智能所研究的内容包括两个部分：

(1)人工智能研究模拟人类智能的思想、方法、理论及结构体系。

这是人工智能研究的主要内容，通过这种研究可以建立智能模型用以模拟人类智能中的各种行为。

(2)人工智能研究以计算机为工具用于智能模型的开发实现。

人工智能的智能模型仅是一种理论框架，它需要借助于计算机，用计算机中的数据结构、算法所编写而成的软件在一定的计算机平台上运行，从而实现模型的功能。

从计算机学科观点看，这种研究内容属计算机的一种开发应用，即计算机智能应用。为实现此应用，必须建立专用的平台、搭建专用硬件、开发专用软件以及研究专用的结构体系等。这就是到目前为止，人工智能还属于计算机学科一个分支的原因。

1.2.3　人工智能研究目标

人工智能学科是一门难度与复杂度很高的学科，为便于研究，将它的研究目标设定为三个层次，即弱人工智能、强人工智能与超强人工智能。

1. 弱人工智能

弱人工智能指的是计算机只能局部、部分地模拟人类智能的功能。这是人工智能近期奋斗的目标。

2. 强人工智能

强人工智能指的是有可能开发出与人类智能功能大致一样的计算机系统。这是人工智能奋斗的目标。

3. 超强人工智能

超强人工智能指的是有可能开发出与人类智能功能完全一样,甚至局部超越人类智能功能的计算机系统。这是人工智能奋斗的最高境界。

实际上,目前讨论的都属弱人工智能阶段,而对强人工智能的研究大都涉及社会中的伦理问题,而超强人工智能的研究实在是太难了,因为目前人类对自身的智能行为及活动机理知道得太少,更何况尚需用计算机模拟,因此要到达超强人工智能的目标仅是一种遥远的理想而已。

1.3 人工智能发展三大学派

人工智能是用计算机模拟人脑的学科,因此模拟人脑成为它的主要研究内容。但由于人类对人脑的了解太少了,对人脑的研究也极为学复杂,目前人工智能学者对它的研究是通过模拟方法按三个不同角度与层次对其进行探究,从而形成三种学派。首先是从人脑内部生物结构角度的研究所形成的学派,称为结构主义或连接主义学派,其典型的研究代表是人工神经网络;其次是从人脑思维活动形式表示的角度的研究所形成的学派,称为功能主义或符号主义学派,其典型的研究代表是形式逻辑推理;最后是从人脑活动所产生的外部行为角度的研究所形成的学派,称为行为主义或进化主义学派,其典型的研究代表是 Agent。

在本书整个体系中都贯穿着这三种研究学派思想。它对人工智能的研究起到了纲领性的作用。下面分别介绍。

1.3.1 符号主义学派

符号主义(Symbolicism)又称逻辑主义(Logicism)、心理学派(Psychologism)或计算机学派(Computerism),其主要思想是从人脑思维活功形式化表示角度研究探索人的思维活动规律。它即是亚里士多德所研究形式逻辑以及其后所出现的数理逻辑,又称符号逻辑(Symbol Logic)。而应用这种符号逻辑的方法研究人脑功能的学派就称符号主义学派。

在 20 世纪 40 年代中后期出现了数字电子计算机,这种机器结构的理论基础也是符号逻辑,因此从人工智能观点看,人脑思维功能与计算机工作结构方式具有相同的理论基础,即都是符号逻辑。故而符号主义学派在人工智能诞生初期就被广泛应用。

推而广之,凡是用抽象化、符号化形式研究人工智能的都称为符号主义学派。

总体来看,所谓符号主义学派即是以符号化形式为特征的研究方法,它在知识表示中的谓词逻辑表示、产生式表示、知识图谱表示中,以及基于这些知识表示的演绎性推理中都起到了关键性指导作用。

1.3.2 连接主义学派

连接主义(Conectionism)又称仿生学派(Bonicsism)或生理学派(Physiologism),其主要思想是从人脑神经生理学结构角度研究探索人类智能活动规律。从神经生理学的观点看，人类智能活动都出自大脑，而大脑的基本结构单元是神经元，整个大脑智能活动是相互连接的神经元间的竞争与协调的结果，它们组织成一个网络，称为神经网络。持此种观点的人认为，研究人工智能的最佳方法是模仿神经网络的原理构造一个模型，称为人工神经网络模型，以此模型为基点开展对人工智能的研究。用这种方法研究人脑智能的学派称为连接主义学派。

有关连接主义学派的研究工作早在人工智能出现前的20世纪40年代的仿生学理论中就有很多研究，并基于神经网络构造出世界上首个人工神经网络模型——MP模型，自此以后，对此方面的研究成果不断出现，直至20世纪70年代。但在此阶段由于受模型结构及计算机模拟技术等多种方面的限制而进展不大。直到20世纪80年代Hopfield模型的出现以及相继的反向传播BP模型的出现，人工神经网络的研究又开始走上发展道路。

2012年对连接主义学派而言是一个具有划时代意义的一年，具有多层结构模型——卷积神经网络模型与当时正兴起的大数据技术，再加上飞速发展的计算机新技术三者的有机结合，使它成为人工智能第三次高潮的主要技术手段。

连接主义学派的主要研究特点是将人工神经网络与数据相结合，实现对数据的归纳学习从而达到发现知识的目的。

1.3.3 行为主义学派

行为主义（Actionism）又称进化主义（Evolutionism）或控制论学派（Cyberneticsism），其主要思想是从人脑智能活动所产生的外部表现行为角度研究探索人类智能活动规律。这种行为的特色可用感知—动作模型表示。这是一种控制论的思想为基础的学派。有关行为主义学派的研究工作早在人工智能出现前的20世纪40年代的控制理论及信息论中就有很多研究，在人工智能出现后得到很大的发展，其近代的基础理论思想如知识获取中的搜索技术以及Agent为代表的“智能代理”方法等，而其应用的典型即是机器人，特别是具有智能功能的智能机器人。在近期人工智能发展新的高潮中，机器人与机器学习、知识推理相结合，所组成的系统成为人工智能新的标志。

1.4 人工智能的学科体系

从人工智能发展的历史中可以看出，这门学科的发展并不顺利，在其发展的60余年间起伏不定，经历了三次波折与重大打击，到了2016年才真正迎来了稳定的发展，因此对人工智能学科体系的研究也是断断续续，起起伏伏，直到今日还处于不断探讨与完善之中。就人工智能目前研究现状而言，其整个体系可分为框架与内容两个内容，下面分若干个小节介绍。

1.4.1 人工智能学科体系框架

整个人工智能学科体系可由三个部分，它们组成了一个完整的体系框架。

1. 人工智能基础理论

任何一门正规的学科，必须有一套的完整的理论体系做支撑，对人工智能学科而言也是如此。到目前为止，人工智能学科已初步形成一个相对完整的理论体系，为整个学科研究奠定基础。

人工智能基础理论主要研究的是用“模拟”人类智能的方法所建立的一般性理论。

2. 人工智能应用技术

人工智能是一门应用性学科，在其基础理论支持下与各应用领域相结合进行研究，产生多个应用领域的技术，它们是人工智能学科的下属分支学科。目前这种与应用领域相关的分支学科随着人工智能发展而不断增加。

人工智能应用性技术研究的是用“模拟”人类智能的方法与各应用领域相融合所建立的理论。

3. 人工智能的计算机应用开发

人工智能是一门用计算机模拟人脑的学科，因此在人工智能技术的下层应用领域中，最终均须用计算机技术实施应用开发，用一个具智能能力的计算机系统以模拟应用领域中的一定智能活动作为其最后目标。

人工智能的计算机应用开发研究的是智能模型的计算机开发实现。

人工智能学科体系的这三个部分是按层次相互依赖的。其中基础理论是整个体系的底层，而应用技术则是以基础理论作支撑建立在各应用领域上的技术体系。最后以上面两层技术与理论为基础用现代计算机技术为手段构建起一个能模拟应用中智能活动的计算机系统作为其最终目标。

图 1.11 所示是这三个部分按层次相互依赖的所组成的框架结构体系图。

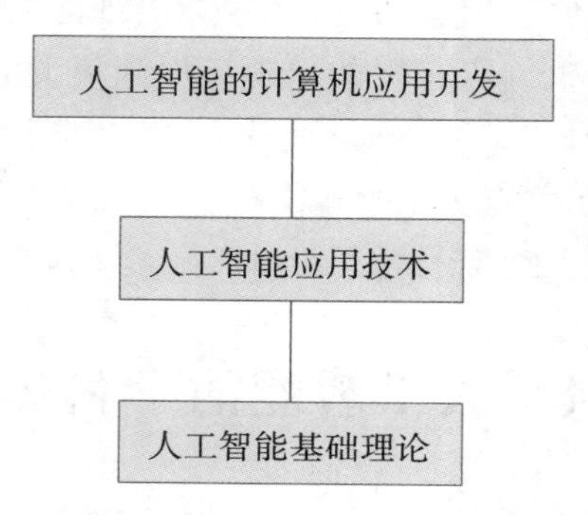

图 1.11　人工智能中三个部分层次框架结构体系图

以下三小节将介绍人工智能的研究内容。

1.4.2　人工智能基础理论

人工智能的基础理论分两个层次。

第一层次：人工智能的基本概念、研究对象、研究方法及学科体系。此部分已在本章讨论。

第二层次:基于知识的研究。它是基础理论中的主要内容,包括下面的内容:

1. 知识

人工智能研究的基本对象是知识,它所研究的内容是以知识为核心的,包括知识表示、知识组织管理、知识获取等。

2. 知识表示

在人工智能中知识因不同应用环境而可有不同表示形式,目前常用的就有十余种,其中最常见的有:谓词逻辑表示、状态空间表示、产生式表示、语义网络表示、框架表示、黑板表示以及本体与知识图谱表示等多种表示方法。本书将选择最重要的 4 个进行介绍。

3. 知识组织管理

知识组织管理就是知识库,它是存储知识的实体,且具有知识增、删、改及知识查询、知识获取(如推理)等管理功能,此外还具有知识控制,包括知识完整性、安全性及故障恢复功能等管理能力。知识库按知识表示的不同形式管理,即一个知识库中所管理的知识其知识表示的形式只有一种。

4. 知识推理

人工智能研究的核心内容之一是知识推理。此中的推理指的是由一般性的知识通过它而获得个别知识的过程,这种推理称为演绎性推理(Deductive Inference),其推理示意图如图 1.12 所示。这是符号主义学派所研究的主要内容。

图 1.12 知识推理示意图

知识推理有多种不同方法,它可因不同的知识表示而有所不同,常用的有基于状态空间的搜索策略方法、基于谓词逻辑的推理方法等。

5. 知识发现

人工智能研究的另一个核心内容是知识归纳,又称知识发现或归纳性推理。此中的归纳指的是由多个个别知识通过它而获得一般性知识的过程,这种推理称为归纳性推理(Inductive Inference),其推理示意图如图 1.13 所示。这是连接主义学派所研究的主要内容。

知识归纳有多种不同方法,常用的有人工神经网络方法、决策树方法、关联规则方法以及聚类分析方法等。

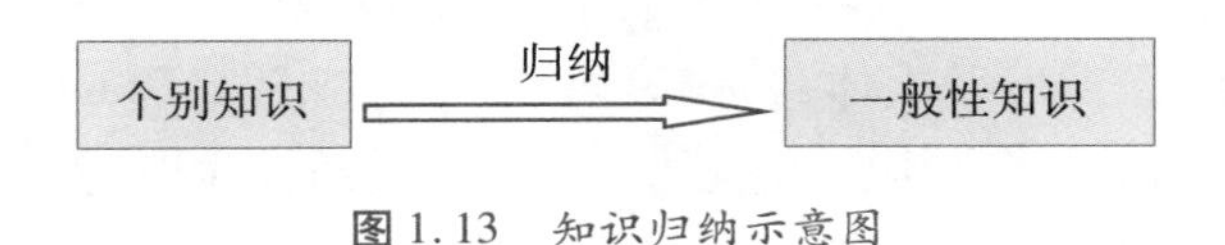

图 1.13 知识归纳示意图

6. 智能活动

上面五个内容表示了智能的内在活动,但是在整个智能活动中,还需要与外部环境交互。它即是外部的智能活动过程,如图 1.14 所示。这是行为主义学派所研究的主要内容。

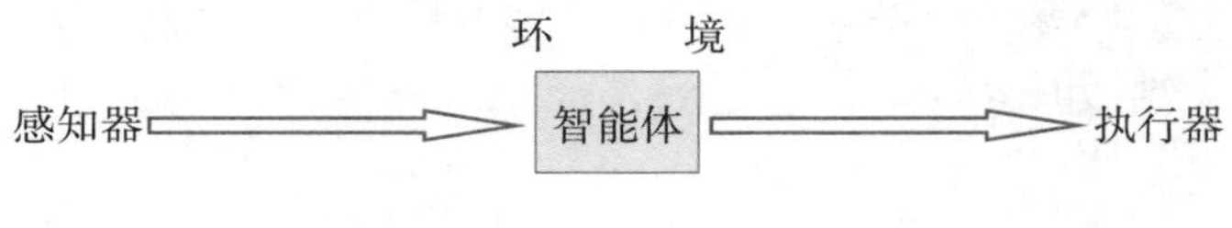

图 1.14 智能活动过程示意图

从图 1.14 中可以看出,一个智能体的活动必定受环境中的感知器的触发而启动智能活动,活动产生的结果通过执行器对环境产生影响。

1.4.3 人工智能应用技术研究

在人工智能学科中,有很多以应用领域为背景的学科分支,对它们的研究是以基础理论为手段,以领域知识为对象,通过这两者的融合最终达到模拟该领域应用为目标。

目前这种学科分支的内容有很多个,并且还在不断的发展中,下面列举若干个较为热门的应用领域分支。

1. 机器博弈

机器博弈分人机博弈/机机博弈以及单体/双体/多体等多种形式。其内容包含传统的博弈内容,如棋类博弈,从原始的五子棋、跳棋到中国象棋、国际象棋及围棋等。如球类博弈,从排球、篮球到足球等。还包括现代的多种博弈性游戏以及带博弈性的彩票、炒股、炒汇等带有风险性的博弈活动。

机器博弈是智能性极高的活动,一般认为,机器博弈的水平高低是人工智能水平的主要标志,对它的研究能带动与影响人工智能多个领域的发展。因此目前国际上各大知名公司都致力于机器博弈的研究与开发。

2. 自然语言处理

自然语言处理起源于机器翻译,后扩展至自然语言理解、语音识别及自然语言生成等内容。对自然语言处理的研究涉及多种自然语言中的语法、语义、语景等多方面的应用领域知识,以及用人工智能基础理论中的思想、方法与手段对其作研究,用以处理自然语言中的理解与生成以及语音识别,最终达到用计算机系统实现的目的。

3. 模式识别

众所周知,人类通过五官及其他感觉器官接受与识别外界多种信息,如听觉、视觉、嗅觉、触觉、味觉等,其中听觉与视觉占到所有获取到的信息 90% 以上。具体表现为文字、声音、图形、图像以及人体、物体等识别。模式识别(Pattern Recognition)指的是利用计算机模拟对人的各种识别的能力。目前主要的模式识别有:

- 声音识别:包括语音、音乐及外界其他声音的识别。
- 文字识别:包括联机手写文字识别、光学字符识别等多种文字的识别。
- 图像识别:如指纹识别、个人签名识别以及印章识别等。

4. 知识工程与专家系统

知识工程与专家系统是用计算机系统模拟各类专家的智能活动,从而达到用计算机取代专家的目的。其中,知识工程是计算机模拟专家的应用性理论,专家系统则是在知识工程的理论指导下实现具有某些专家能力的计算机系统。

5. 智能机器人

智能机器人一般分为工业机器人与智能机器人,在人工智能中一般指的是智能机器人。这种机器人是一种类人的机器,它不一定具有人的外形,但一定具有人的基本功能,如人的感知功能,人脑的处理能力以及人的执行能力。这种机器人是由计算机在内的机电部件与设备组成。

6. 智能决策支持系统

政府、单位与个人经常会碰到一些重大事件须做出的决断称为决策,如某公司对某项目投资的决策;政府对某项军事行动的决策;个人对高考填报志愿的决策等。决策是一项高智能活动,智能决策支持系统是一个计算机系统,它能模拟与协助人类的决策过程,使决策更为科学、合理。

7. 计算机视觉

由于视觉是人类从整个外界获取的信息最多的,所占比例高达80%以上,因此对人类视觉的研究特别重要,在人工智能中称为计算机视觉。计算机视觉研究的是用计算机模拟人类视觉功能,用以描述、存储、识别、处理人类所能见到的外部世界的人物与事物,包括静态的与动态的、二维的与三维的。最常见的有人脸识别、卫星图像分析与识别、医学图像分析与识别以及图像重建等内容。

1.4.4 人工智能的应用及其开发

人工智能学科的最上层次即是它的各类应用以及应用的开发。这种应用很多,著名的如Deep Blue、AlphaGo、蚂蚁金服人脸识别系统、百度自动驾驶汽车、科大讯飞翻译机、Siri智能查询系统、小度机器人、汉王笔以及方正扫描仪等,它们都是人工智能应用,其中很多都已成为知名的智能产品。

本节主要介绍这些应用中的两部分内容:首先是建它的应用模型;其次是基于这些应用模型的计算机系统开发。

1. 人工智能的应用模型

以人工智能基础理论及应用技术为手段可以在众多领域生成很多应用模型,应用模型即是实现该应用的人工智能方法、技术及实现的结构、体系组成的总称。

例如人脸识别的模型简单表示为:

(1)机器学习方法:用卷积神经网络方法,通过若干个层面分步实施的手段。

(2)图像转换装置:需要有一个图像转换装置将外部的人脸转换成数据。

(3)大数据方法:这种转换成数据的量值及性质均属大数据级别,必须按大数据技术手段处理。

将这三者通过一定的结构方式组合成一个抽象模型,如图 1.15 所示。根据此模型,这个人脸识别流程是:人脸经图像转换装置后成为计算机中的图像数据,接着按大数据技术手段对数据作处理,成为标准的样本数据。将它作为输入,进入卷积神经网络作训练,最终得到训练结果作为人脸识别的模型。

图 1.15 人脸识别应用模型的结构与流程

2. 人工智能应用模型的计算机开发

以应用模型为依据,用计算机系统作开发,最终形成应用成果或产品。在这个阶段,重点在计算机技术的应用上着力,具体内容包括:

(1)依据计算机系统工程及软件工程对应用模型作系统分析与设计。

(2)依据设计结果,建立计算机系统的开发平台。

(3)依据设计结果,建立数据组织并完成数据体系开发。

(4)依据设计结果,建立知识体系并完成知识库开发。

(5)依据设计结果,建立模型算法并作系统编程以完成应用程序开发。

到此为止,一个初步的计算机智能系统就形成了。

接着,还需继续按计算机系统工程及软件工程作后续工作:

(6)依据计算机系统工程及软件工程作系统测试。

(7)依据计算机系统工程及软件工程将测试后系统投入运行。

到此为止,一个具实用价值的计算机智能系统就开发完成了。

小　　结

本章对人工智能发展历史、人工智能定义、人工智能研究方法及人工智能学科体系等作概要性介绍。它是全书的总纲,为读者了解人工智能奠定宏观基础。

1. 人工智能发展历史

人工智能经历了三个发展时期,此外还包括人工智能出现前的萌芽时期,共四个历史阶段:

- 人工智能发展的萌芽期。
- 人工智能发展的第一个时期。
- 人工智能发展的第二个时期。
- 人工智能发展的第三个时期。

2. 人工智能定义

人工智能是以实现人类智能为目标的一门学科,它通过模拟的方法建立相应的模型,再以计算机为工具,建立一种系统用以实现模型。这种计算机系统具有近似于人类智能的功能。

3. 人工智能研究内容

(1)人工智能研究模拟人类智能的思想、方法、理论及结构体系。

(2)人工智能研究以计算机为工具用于智能模型的开发实现。

4. 人工智能发展三大学派

(1)首先是从人脑内部生物结构角度的研究所形成的学派,称为结构主义或连接主义学派,其典型的研究代表是人工神经网络。

(2)其次是从人脑思维活动形式表示的角度的研究所形成的学派,称为功能主义或符号主义学派,其典型的研究代表是形式逻辑推理。

(3)最后是从人脑活动所产生的外部行为角度的研究所形成的学派,称为行为主义或进化主义学派,其典型的研究代表是Agent。

5. 人工智能学科体系

(1)人工智能学科体系框架(见图1.11)。

(2)人工智能学科体系内容。

①人工智能基础理论有:

人工智能的基础理论分两个层次,第一层次:人工智能的基本概念、研究对象、研究方法及学科体系;第二层次:基于知识的研究,包括知识表示、知识组织管理、知识推理、知识发现、智能活动等。

②人工智能应用技术研究有:机器博弈、自然语言处理、模式识别、知识工程与专家系统、智能机器人、智能决策支持系统、计算机视觉。

③人工智能的应用及其开发:首先是建它的应用模型;其次是基于这些应用模型的计算机系统开发。

习题1

1.1 试述人工智能发展历史。

1.2 试述人工智能定义。

1.3 试说明人工智能研究内容。

1.4 人工智能学科体系的框架是什么?试具体说明。

1.5 人工智能学科体系的内容是什么?试具体说明。

1.6 试对人工智能在整体宏观上做说明。

第 2 章 知识及知识表示

世界上任何学科均有其特定研究对象，对人工智能学科而言也是如此。人工智能学科的研究对象是知识，对它的研究都是围绕知识而展开的，如知识的概念、知识的表示、知识的组织管理、知识的获取、知识的应用等，它们构成了整个人工智能的研究内容。本书也是按照这种思路逐步展开，以介绍人工智能整体学科内容。

本章首先讨论知识的基本概念，接着讨论知识表示，主要介绍目前常用的几种知识表示方法：产生式表示法、谓词逻辑表示法、状态空间表示法以及知识图谱表示法等。

2.1 概　　述

2.1.1 知识及其分类

1. 知识的基本概念

知识是人们在认识客观世界与改造客观世界，解决实际问题的过程中形成的认识与经验并经抽象而成，因此知识是认识与经验的抽象体。

知识是由符号组成，同时包括符号的语义。因此从形式上看，知识是一种带有语义的符号体系。

一般而言，知识的抽象性决定了它具有强大的指导性与影响力，因此人们常说：知识就是力量，知识是人类精神财富。

知识是人工智能学科的基础，有关人工智能学科的讨论都是围绕知识而展开的。

2. 知识分类

按不同的角度，知识可以分为以下几类。

1）按层次分类

知识是由一个完整体系组成，包括由底向上的四个层次。

（1）对象：对象是客观世界中的事物，如花、草、人、鸟等。对象并不组成完整的认识与经验，因此它并不是知识，它是知识的一个组成部分，在知识构成中是起到核心作用的。因此对象是知识的最基本与关键组成部分。对象有常值与变值之分，如“鲁迅”

是常值对象、“茅盾”是常值对象，而由“鲁迅”“茅盾”“巴金”“郭沫若”“老舍”等所组成的作家集合中的一个作家变量 x 是变值对象。

(2)事实:事实是关于对象性质与对象间关系的表示。事实是一种知识，它所表示的是一种静态的知识。在知识体系中它属最底层、最基础的知识，如“花是红的”“人赏花”等均为知识，前者表示对象“花”的性质，后者表示对象“人”与“花”间的关系。与对象一样，事实也有常值与变值之分，如事实中所有对象均为常值则称为常值事实，而如事实中含有变值对象则称为变值事实。例如:上面的“人赏花”是常值事实，而如果人观赏的是花、景、物中可变的一个，则是变值事实。变值事实反映了更为广泛与抽象的性质与关系，如父子关系、上下级关系、同窗关系等。

(3)规则:规则是客观世界中事实间的动态行为，它是知识，反映了知识间与动作相联系的知识，它又称推理。目前常用的推理有演绎推理(有时又称推理)、归纳推理。由一般性知识推导出个别与局部性知识的推理称为演绎推理，如著名的亚里士多德的三段论规则即属演绎推理。在该推理中，有大前提和小前提后必可推得结果。如有大前提:凡人必死，又有小前提:张三是人，此后必可推得结果:张三必死。这个规则是由大前提和小前提两个事实出发可推得结果这个事实。而由个别与局部性知识推导出一般性知识的推理称为归纳推理。归纳推理是演绎推理之逆。如有张三是人，张三死了;李四是人，李四死了;王五是人，王五死了，等等，必可推得:凡人必死。规则大都为变值规则，这使规则具有广泛的使用价值。

(4)元知识:元知识是有关知识的知识，是知识体系中的顶层知识。它表示的是控制性知识与使用性知识。如规则使用的知识，事实间约束性知识等。

上述介绍的四个知识层次中，对象是最基础的，事实由对象组成，规则是由事实组成，元知识是控制和约束事实与规则的知识。它们组成图2.1所示的知识的层次结构示意图。

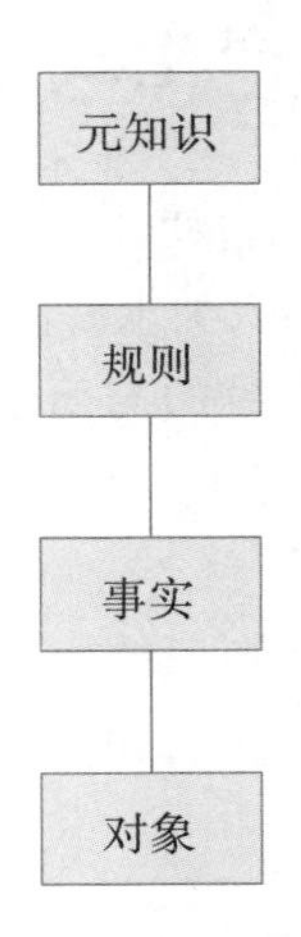

图2.1 知识的层次结构示意图

2)按内容分类

(1)常识性知识:泛指普遍存在且被普遍接受了的客观知识，又称常识。

(2)领域性知识:指的是按学科、门类所划分的知识,如医学中的知识、化学中的知识,均属领域性知识。

3)按确定性分类

(1)确定性知识:可以确定为“真”或“假”的知识称为确定性知识。在本书中如不作特别说明,所说的知识均为确定性知识。

(2)非确定性知识:凡不能确定为“真”或“假”的知识称为非确定性知识。如有知识“清明时节雨纷纷”,它表示在大多情况下清明时节会下雨,但并不能保证所有年份清明时节、所有地区均有下雨。

3. 知识模型

上述介绍的事实、规则等都是知识的基本单元,随着人工智能的发展,知识的复杂性与体量均已大大增强,为此需要用多个知识单元通过一定的结构方式组成一个模型才能表示复杂的、大体量的知识,这种知识称为知识模型。如机器学习中经过训练的人工神经模型、深度学习中的卷积神经模型等均是知识模型。

2.1.2 知识表示

知识是需要表示的,为表示的方便,一般采用形式化的表示,并且具有规范化的表示方法,这就是知识表示。在人类智能中知识蕴藏于人脑中,但在人工智能中是需要用知识表示的方式将知识表示出来以便于对它讨论与研究。知识表示就是用形式化、规范化的方式对知识的描述。其内容包括一组事实、规则以及控制性知识等,部分情况下还会组成知识模型。

本书介绍四种常用的知识表示方法,它们是产生式表示法、谓词逻辑表示法、状态空间表示法以及知识图谱表示法。

2.2 产生式表示法

1943 年由 Post 提出产生式表示法,使用类似于文法的规则,对符号串作替换运算。产生式系统结构方式可用以模拟人类求解问题时的思维过程。

产生式表示法是人工智能中最常见的与简单的一种表示法。当给定的问题要用产生式系统求解时,要求能掌握建立产生式系统形式化描述的方法,所提出的描述体系具有一般性。

产生式表示法中目前有两种表示知识的方法,它们是事实与规则,其中事实表示对象性质及对象间的关系,是指对问题状态的一种静态度描述,而规则是事实间因果联系的动态表示。

2.2.1 产生式表示法的知识组成

产生式表示法的知识由事实与规则组成,它也可表示部分元知识,这部分将在第 3 章中介绍。

1. 事实表示

产生式中的事实表示有性质与关系两种表示法：

1）对象性质表示

对象性质可用一个三元组表示：

（对象，属性，值）

它表示指定对象具有指定性质的某个指定值，如（牡丹花，颜色，红）表示牡丹花是红色的。

2）对象间关系表示

对象间关系可用一个三元组表示：

（关系，对象1，对象2）

它表示指定两个对象间所具有指定的某个关系，如（父子，王龙，王晨）表示王龙与王晨间是父子关系。

一个给定问题的产生式系统可组成一个事实集合体称为综合数据库。

2. 规则表示

规则是事实间因果联系的动态表示。产生式规则的一般形式为：

If　P　then　Q

其中，前半部 P 确定了该规则可应用的先决条件，后半部 Q 描述了应用这条规则所采取的行动得出的结论。一条产生式规则满足了应用的先决条件 P 之后，就可用规则进行操作，使其发生变化产生结果 Q。

一个给定的问题的产生式系统可组成一个规则集合体称为规则库。

2.2.2　产生式表示法与知识

第一层：产生式表示中的对象。它给出了知识中的对象。

第二层：产生式表示中的事实。它给出了知识中的事实。

第三层：产生式表示中的操作。它给出了知识中的规则。

第四层：产生式表示中的知识可设置约束。它给出了元知识。（此方面的介绍可参见第3章）

2.2.3　产生式表示法的实例

例2.1　在医学专家系统中判定咽炎的产生式表示。

在该医学专家系统中有事实：

A：（病人，咽部观察，充血）；

B：（病人，咽部主诉，疼痛）；

C：（病人，白细胞数，高）；

D：（病人，中性指标，高）；

E：（病人，体温，高）；

F：（病人、病症，急性咽炎）；

G:(病人,白细胞数,>500);

H:(病人,中性指标,>60);

I:(病人,体温,>37);

J:(病人,白细胞数,=<500);

K:(病人,中性指标,=<60);

L:(病人,体温,=<37);

M:(病人,白细胞数,正常);

N:(病人,中性指标,正常);

P:(病人,体温,正常);

Q:(病人、病症,慢性咽炎);

上面16个事实组成了综合数据库。

它有产生式规则如下:

If A and B and C and D and E then F

If G then C

If H then D

If I then E

If J then M

If K then N

If L then P

If A and B and M and N and P then Q

这8个规则组成了规则库。

2.2.4 产生式表示法的评价

产生式表示法是目前人工智能中最常见的一种表示法,它在表示上有很多优点:

1. 知识表示的完整性

可以用产生式表示知识体系中全部四个部分:

①可以用产生式中的对象表示知识中的对象。

②可以用产生式中的事实表示知识中的事实。

③可以用产生式中的规则表示知识中的规则。

④还可以用产生式表示知识中的部分元知识。

此外,用产生式表示的知识以确定性知识为主,但也在一定程度上可以表示非确定性知识(此部分内容在这里不予介绍)。

2. 表示规则简单、易于使用

用产生式方法表示知识无论是对象、事实、规则都很简单,因此易于掌握使用。

产生式方法表示知识也存在一定的不足,主要是:

1. 无法表示复杂的知识

由于用产生式方法表示的知识比较简单,适用于一般知识体系的表示,但对复杂知识的表示有一定的难度,如对嵌套性、递归性知识的表示,多种形式规则的组合表示等,都存在一定困难,这是它在表示上的不足之处。

2. 演绎性规则

用产生式方法所表示的规则仅限于演绎性规则,它无法表示归纳性规则。这也是它在表示上的另一个不足之处。

2.3　状态空间表示法

状态空间表示法是知识表示中比较常用的方法。此方法是问题求解中通过在某个可能的解空间内寻找一个求解路径的一种表示方法。

2.3.1　状态空间的表示

在状态空间表示法中,用“状态”表示事实,用“操作”表示规则。

(1)状态:状态是该表示法中的事实表示,有如下形式:

$$S = \{S_0, S_1, \cdots, S_n\}$$

其中,S 表示状态。每个状态有 n 个分量,称为状态变量。对每一个分量都给予确定的值时,就得到了一个具体的状态。一般而言状态是有一定条件约束的。

(2)操作:操作是从一种状态变换为另一种状态的一种动态行为,又称算符,是该表示法中的规则表示。一般而言这种变换是有一定条件约束的。操作的对象是状态,在操作使用时,它将引起该状态中某些分量值的变化,从而使得状态产生变化,从一种状态变为另一种状态。因此操作也可视为状态间的一种关联。

(3)状态空间:状态空间用于描述一个问题的全部状态及这些状态之间的相互关系。状态空间可用一个三元组(S,F,G)表示。其中,S 为问题的所有初始状态的集合;F 为操作的集合,用于把一个状态转换为另一个状态;G 为 S 的一个非空子集,为目标状态的集合。

状态空间也可以用一个带权的有向图来表示,该有向图称为状态空间图。在状态空间图中,结点表示状态,有向边表示操作,而整个状态空间就是一个知识模型。

2.3.2　状态空间与知识表示

在状态空间表示中可分为四层:

第一层:状态分量。它给出了知识中的对象。

第二层:状态。状态由状态分量组成,它给出了知识中的事实。

第三层:状态的操作。状态的操作建立了由一种状态到另一种状态的变换,它是状态空间中的动态行为,它给出了知识中的规则。

第四层:状态与其操作均可设置约束。它给出了元知识。(有关此方面的介绍可参见第3章)

第五层:状态空间。它给出了知识模型。

2.3.3 状态空间表示法的实例

例 2.2 状态空间的一个经典例子："农夫过河问题"。一个农夫携一只狐狸、一只小羊及一筐青菜过河，从河南岸到北岸。南岸边有一条船，只有农夫自己能划船，而且农夫每次只能带三件东西中的两件过河。在整个渡河过程中，若老农不在场时，狐狸会吃小羊；小羊会吃青菜。此问题的求解是农夫如何将它们全部安全从南岸渡到北岸。

为求解此问题，首先将其需求用状态空间知识表示的形式表示如下：

1. 状态

用 ST(M,F,L,C) 表示农夫、狐狸、小羊、青菜的一种状态，其中 M 代表农夫(Farmer)，F 代表狐狸(Fox)，L 代表羊羔(Lamb)，C 代表青菜(Cabbage)。他们在两岸的情况分别用 S 和 N 表示，S 表在南岸，N 表在北岸。例如：(S,S,S,S) 依次表示农夫、狐狸、小羊和青菜都在南岸，是问题求解的初始状态；而(N,N,N,N)表示四者都在北岸，是问题求解的目标状态。

2. 操作

"农夫过河问题"操作可有如下几种：

①农夫携带小羊过河。

②农夫独自过河。

③农夫携带狐狸过河。

④农夫携带青菜过河。

小船从南岸到北岸用 $S-N$ 表示，从北岸到南岸用 $N-S$ 表示。例如，过河操作："农夫携带狐狸从南岸到北岸"可表示为 $S-N(1,1,0,0)$，"农夫携带小羊从北岸到南岸"可表示为 $N-S(1,0,1,0)$，其中 1 表示对应位置的物件在船上，0 表示对应位置的物件不在船上。

3. 约束

1) 状态约束

农夫、狐狸、小羊和青菜均为对象。每一对象都有两种状态，所以 4 个对象的总状态数为 16 种。其中有 6 种是危险状态，必须排除。同样有 10 种是安全状态。

下面列出 6 种危险状态：

①农夫和其他三个对象不在同一岸，即狐狸要吃小羊，羊羔要吃青菜：

(S,N,N,N)

(N,S,S,S)

②小羊和青菜在同一岸，即小羊要吃青菜：

(S,S,N,N)

(N,N,S,S)

③狐狸和小羊在同一岸，即狐狸要吃小羊：

(S,N,N,S)

(N,S,S,N)

2)操作约束

操作是从一个状态到另一个状态的变换。在操作中关联的两个状态均有要求。其中,第一个状态须与操作相匹配,而第二个状态不能为风险状态。操作 $S-N(1,1,0,0)$ 中相匹配的状态必须为 (S,S,X,X),而操作结果的状态不能为上述的6个风险状态。

4. 状态空间图

此问题的状态空间图如图2.2所示。

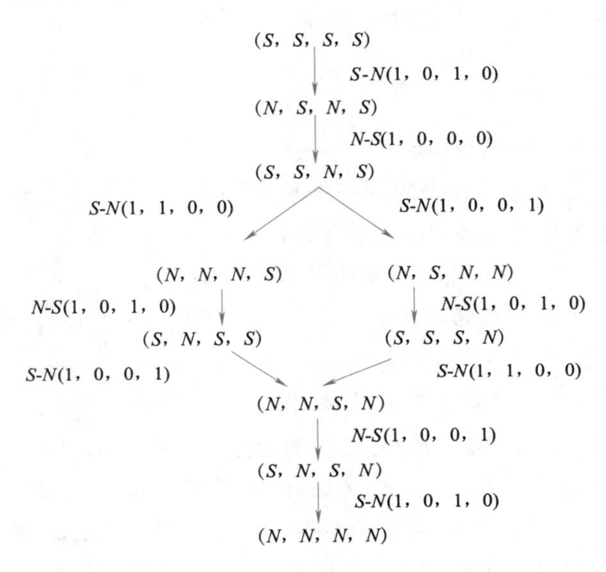

图2.2　农夫过河问题的状态空间图

2.3.4　状态空间表示法的评价

状态空间表示法是目前人工智能中常见的一种表示法,它在表示上有很多优点:

1. 知识表示的完整性

可以用状态空间表示知识体系中全部四个部分:

①可以用状态空间中的对象表示知识中的对象。

②可以用状态空间中的状态表示知识中的事实。

③可以用状态空间中的操作表示知识中的规则。

④可以用状态空间表示知识中的部分元知识,如约束性知识。

2. 表示简单、易于使用

用状态空间方法表示知识无论是对象、事实、规则都很简单,因此易于掌握使用。

状态空间方法表示知识也存在一定的不足,主要是:

1. 适合于知识获取中的搜索策略,无法表示复杂的知识

状态空间方法表示目前主要应用于知识获取中的搜索策略,同时它的知识表示结构简单,适用于一般知识体系的表示,对复杂知识的表示有一定的难度。

2. 演绎性规则

用状态空间方法所表示的规则仅限于演绎性规则。这也是它在表示上的另一个不足之处。

2.4 谓词逻辑表示法

谓词逻辑表示法采用数理逻辑中的符号逻辑表示知识的方法,这是一种典型的符号主义知识表示法,它能表示知识中的对象、事实、规则及元知识。

2.4.1 谓词逻辑表示的基本概念

谓词逻辑有以下几个基本概念:

(1)个体:个体是客观世界中的存在的独立物体,它是谓词逻辑中的最基本单位,如1,2,3,…等自然数;张三,李四等个人,等等。它可用$a,b,c;x,y,z;\cdots$等表示。个体有变量与常量之分,个体变量有变化范围称为个体域。

(2)函数与项:个体可以转换成另一个体,这种转换称为函数,函数可用f、g、h等表示。如个体x可通过函数f转换成个体y,它可表示为:$y=f(x)$。而个体及由函数所生成的个体统称为项。因此项也是个体,但是是一种个体的扩充。

(3)谓词:谓词表示个体之间的关系。例如兄弟关系可用$P(x,y)$表示,其中,P表示谓词"兄弟",x,y是个体变量,其个体域为"人"的集合。谓词是有值的,它或为T(表示真),或为F(表示假)。在兄弟关系中,如x,y分别为张彪、张虎;此时如果他们为兄弟,则有P(张彪,张虎)=T;如不为兄弟则有P(张彪,张虎)=F。谓词中仅有一个个体称为一元谓词;有两个个体称为二元谓词。推而广之,有n个个体则称为n元谓词。一元谓词$P(x)$表示x的性质;二元谓词$P(x,y)$表示x与y间的关系;n元谓词$P(x_1,x_2,\cdots,x_n)$则表示$x_1,x_2,\cdots,x_n$这n个个体间的关系。

(4)量词:谓词的值是不定的,它随个体的变化而变化。例如兄弟关系$P(x,y)$中,P(张彪,张虎)=T;但P(张三,李四)=F。因此,谓词的值与个体域有关。它一般有两种:一种为个体域中存在有个体使谓词的值为T;另一种是个体域中所有个体使谓词的值为T。这样,由个体域与谓词的值所建立起来的关系称为量词,其中,前一种称为存在量词,后一种称为全称量词。设有谓词$P(x)$,则存在量词可表示为:$\exists x(P(x))$;全称量词可表示为:$\forall x(P(x))$。所要注意的是,加了量词后的谓词的值就是确定的了。

例2.3 设有$P(x)$:$x-3=0$,x的个体域为整数集$\mathbf{Z}$。此时有:

① $P(\mathrm{x})$——不确定。

② $\exists \mathrm{x}(P(\mathrm{x}))=T$。

③ $\forall \mathrm{x}(P(\mathrm{x}))=F$。

(5)命题:能分辨真假的语句称为命题。命题一般可用P、Q、R等表示。命题有值T或F;它称为命题的真值;上面所讲的谓词及带有量词的谓词均为命题。命题有常量与变量之分,如例2.3中的$P(x)$、$\exists x(P(x))$、$\forall x(P(x))$均为命题;而其中前一个为命题变量,而后两个为命题常量。

(6)命题联结词:命题可以通过命题联结词(简称联结词)建立一种新的命题.常用联结词有5个。它们可以统一通过表2.1所示的命题真值表定义。

①"并且"联结词:命题P与Q的"并且"可以用$P\wedge Q$表示,称P与Q的合取式。

②"或者"联结词:命题P与Q的"或者"可以用$P\vee Q$表示,称P与Q的析取式。

③"否定"联结词:命题P的"否定"可以用$\neg P$表示,称P的否定式。

④"蕴含"联结词:命题P与Q的"蕴含"可以用$P\rightarrow Q$表示,称P与Q的蕴含式。

⑤"等价"联结词:命题P与Q的"等价"可以用$P\leftrightarrow Q$表示,称P与Q的等价式。

表2.1 命题真值表

P	Q	$P\wedge Q$	$P\vee Q$	$\neg P$	$P\rightarrow Q$	$P\leftrightarrow Q$
T	T	T	T	F	T	T
F	T	F	T	T	T	F
T	F	F	T	F	F	F
F	F	F	F	T	T	T

2.4.2 谓词逻辑公式

在谓词逻辑中有了这几个基本概念后就可构造谓词逻辑公式。

定义2.1 原子公式

①设P是谓词符,$t_1,t_2,\cdots,t_n$为项,则$P(t_1,t_2,\cdots,t_n)$是原子公式。

②设R是命题,则R是原子公式。

定义2.2 谓词逻辑合式公式(亦可简称谓词逻辑公式或公式)

①原子公式是公式。

②如A,B是公式,则$(\neg A),(A\vee B),(A\wedge B),(A\rightarrow B),(A\leftrightarrow B)$是公式。

③如A为公式,x为个体变量,则$(\forall xA),(\exists xA)$为公式。

④公式由且仅由有限次使用①、②、③而得。

公式中②、③处所出现的括号可按一定的方法省略,但量词的辖域中仅出现一个原子公式时其辖域的括号可省略,否则不能省。

例2.4 著名的亚里士多德三段论的假设:"凡人必死,苏格拉底是人,故他必死"。

解 设$H(x)$表示x是人,$P(x)$表示x必死,a表示苏格拉底,则可将亚里士多德的三段论写成为谓词逻辑公式:

$$\forall x(H(x)\rightarrow P(x))\rightarrow(H(a)\rightarrow P(a))$$

例 2.5 对所有自然数 x,y 必有 $x+y\geq x$。

解 设 $F(x,y,z)$ 表示 $x+y\geq z$，$N(X)$ 表示 x 为自然数，此时可以将语句写成：

$$\forall x \forall y(N(x) \land N(y) \rightarrow F(x,y,x))$$

2.4.3 谓词逻辑公式的解释

在谓词逻辑中，公式是一个符号串，必须给以具体的解释。所谓解释就是给公式中的个体变量指定一个具体的个体域 D，个体常量指定个体域中的一个具体个体，对 n 元函数 f 指定一个具体的从 D^n 到 D 的映射，对命题 R 指定一个 $E=\{F,T\}$ 中的值，对 m 元谓词 P 指定一个具体的从 D^m 到 $\{F,T\}$ 的映射。

一个公式经解释后才有具体的意义，即可确定其真假。

例 2.6 用下面的公式定义一个半群：

$$\forall x\ \forall y\ \forall z((x^\circ y)^\circ z = x^\circ(y^\circ z))$$

对这个公式可以给出一个解释：

①个体域 D：整数。

②二元函数°：整数的加运算。

③二元谓词＝：整数的相等性关系。

在此解释下公式为真，亦即是说：$(I,+)$ 是半群。

2.4.4 谓词逻辑永真公式

公式一经给出解释就成为确定的了，此时即能分辨其真假。以此为基础就能研究公式的永真性问题。

定义 2.3 公式 A 如至少在一种解释下有一个赋值使其为真，则称 A 是可满足的。

定义 2.4 公式 A 在所有解释下的所有赋值均使其为真，则称 A 是永真，或称 A 为永真公式。

定义 2.5 公式 A 在所有解释下的所有赋值均使其为假，则称 A 为永假，或称 A 为永假公式。

接下来讨论谓词逻辑中的永真公式。在谓词逻辑中常用的永真公式有以下 22 个。

设 P,Q,R 是公式，则必有：

① $\neg\neg P\rightarrow P$。

② $P\land Q\rightarrow Q\land P$。

③ $P\lor Q\rightarrow Q\lor P$。

④ $\neg(P\land Q)\rightarrow\neg P\lor\neg Q$。

⑤ $\neg(P\lor Q)\rightarrow\neg P\land\neg Q$。

⑥ $P\land T\rightarrow P$。

⑦ $P\lor F\rightarrow P$。

⑧ $P\land P\rightarrow P$。

⑨ $P \vee P \rightarrow P$。

⑩ $(P \rightarrow Q) \rightarrow \neg P \vee Q$。

⑪ $\neg P \vee Q \rightarrow (P \rightarrow Q)$。

⑫ $(P \rightarrow Q) \rightarrow \neg Q \rightarrow \neg P$。

⑬ $\neg (P \rightarrow Q) \rightarrow P \wedge \neg Q$。

⑭ $P \rightarrow (Q \rightarrow (P \wedge Q))$。

⑮ $(P \rightarrow (Q \rightarrow R)) \rightarrow ((P \wedge Q) \rightarrow R)$。

⑯ $(P \longleftrightarrow Q) \rightarrow (P \rightarrow Q) \wedge (Q \rightarrow P)$。

⑰ $\neg \exists x(P(x)) \rightarrow \forall x(\neg P(x))$。

⑱ $\neg \forall x(P(x)) \rightarrow \exists x(\neg P(x))$。

⑲ $\forall x(P(x)) \rightarrow P(y)$。

⑳ $P(x) \rightarrow \forall y(P(y))$。

㉑ $\exists x(P(x)) \rightarrow P(e)$。

㉒ $P(y) \rightarrow \exists x(P(x))$。

2.4.5 谓词逻辑推理

真蕴含式 $P \rightarrow Q$ 反映了人类思维的一些推理活动,即若 P 为真则 Q 必真。这是一种动态的推理,它表示由一些已知条件出发推得一些未知结果,亦即由前提推得结论,它们可表示为:

$$\text{前提}_1, \text{前提}_2, \cdots, \text{前提}_n \vdash \text{结论}$$

其中,符号 $\vdash$ 表推出之意。

对真蕴含式 $P \rightarrow Q$ 必有:

$$P \vdash Q$$

或可写成:

$$\frac{P}{Q}$$

而 $P \rightarrow (Q \rightarrow R)$ 必有:

$$P, Q \vdash R$$

或可写成:

$$\begin{array}{c} P \\ \underline{Q} \\ R \end{array}$$

对以上的永真公式可有如下推理:

①$P, Q \vdash P$。 (简化式)

②$P, Q \vdash Q$。 (简化式)

③$P \vdash P \vee Q$。 (附加式)

④$Q \vdash P \vee Q$。 (附加式)

⑤$P,Q \vdash P \wedge Q$。

⑥$\neg P, P \vee Q \vdash Q$。 （析取三段论）

⑦$P, P \to Q \vdash Q$。 （假言推论——分离规则）

⑧$\neg Q, P \to Q \vdash \neg P$。 （拒取式）

⑨$P \to Q, Q \to R \vdash P \to R$。 （假言三段论）

⑩$P \to Q, R \to S \vdash P \wedge R \to Q \wedge S$ （合取推理）

⑪$P \vee Q, P \to R, Q \to R \vdash R$。 （两难推论）

⑫$P \to Q, P \to \neg Q \vdash \neg P$。 （归谬推理）

⑬$P \to Q \vdash P \wedge R \to Q \wedge R$。 （简单合取推理）

⑭$P(x) \vdash \forall x P(x)$。 （全称推广规则:UG）

⑮$\forall x P(x) \vdash P(x)$。 （全称指定规则:US）

⑯$P(x) \vdash \exists x P(x)$。 （存在推广规则:EG）

⑰$\exists x P(x) \vdash P(e)$。 （存在指定规则:ES）

式中之 P,Q,R 可视为任意公式。

2.4.6 用谓词逻辑表示知识

1. 事实性知识

可以用带解释的谓词逻辑公式表示知识。这种知识表示个体性质及个体间关系，因此是事实性知识。

例 2.7 将下面所示的知识用谓词逻辑表示。

①己所不欲，勿施于人。

②鱼我所欲也，熊掌亦我所欲也。

③人人为我，我为人人。

④人不犯我我不犯人，人若犯我我必犯人。

⑤白猫、黑猫，逮住老鼠就是好猫。

⑥对一切实数 x，都有 $x^2>0$ 或 $x^2=0$。

⑦通过两个不同的点有且仅有一条直线。

⑧国际奥委会主席亲自将一枚金质奖章授予我国运动员邓亚萍。

解

①设 $P(x)$:x 为人，$S(x)$:x 为物，:$Q(x,y,z)$:x 将 y 给 z，$R(x,y)$:x 喜欢 y，a:我，表示为：

$$(\forall x(((P(x) \wedge P(a)) \to \exists y(S(y) \wedge \neg R(a,y))) \to Q(a,y,x))$$

②设 $P(x)$:x 为食物，$Q(x)$:x 为人，$R(x,y)$:x 喜欢吃 y，a:我，b:熊掌，c:鱼，表示为：

$$(Q(a) \wedge P(b) \wedge P(c) \wedge R(a,b) \wedge R(a,c)$$

③设 $P(x,y)$:x 为 y，$R(x)$:x 是人，a:我，表示为：

$$\forall x(R(x) \to P(x,a) \wedge P(a,x))$$

④设 $P(x,y)$:x 犯 y,$R(x)$:x 是人,a:我,表示为:

$$\forall x((R(x)\rightarrow((\neg P(x,a)\rightarrow\neg P(a,x))\wedge(P(x,a)\rightarrow P(a,x))))$$

⑤设 $C(x)$:x 是猫,$W(x)$:x 是白的,$B(x)$:x 是黑的,$P(x,y)$:x 逮住 y,$G(x)$:x 是好的,$M(y)$:y 是老鼠,表示为:

$$\forall x((C(x)\wedge(W(x)\vee B(x))\rightarrow((\exists y(M(y)\wedge P(x,y))\rightarrow G(x))))$$

⑥设 $R(x)$:x 是实数,$>(x,2,y)$表示 $x^2>y$,$=(x,2,y)$表示 $x^2=y$,表示为:

$$\forall x(R(x)\rightarrow>(x,2,0)\vee=(x,2,0))$$

⑦设 $P(x)$:x 是一个点,$L(x)$:x 是一条直线,$R(x,y,z)$:z 通过 x 和 y,$E(x,y)$:$x=y$,表示为:

$$\forall x\forall y((P(x)\wedge P(y)\wedge E(x,y))\rightarrow\exists z(L(z)\wedge R(x,y,z))\wedge\forall w(R(x,y,w)\rightarrow w=z))$$

⑧设 $P(x,y,z)$:x 亲自将 y 授予 z,$G(x)$:x 是金质的,$R(x)$:x 是一枚奖章,$C(x)$:x 是我国运动员,a:国际奥委会主席,b:邓亚萍,g:那个物件,表示为:

$$P(a,g,b)\wedge R(g)\wedge G(g)\wedge C(b)$$

此外,谓词逻辑永真公式也是事实性知识,由于它具有普遍性永真的语义,因此是常识。

2. 规则性知识

谓词逻辑中的推理可表示为规则性知识,它共有18条规则,是古希腊时期由亚里士多德所开创的以研究思维外延规律的形式逻辑中的基本性规则,这是常识性规则。而由普通蕴含公式在局部范围为真(即可满足公式)所得到的推理也是规则,这是领域性规则。

例2.8　设有 $P(x,y,z)$:整数中的 $x+y=z$;$Q(x,y,z)$:整数中的 $x-y=z$。公式为:

$$P(x,y,z)\rightarrow Q(z,x,y)$$

在整数的数学中为真,由它用分离规则可得推理如下:

$$P(x,y,z),P(x,y,z)\rightarrow Q(z,x,y)\vdash Q(z,x,y)$$

这种推理表现为领域性知识。

2.4.7　谓词逻辑知识表示评价

1. 知识表示的完整性

谓词逻辑知识表示可以表示知识体系中全部四个部分:

①可以用谓词逻辑公式中的个体及项表示知识中的对象。

②可以用谓词逻辑公式表示知识中的事实。

③可以用谓词逻辑规则表示知识中的规则。

④可以用谓词逻辑表示知识中的部分元知识。有关此方面的介绍将在下一章中阐述。

此外,谓词逻辑知识表示还可以表示常识性知识与领域性知识。

因此用谓词逻辑表示知识是比较全面与完整的。

2. 形式化与符号化

由于谓词逻辑采用数学方法,具有高度形式化与符号化,因此所表示的知识具有高度逻辑上的严密性与正确性,且可借助数学方法有利于知识的获取与使用。

谓词逻辑表示虽具有体系上的完整性,但是也存在一定的不足,主要是:

1. 确定性知识

用谓词逻辑所表示的知识都是确定性知识,它不能表示非确定性知识,这是它在表示上的一个不足之处。

2. 演绎性规则

用谓词逻辑所表示的规则仅限于演绎性规则,它无法表示归纳性规则。这也是它在表示上的另一个不足之处。

2.5 知识图谱表示法

2.5.1 知识图谱概述

知识图谱(Knowledge Graph,KG)是谷歌公司2012年提出的一种适用于网络环境的知识表示方法。这种方法非常简单,其重点在于描述客观世界中实体间的关系。其中基本单元是实体,实体间有关系与属性(是一种特殊关系),属性表示实体与另一实体间的一种性质关联,而关系则建立两个实体间的某种语义关联。例如有某学生,他是一个实体,他有学号、姓名、年龄、性别等,这些都是他的属性。这个学生实体通过他的属性建立起该实体的性质描述。同时一个实体还可通过关系建立起与该实体所关联的其他实体。例如某学生,他除了有属性外,还有与他有关联的其他实体,这可用关系表示,如他与父母(实体)之间的关系,他与同学(实体)之间的关系等。

在一个知识体系中有多个实体,而每个实体又有多个属性与关系,它们间相互关联,组成了一个与语义相关的网络。

谷歌在推出知识图谱后,在其搜索引擎中增强搜索结果,这标志着大规模知识在互联网语义搜索中的成功应用。在此后,除了谷歌网站外,还有维基、百度、腾讯等国内外著名的大型网站都使用知识图谱表示。

2.5.2 知识图谱表示

知识图谱表示法中的知识的基本单元是实体,实体间有关系与属性(是一种特殊关系)两种关联组成,它们可用三元组表示。

1)属性表示

实体属性可用一个三元组表示:

(属性,实体1,实体2)

它表示指定实体1具有指定性质的实体2作为指定值,如(颜色,牡丹花,红)表示牡丹花是红色的。

2)关系表示

实体间关系可用一个三元组表示:

(关系,实体1,实体2)

它表示指定两个实体间所具有指定的某个关系,如(父子,王龙,王晨)表示王龙与王晨间是父子关系。

这种表示方法也可用一种基于有向图的知识表示方法,它由结点(Point)和边(Edge)组成。在知识图谱里,每个结点表示现实世界体中存在的“实体”,每条边为实体与实体之间的“关系”。知识图谱是关系的最有效的表示方式。通俗地讲,知识图谱就是把所有不同实体连接在一起而得到的一个关系网络。知识图谱提供了从“关系”的角度去分析问题的能力。

在知识图谱中,每个实体有一个唯一的标识符,其属性用于刻画实体的特性,实际上属性也是一种实体,它也可用关系以连接两个实体,以表示它们之间的性质刻画关联。

例2.9　有一个事实“李荣是李卉的父亲”。这里的实体是李荣和李卉,关系是“父亲”(is_father_of)。当然,李荣和李卉也可能会跟其他人存在着某种类型的关系(暂时不考虑)。当把电话号码作为结点加入知识图谱以后(电话号码也是实体),人和电话之间也可以定义一种关系为has_phone,就是说某个电话号码是属于某个人。图2.3展示了这种关系图。

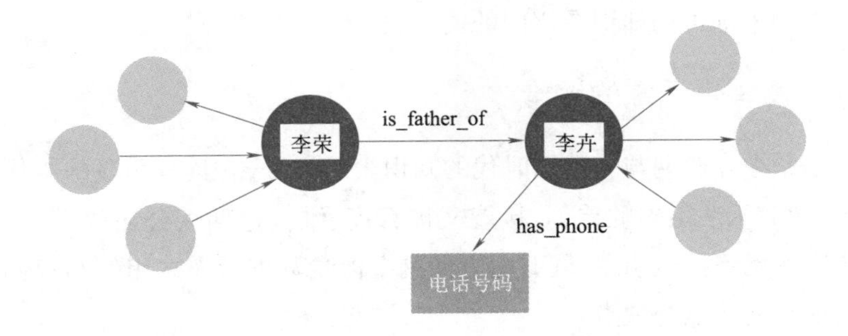

图2.3　知识图谱示例

知识图谱可用来更好地查询复杂的关联信息,从语义层面理解用户意图,改进搜索质量。

例2.10　在百度的搜索框里出现的有关某著名演员的知识图谱。搜索结果页面的右侧还会出现与其相关的信息如出生年月、家庭情况等。另外,对于稍微复杂的搜索语句,如“×××的丈夫是谁?”百度能准确返回她的丈夫是××。这就说明搜索引擎通过知识图谱真正理解了用户的意图。图2.4所示即这种表示。

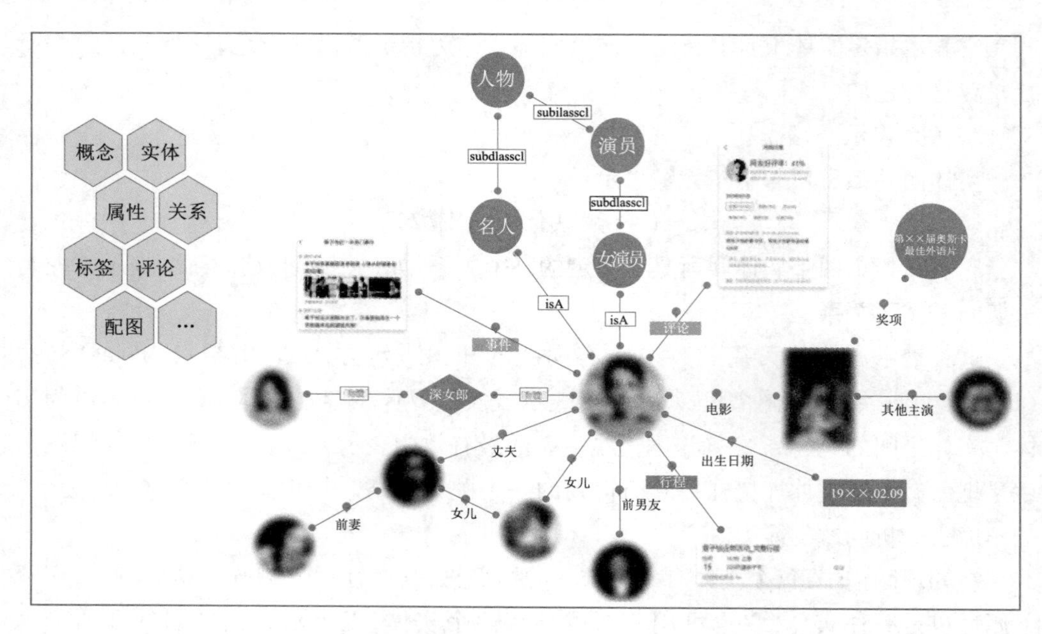

图 2.4 知识图谱示意图

2.5.3 知识图谱与知识表示

知识图谱表示法虽然简单,但它保留了知识体系中大部分内容:

第一层中的个体可用知识图谱中的实体表示。

第二层中的事实可用知识图谱中的属性表示。

第三层中的规则可用知识图谱中的关系表示。

2.5.4 知识图谱表示法的评价

知识图谱是在互联网与大数据时代的知识表示方法,它具有明显的当代先进技术需求的特点,此表示法由谷歌首创,接着又被百度、维基这两大公司改进并使用,主要用来优化现有的网络搜索引擎,同时也方便网上海量数据分布式组织与存储。因此知识图谱具有明显的优点与缺点。

首先,知识图谱的优点有:

1. 表示简单

知识图谱仅有实体与关系两个概念,通过这两个概念可以建立起众多实体间错综复杂的关系,并组织成一个基于海量数据的庞大知识体间相互关联的网络。

2. 针对性强

知识图谱表示法主要针对互联网上分布式并行数据的组织与存储以及建立在其上的海量数据的搜索及应用。知识图谱虽然表示简单,但能表示对象、事实与规则等基本知识的能力。

3. 体系完整

知识图谱表示法由于创立于著名互联网企业,并在网上得到一致的认同与使用,具有完备的开发、使用工具与操作使用经验。因此这种表示法从理论、工具、开发使用及操作经验等上、中、下游均构成完整的体系。

知识图谱表示法当然也存在不少缺点:

1. 表示能力不足

由于知识图谱表示法针对性强,对互联网上的海量知识表示与推理具有优越性,但对其他领域的应用有不少的欠缺。同时它的表示太过简单不适于描述复杂结构知识的表示。

2. 确定性知识

知识图谱表示法适用于确定性知识的表示,不能表示非确定性知识。同时对元知识表示能力不足。

小　　结

知识与知识表示是人工智能的基础,本章讨论了如下几个基础性问题:

(1)知识与知识表示的基本概念。

(2)介绍了目前常用的四种知识表示方法:产生式表示方法、谓词逻辑表示方法、状态空间表示方法以及知识图谱表示法等。

说明:

(1)在人工智能中有很多种知识表示方法。除上面介绍的四种外,还有语义网络、框架、脚本、黑板、面向对象等多种表示方法。每种知识表示都各有所长也各有所短,以适应不同的应用需要。知识的多种表示方法反映了知识的结构复杂性、使用环境复杂性以及操作处理的复杂性。

(2)在实际应用中采用何种知识表示方法是没有统一标准的。一般说来,主要根据应用对象、环境以及操作处理需要而定。

(3)从计算机的角度看,知识表示反映了知识在计算机中的数据结构,这种结构有概念层、逻辑层及物理层等三个层次。其中概念层主要介绍结构的基本理论性内容、逻辑层主要介绍结构的逻辑性框架。而物理层主要面向计算机,由计算机开发者完成。本章主要介绍了前两层。

(4)在整个人工智能讨论中,不同的知识表示决定了不同的知识组织与存储、不同的知识获取、不同的智能应用。因此知识表示是人工智能中最基础性的。在下面的各章讨论中将从原则上按不同知识表示,作不同的讨论。

习题 2

2.1 验证下列公式为永真式，其中 A,B,C 表示任意公式。

(1) $A \vee \neg A$。

(2) $A \to (B \to A)$。

(3) $A \to (A \vee B)$，$B \to (A \vee B)$。

(4) $(A \wedge B) \to A$，$(A \wedge B) \to B$。

2.2 用谓词逻辑公式表示如下自然数公理。

(1) 每个数都存在一个且仅存在一个直接后继数。

(2) 每个数都不以 0 为直接后继数。

(3) 每个不同于 0 的数都存在一个且仅存在一个直接前启数。

2.3 用一阶谓词逻辑表示下面的句子(自己定义合适的谓词)。

(1) 任意一个实数都有比它大的整数。

(2) 并不是所有的学生选修了历史和生物。

(3) 历史考试中只有一个学生不及格。

(4) 只有一个学生历史和生物考试都不及格。

2.4 对猴子摘香蕉问题，给出产生式系统描述。

一个房间里，天花板上挂有一串香蕉，有一只猴子可在房间里任意活动(到处走动、推移箱子、攀登箱子等)。设房间里还有一只可被猴子移动的箱子，且猴子登上箱子时才能摘到香蕉，问猴子在某一状态下(设猴子位置为 a，箱子位置为 b，香蕉位置为 c)，如何行动可摘取到香蕉。

2.5 对三枚钱币问题给出产生式系统描述。

设有三枚钱币，其排列处在“正、正、反”状态，现允许每次可翻动其中任意一个钱币，问只许操作三次的情况下，如何翻动钱币使其变成“正、正、正”或“反、反、反”状态。

2.6 用知识图谱表示下列命题：

(1) 树和草都是植物。

(2) 树和草都有根、有叶。

(3) 水草是草，且长在水中。

(4) 果树是树，且会结果。

(5) 苹果树是果树中的一种，它结苹果。

第 3 章

知识组织与管理——知识库介绍

知识是人工智能研究、开发、应用的基础,在任何涉及人工智能之处都需要大量的知识,为便于知识的使用,需要有一个组织、管理知识的机构,它即是知识库。

自人工智能出现后即有知识库概念出现,直至目前为止,知识库及其重要性也越显突出。任何一项研究与开发、应用都离不开知识库。但遗憾的是在人工智能领域少见有对知识库系统作完整、系统的介绍。本章对知识库作一个系统性介绍,为后续章节中使用知识库奠定基础。

在本章中对知识库的基本概念、基础内容及发展历史作介绍,同时还介绍两个具有代表性的知识库例子。

3.1 知识库概述

本节介绍知识库的基本概念、基础内容及其组成。

3.1.1 知识库的基本概念

在人工智能中经常会出现“知识库”的名词,且出现频率很高,但是对此名词往往介绍不多,按习惯性理解,它的含义大致是:存储知识的场所。从抽象的观点看,它是知识的集合。在人工智能的发展初期,这种理解勉强可以应付,但随着人工智能的发展,知识库的概念也逐渐明朗,其重要性也越加突出,有鉴于此必须对知识库有一个系统、完整的介绍。在本节中对知识库的一些基本概念作介绍,它的内容包括以下几方面。

1. 知识的四种性质

对知识库的研究是先从知识特性讲起的,从这个观点看,可以对知识特性从不同角度分别探讨。

(1)时间角度:从保存时间看,知识可分为挥发性知识(Transient Knowledge)与持久性知识(Persistent Knowledge)。其中挥发性知识保存期短而持久性知识则能长期保存。

(2)使用范围:从使用范围的广度看,知识可分为私有知识(Private Knowledge)与共享知识(Share Knowledge)。其中私有知识为个别应用所专用,而共享知识为多个应用服务。

(3)数量角度:从数量角度看,知识可分为小规模知识、大规模数据、超大规模知识、海量知识及大数据知识等多种。知识的量是衡量知识的重要标准。由于量的不同可以引发从量变到质变的效应。如小规模知识是不需管理的,超大规模知识、海量知识则必须管理,而大数据知识则具有多种结构形式、分布式管理及并行处理等特性。

(4)处理角度:从处理角度看,知识可分为直接知识与间接知识。前者主要是通过实践由客观世界直接获得的知识,而后者主要是由直接知识通过知识获取而得到的知识。

知识的上述四种不同分类特性可为研究知识及知识库提供基础。

2. 与知识库有关的一些概念

在知识库中与它有关的若干个概念是:

1)知识库

知识库是有关概念中的最为基础的一个概念。

定义 3.1 知识库

知识库(Knowledge Base,KB)是一种有一定知识表示形式的知识集合体,它具有持久的、海量的、共享的性质,多个应用可访问它。它的物理实体是在计算机系统中,其存储设备常用的是磁盘。

2)知识库管理

知识库是需要管理的,知识库管理主要用于知识库的开发与应用,其物理实现由计算机软件系统实现,称为知识库管理系统。此外,知识库管理还需要一组人员用于知识的搜集、录入与维护称为知识工程师。因此知识库管理是由计算机软件与专业人员联合完成的。

定义 3.2 知识库管理系统

知识库管理系统(Knowledge Base Management System,KBMS)是管理知识库的计算机软件系统,它为生成、使用、开发与维护知识库提供统一的操作支撑。它的主要功能包括:

①知识定义功能:它可以定义知识库中知识表示的数据结构。

②知识操纵功能:它具有对知识库中知识实施知识的查询与增、删、改等多种操作的能力。

③知识推理功能:它具有对知识库中知识实施知识的演绎性推理的能力,还有归纳性推理的能力。

④知识控制与保护能力:它具有对知识库中知识实施约束控制、并行控制与安全保护能力。

⑤服务功能:它提供多种服务功能,如知识采集等。

为使用户能方便使用这些功能,知识库管理系统提供统一的知识库操作语言,如DATALOG 语言等。

定义 3.3 知识工程师

知识工程师(Knowledge Engineering,KE)是一组专业人员,他们为知识库搜集知识并将其录入知识库中。此外,他们还负责知识库的日常运行与维护。

3)知识库系统

知识库系统是一种用于人工智能中的专用计算机系统。

定义 3.4 知识库系统

知识库系统(Knowledge Base System,KBS)是由四个部分组成的用于人工智能中的专用计算机系统。分别是:

①知识库——知识。

②知识库管理系统——软件。

③知识工程师——专业人员。

④计算机平台——包括计算机相关设备、网络、接口等硬件及操作系统、中间件、专用软件等。

由这四个部分所组成的以知识库为核心的系统称为知识库系统(Knowledge Base System,KBS),简称知识库。

4)知识库应用系统

知识库系统为人工智能应用直接服务,知识库系统与应用的结合组成了数据库应用系统。

定义 3.5 知识库应用系统

知识库应用系统(Knowledge Base Application System,KBAS)是一种以知识库为核心具有独立知识管理与获取应用能力的系统,包括系统平台、知识库、知识库管理系统、相关应用软件、知识工程师。

知识库应用系统亦即知识库系统+应用软件。

3.1.2 知识库结构组成

一个完整的知识库一般由知识存储体、知识库管理系统、知识库接口等三部分组成,而其中知识库管理系统又由知识结构定义、知识操作、知识约束以及知识搜索引擎等部分组成。知识库结构如图 3.1 所示。

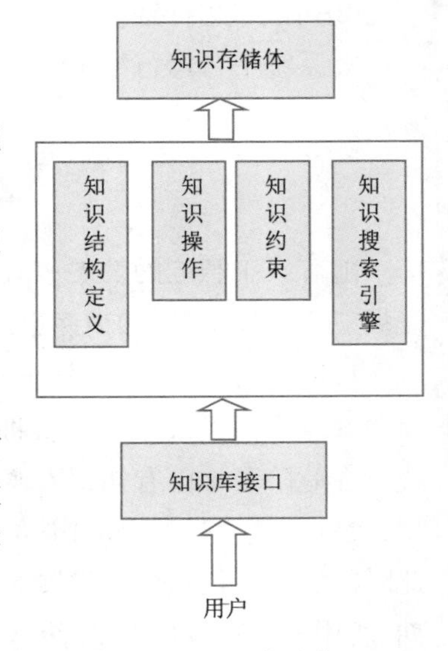

图 3.1 知识库结构

3.1.3 知识库应用系统开发

数据库应用系统是需要开发的,其开发方法按照计算机科学技术中的系统工程开发方法及软件工程开发方法进行,包括系统平台开发、知识库开发及应用程序开发等三部分。

知识库应用系统的开发流程共五个步骤:

1. 计划制定

计划制定是整个知识库应用系统项目的计划制定,此阶段所涉及的问题主要是与立项有关。一般情况下,此部分内容涉及技术问题不多故可不予讨论。

2. 需求分析

需求分析是对整个知识库应用系统统一分析，这种分析对平台、知识库与应用程序具有重大作用。在分析后最终形成分析模型并形成一份需求分析说明书。

3. 系统设计

在系统设计中按知识库设计、应用程序设计与系统平台设计三部分独立进行。在知识库设计中主要分为概念设计、逻辑设计及物理设计三部分，分别设计知识库中知识表示形式、知识库中知识模式与模型、知识推理方法设计、知识库总体结构的设计以及知识库物理参数的设计。

系统平台设计为知识库应用系统建立硬件平台与软件平台以及系统结构提供依据。在其中最主要的是知识库管理系统的选择、接口工具的选择。经过这三部分独立设计后，最终得到一份统一的系统设计说明书。

4. 系统开发生成

系统开发生成包括：

①知识库生成——包括模式与知识。

②应用程序生成。

③平台生成。

5. 运行维护

经过生成后的系统即可在所创建的平台上运行并维护。运行维护按三部分独立进行：

①应用程序运行维护。

②知识库运行维护。

③系统平台运行维护。

3.2 知识库发展历史

随着人工智能的发展，知识库的内容与功能也发生了重大的变化，与人工智能的发展三个时期一样，知识库也经历了三个发展阶段。

1. 知识库的发展第一阶段

知识库的发展第一阶段即人工智能发展的第一阶段，自1956年到20世纪80年代。在此阶段中已有知识库概念出现，也经常使用，但未见有明确的定义和物理的实现，大致的概念是“存储知识的场所”，其一般的物理场所是以计算机内存为主。因此，此时的知识库仅是处于发展的萌芽状态，尚未达到真正意义上的知识库水平。那个时期，所用知识量少（属KB级水平）且不需要管理，其存储实体为内存储器，知识不能持久存储。其典型的例子即是PROLOG程序设计中的知识库，这种知识库在PROLOG中称为数据库。因此在此时期知识库的含义仅是：“知识的集合”。

2. 知识库的发展第二阶段

知识库的发展第二阶段即人工智能发展的第二阶段，自20世纪80年代到21世纪初。在此阶段以知识为中心的专家系统的出现与发展推动了知识库的出现，这个阶段出现了真正意义上的知识库与知识库系统，同时它也成为专家系统的核心内容。

此时，知识库中的知识量开始增加（属MB级水平），因此知识需要管理，其存储实体为外存储器（一般是磁盘等次级存储器），知识能持久存储。因此在此时期，知识库的含义有了变化，它是一种："具有管理能力且具持久性的知识组织"。从计算机观点看，这种知识库一般是建立在文件系统之上的。

与此同时出现了多个知识库系统工具，使用它可以开发出知识库应用系统，即专家系统。其典型的有Datalog以及以关系数据库为基础扩展而成的演绎数据库等。

在此阶段中知识库得到了发展。它的理论、方法、系统、应用都在这个阶段得到了充分的进展。

3. 知识库的发展第三阶段

知识库的发展第三阶段即人工智能发展的第三阶段，自21世纪初到目前为止。在此阶段中，由于互联网的发展，知识库的发展也迎来了新的春天。当前的知识库都是建立在互联网平台上，采用基于网络的知识表示方法，如本体、知识图谱等，它可以在网络上组成独立系统供整个互联网用户使用，而使它的共享性达到了极致。在此阶段中典型的知识库系统都是建立在网络上的，如百度百科、维基百科、谷歌百科等。

在此情况下，知识库的含义又有了变化，它是一种："具有管理能力且具持久性的共享知识组织"。目前所说的即是这种知识库。从计算机观点看，这种知识库是一种独立的软件管理组织。同时，一般知识库主要用于知识的获取，因此有时知识库的能力还应包括知识搜索与获取。这种知识库又称为"知识库系统"。

这种知识库是新一代人工智能中的知识库，因此又称为新一代知识库。而以前的知识库则称为传统知识库。新一代知识库与传统知识库的区别有三点：

①知识的搜集由过去的人工搜集到现在的自动搜集。

②知识的推理由过去的缺少语义的自动推理到现在的建立在网络Web基础上的带语义的推理。

③知识库的人机交互界面由过去的专用操作语言到现在的自然语言与语音交互。

3.3 典型知识库系统介绍

在历史发展过程中，知识库系统的基本思想与方法始终是一致的，但是它的具体结构及应用有极大的不同，本节将介绍具有代表性的两个典型知识库系统，它们分别代表了不同阶段、不同应用的知识库系统。它们分别是知识库发展第二阶段中的典型知识库系统及知识库发展第三阶段中的典型知识库系统。

3.3.1 知识库发展第二阶段中的典型知识库系统

在知识库发展第二阶段中的知识库系统主要用于专家系统中，下面分三部分内容介绍。

1. 知识库系统组成

知识库系统由四个部分组成：

①知识库。知识库由两部分组成：事实库和规则库。

②知识库推理引擎：用于知识推理。

③知识库操纵：用于知识库中知识的增、删、改操作。它主要用于对知识库中的知识作录入。

④知识库查询：用于知识库中知识的查询操作。

知识库系统四个部分组成它的三个基本结构：

①知识库系统内部组成：包括知识库中的事实库与规则库以及知识库推理引擎。

②知识库系统输入接口：包括知识库中的增、删、改操作。

③知识库系统输出接口：包括知识库中的查询操作及推理输出。

图 3.2 所示为这个系统的结构。

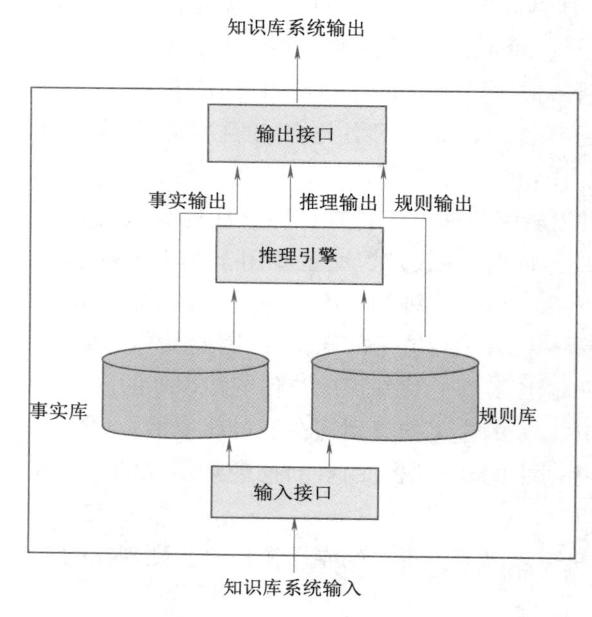

图 3.2　知识库系统结构

2. 知识库系统实现

在知识库发展第二阶段中的知识库系统的一个典型实现是采用关系数据库系统的一种扩充实现方法，称为演绎数据库系统。在该系统中以一个商品化的关系数据库（如 Oracle）为核心作扩充，扩充的内容包括：

①规则库及相应输入/输出。

②推理引擎及相应输入/输出。

由于关系是一种事实，因此关系数据库是一个事实库，而关系数据库系统中包括对事实库的查询及增、删、改操作。在此基础上扩充规则库、推理引擎及相应操作后即可构成一个知识库系统的实现。

在这个知识库系统的实现中,它由关系数据库系统产品、规则库及相应输入/输出,推理引擎及相应输入/输出等三部分构成,其结构如图 3.3 所示。

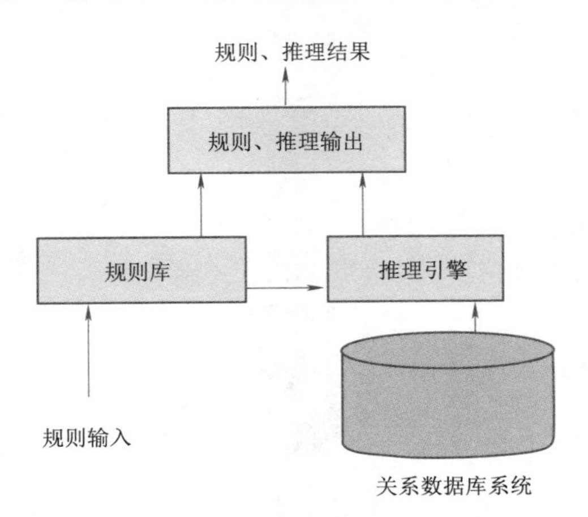

图 3.3 一个知识库系统的实现结构

3. 知识库系统语言

在知识库发展第二阶段中常用的知识表示方法以谓词逻辑及状态空间表示方法为主,下面介绍一个以谓词逻辑表示方法的知识库语言 Datalog。

Datalog 是谓词逻辑表示中的子句形式的一个简化表示。它是满足下面四种限制条件的子句:

①Datalog 中的项不出现函数,仅有个体常量与个体变量。

②Datalog 必须满足安全性规则。安全性规则是 Datalog 中的个体变量必须受限,即控制在有限范围内。

③为使用方便,Datalog 中设置一些常用的谓词称内部谓词,如相等谓词:$EQ(x,y)$;小于谓词:$<(x,y)$;大于谓词:$>(x,y)$;小于等于谓词:$<=(x,y)$;大于等于谓词:$>=(x,y)$等。

④Datalog 支持递归表示。

在 Datalog 中由常量组成的断言称为事实。

在 Datalog 中 Horn 子句称为规则。在下面的 Horn 子句示例中:

$$Q:-P_1,P_2,\cdots P_i,\cdots,P_n$$

Q 称为规则头,$P_1,P_2,\cdots,P_i,\cdots,P_n$称为规则体,而 $P_i(i=1,2,\cdots,n)$称为规则体中的子目标。

在 Datalog 中一组顺序的子句(包括事实与规则)称为逻辑程序,组成一个知识库。

例 3.1 可定义一个家族关系知识库如下:

双亲子女关系 Parent(x,y),可简记:$P(x,y)$;

祖先子孙关系 Ancestor(x,y),可简记:$A(x,y)$;

兄弟姐妹关系 Sibling(x,y),可简记:$S(x,y)$;

堂表兄弟姐妹关系 Cousin(x,y),可简记:$C(x,y)$;

家族关系 Related(x,y)，可简记：$R(x,y)$。

$P(a,b)$

$P(b,c)$

$P(b,d)$

$P(c,e)$

$P(c,f)$

$P(d,g)$

$P(f,h)$

$P(f,i)$

$P(g,j)$

$P(i,k)$

$P(i,l)$

$P(j,m)$

$P(j,n)$

$P(j,o)$

$P(l,p)$

$P(l,q)$

$P(k,r)$

$P(k,s)$

$P(m,t)$

$P(m,u)$

$P(n,v)$

$A(x,y):-P(x,y)$

$A(x,y):-P(x,z),A(z,y)$

$S(x,y):-P(x,z),(y,z),x=y$

$C(x,y):-P(x,x_p),P(y,y_p),S(x_p,y_p)$

$C(x,y):-P(x,x_p),P(y,y_p),C(x_p,y_p)$

$R(x,y):-S(x,y)$

$R(x,y):-R(x,z),P(y,z)$

$R(x,y):-R(x,y),P(x,z)$

上面是由29个知识组成的知识库。这是一个作为例子的知识库，实际应用的知识库远比它大得多。在例3.1中，前面21个是事实，后面9个是规则，它符合知识库中的四个条件，即无函数出现，变量x,y,z,x_p,y_p均通过21个事实得到受限，$x=y$为内部谓词，最后，它允许有递归形式出现，在例3.1中$A(x,y)$、$C(x,y)$、$R(x,y)$等均具递归形式。

3.3.2 知识库发展第三阶段中的典型知识库系统

目前最为流行的是新一代知识库系统，它是建立在互联网上且具有大数据特性的维基百科。这是一个开发极为成功且受网民喜爱的典型知识库系统。下面从知识库系统观点分析与讨论维基百科。

1. 维基百科简介

维基百科(Wikipedia)是于2001年1月15日由Jimmy Wales(见图3.4)和Larry Sanger(见图3.5)发起,由维基媒体基金会负责经营的一个自由内容、自由编辑,由全球各地志愿者编写而成的一种百科全书式的网络产品。维基百科是建立在互联网上免费向广大网民开放的知识库。目前有英、法、德、日、俄及中文在内的301种语言版本。在2012年启动的WikiData是Wikipedia的知识库,而在2015年启动的KE(Knowledge Engine)是Wikipedia的知识获取的推理引擎,到2017年底Wikipedia已包含超过2 500万个词条的规模。

以维基百科为首的互联网知识产品一经问世即引起了连锁式反应,目前在互联网上已出现谷歌百科、YAGO、百度百科在内的数十种百科类知识产品,同时,它们间相互关联与相互支持,组成了互联网上的庞大知识群体。

图3.4 维基百科发起人之一 Jimmy Wales

图3.5 维基百科发起人之一 Larry Sanger

2. 作为知识库应用系统的维基百科介绍

维基百科是一个知识库应用系统,这里用知识库观点介绍它。

首先介绍知识模式。

1)维基百科知识库的分析模型

(1)维基百科的基础是词条,每个词条可用:项、语句及属性等三个层次结构形式表示。其中:

①项(Item):从结构角度看,项是词条最上层结构,具文档形式,它给出了词条的主体语义解释。它是一种键值类型结构,在给出项的键后,即可得到相应具文档形式链接值。

②语句(Statement):语句是项的一部分,由于项中文档量值往往较大,因此可从语义上将其分解成若干个语句。它们的组合构成了项。语句也是文档形式,它是项的子文档。

③属性(Property):属性是对语句的进一步解释。属性也是一种键值类型结构,其中属性名是键,在给出键后,即可得到相应具文档形式链接值。

在维基百科中每个词条都有一个标识符，称为 Qid，它以 Q 为首其后为数码，如 Q23875 等，项与属性等也都有标识，以标识为键，通过键即可得到相应的值。

图 3.6 所示词条为刘德华的三层结构表示。其中，项名为：刘德华；语句分别为：（合作）明星、歌曲、奖项、电影、电视剧等；而属性则为语句的进一步说明，如陈慧琳、张柏芝、关之琳、成龙、郑秀文、苏有朋、周华健、章子怡、金喜善、神雕侠侣、真命天子、宝芝林、群星会、杨家将、鹿鼎记等。

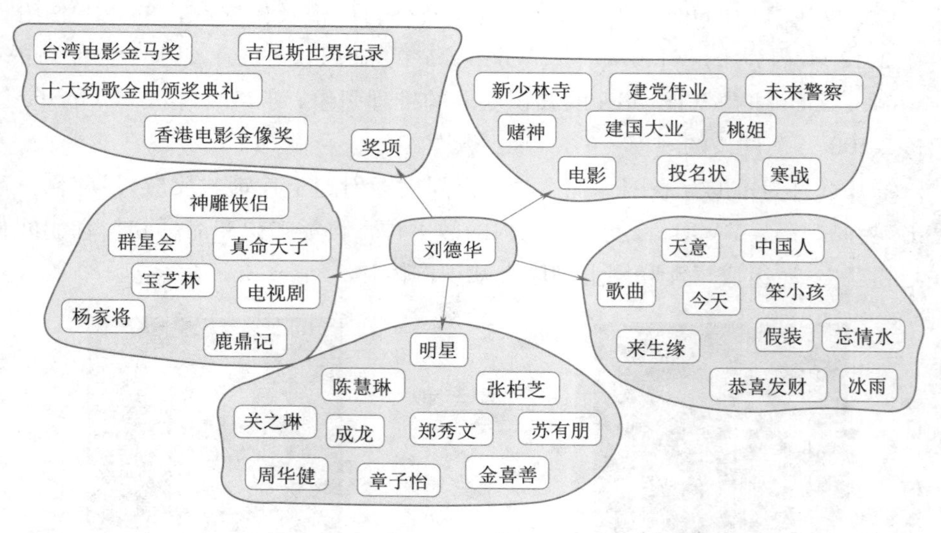

图 3.6　词条为刘德华的三层结构表示

（2）整个维基百科是由数千万个词条所组成。目前维基百科的词条数为 2 500 万个。

（3）整个维基百科的词条间都是关联的，如刘德华的合作演员：成龙、张柏芝等，他们也是另外的词条。

（4）整个维基百科由 2 500 万个词条的三层结构组成，它们间还有着多种各不相同的联系，这种复杂的结构组成了维基百科的需求分析模型。

2）概念模型

在需求分析模式之上可以构造概念模式。维基百科概念模式可用知识图谱表示，上面的这个三层结构可以用一个三层有向树的知识图谱表示之。图 3.7 所示词条为刘德华的三层有向树的知识图谱表示，而整个维基百科由 2 500 万个三层有向树的知识图谱组成，它们间的关联可用知识图谱中的有向边表示，这样就组成一个庞大、复杂的知识图谱表示。

3）逻辑模型

基于概念模型的逻辑模型是建立在 WikiData 之上的。其中知识图谱中的图结构可用 WikiData 中的图结构表示，而结点中的结构采用 WikiData 中的键值结构形式表示。

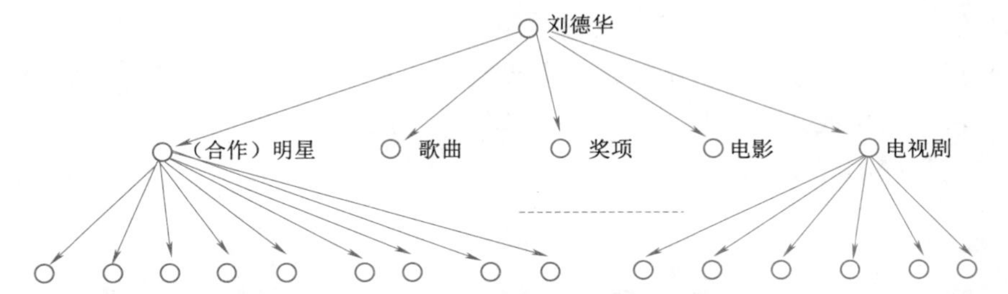

图3.7　词条为刘德华的三层有向树的知识图谱表示

4）知识操纵

维基百科知识操纵有如下的操作：

①知识查询、推理操作：通过知识查询、推理操作实现对维基百科词条作全局性查询、推理以获取知识。

②知识修改操作：通过知识修改实现对维基百科词条的修改。

③知识采集操作：通过知识的网络自动搜集及部分人工搜集的混合方式，实现对维基百科词条的采集及增补。

3. 作为知识库系统的维基百科开发

维基百科是一个知识库应用系统，对它的开发是按照知识库应用系统的开发流程进行的，按四个步骤实施。维基百科作为知识库应用系统，其开发过程如下：

1）需求分析

根据要求对维基百科提出总体性的需求，最终用分析模式表示之。

2）系统设计

（1）知识库模式设计。

①概念设计：用知识图谱有向图表示形式对维基百科作全局之概念式设计。

②逻辑设计：用知识库 WikiData 中的图结构对其中知识图谱中的概念设计结果作逻辑设计，而结点中的结构采用 WikiData 中的键值结构形式表示。

③物理设计：对 WikiData 中的物理参数作设计。

（2）应用程序设计。应用程序设计包括以下面两个部分：

①维基百科知识获取。它包括知识与问题查询、文本与图形展示、电子阅览及与情分析等。它可通过知识库直接查询，也可通过设置的推理引擎 KE 作推理查询。

②维基百科知识自动采集录入。它包括互联网上 Web 数据用爬虫自动采集，对关系数据库自动抽取，最后进行统一的清洗与集成。此外，还包括部分人工采集。

3）平台设计

维基百科平台设计包括建立在互联网云平台基础上的多种开发软件，特别是知识库选用维基知识库 WiKiData。

4）系统开发生成

在完成上述分析与设计后即可进行系统开发生成，包括：

①系统平台构建。

②知识库系统生成——对结构化数据按模式语义生成知识与对非/半结构化数据用机器学习方法生成知识,图3.8所示为知识生成的示意。

③应用程序的开发。

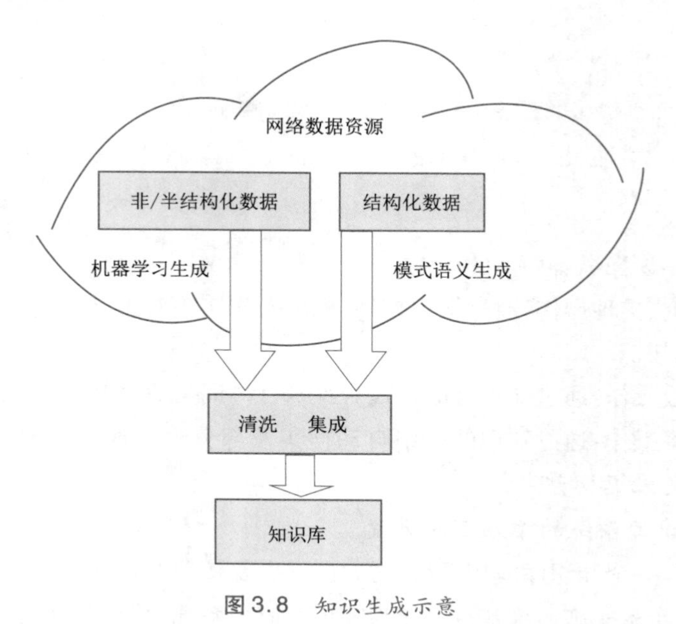

图3.8 知识生成示意

小 结

知识库是人工智能基础理论中的重要内容,本章对知识库进行系统、完整的介绍。

1.知识库的基本概念

(1)知识库:知识库(Knowledge Base,KB)是一种有一定知识表示形式的知识集合体,它具有持久的、海量的、共享的性质,多个应用可访问它。它的物理实体是在计算机系统中,其存储设备常用的是磁盘。

(2)知识库管理:知识库是需要管理的,知识库管理主要用于知识库的开发与应用,其物理实现由计算机软件系统实现,称为知识库管理系统。此外,知识库管理还需要一组人员用于知识的搜集、录入与维护称为知识工程师。因此知识库管理是由计算机软件与专业人员联合完成的。

(3)知识库管理系统:知识库管理系统(Knowledge Base Management System,KBMS)是管理知识库的计算机软件系统,它为生成、使用、开发与维护知识库提供统一的操作支撑。它的主要功能包括:

①知识定义功能。

②知识操纵功能。

③知识推理功能。

④知识控制与保护能力。

⑤知识采集功能。

为使用户能方便地使用这些功能，知识库管理系统提供统一的知识库操作言，如Datalog语言等。

(4)知识工程师：知识工程师(Knowledge Engineering,KE)是一组专业人员，他们为知识库搜集知识并将其录入知识库中，此外，他们还负责知识库的日常运行与维护。

(5)知识库系统：知识库系统(Knowledge Base System,KBS)是一种用于人工智能中的专用计算机系统。知识库系统是由以下四个部分所组成：

①知识库——知识。

②知识库管理系统——软件。

③知识工程师——专业人员。

④计算机平台。

由这四个部分组成的以知识库为核心的系统称为知识库系统(Knowledge Base System,KBS)，又称知识库。

(6)知识库应用系统：知识库系统与应用的结合组成了数据库应用系统。知识库应用系统(Knowledge Base Application System,KBAS)是一种以知识库为核心具有独立知识管理与获取应用能力的系统，包括：系统平台、知识库、知识库管理系统、相关应用软件、知识工程师。

知识库应用系统亦即知识库系统+应用软件。

2. 知识库结构组成

一个完整的知识库一般由知识存储体、知识库管理系统、知识库接口等三部分组成，其中知识库管理系统又由知识结构定义、知识操作、知识约束以及知识搜索引擎等几个部分组成。

3. 知识库应用系统的开发步骤

(1)计划制定。

(2)需求分析。

(3)系统设计。

(4)系统开发生成。

(5)运行维护。

4. 知识库的发展三个阶段。

(1)知识库的发展第一阶段。知识库是“存储知识的场所”。

(2)知识库的发展第二阶段。知识库是“具有管理能力且具持久性的知识组织”。

(3)知识库的发展第三阶段。知识库是一种“具有管理能力且具持久性的共享知识组织”。

5. 两个典型知识库系统

(1)第二阶段中的知识库系统，用于传统专家系统中。

(2)第三阶段中的知识库系统，用于新一代专家系统中。

习题3

3.1 试解释下列名词：

(1)知识库。

(2)知识库管理系统。

(3)知识工程师。

(4)知识库系统。

(5)知识库应用系统。

3.2 试介绍知识库应用系统开发的五个步骤。

3.3 试介绍知识库的发展三个阶段。

3.4 试介绍知识库发展第二阶段中的系统组成。

3.5 试介绍知识库管理系统标准 NoSQL。

3.6 试用 Datalog 开发一个知识库实例。

3.7 试说明维基百科是一个知识库系统。

3.8 试说明百度百科是一个知识库系统。

第4章 知识获取之搜索策略方法

搜索策略是人工智能中知识获取的基本技术之一,它在人工智能各领域中被广泛应用,特别是在人工智能早期的知识获取中,如在专家系统、模式识别等领域。

搜索策略在人工智能中属问题求解的一种方法,在早期,它一直是人工智能研究与应用中的核心问题。它通常是先将应用中的问题转换为某个可供搜索的空间,称为“搜索空间”,然后采用一定的方法称为“策略”,在该空间内寻找一条路径称为“搜索路径”或称为“求解”,最终得到一条路径并有一个终点称为“解”。在问题求解中,问题由初始条件、目标和操作集合这三个部分组成。在搜索策略方法中一般采用的知识表示方法是状态空间法,将问题转化为状态空间图。而搜索则采用搜索算法思想作引导,在状态空间图中从初始状态(即初始条件)不断用操作做搜索,最终在搜索空间上以较短的时间获得目标状态,它就是问题的解。

因此,搜索策略方法即是以状态空间法为知识表示方法,以搜索算法思想作引导从而获得知识的一种方法。这是一种演绎推理方法。在该方法的讨论中主要是研究搜索算法思想,包括盲目搜索算法与启发式搜索算法等两种内容。

4.1 概　　述

在搜索策略方法中从给定的问题出发,寻找到能够达到所希望目标的操作为序列,并使其付出的代价最小、性能最好,这就是基于搜索策略的问题求解。它的第一步是问题的建模,即对给定问题用状态空间图表示。接着第二步是搜索,就是找到操作序列的过程,可用搜索算法引导。最后第三步是执行,即执行搜索算法。它的输入是问题的实例,输出表示为操作序列。因此,求解一个问题包括三个阶段:问题建模、搜索和执行。其主要阶段为搜索阶段。

一般给定一个问题后,就确定了该问题的基本信息,它由以下四个部分组成:

①初始条件:定义了问题的初始状态。

②操作符集合:把一个问题从一个状态变换为另一个状态的操作集合。

③目标检测函数:用于确定一个状态是否为目标。

④路径费用函数:对每条路径赋予一定费用的函数。

其中,初始条件和操作符集合定义了初始的状态空间。

在搜索中一般包括两个主要的问题:“搜索什么?”及“在哪里搜索?”其中,“搜索什么”通常指的就是“目标”,“在哪里搜索”就是指“状态空间”。人工智能中大多数问题的状态空间在问题求解之初不是全部表示的,而呈现为初始的状态空间形式。由于一个问题的整个状态空间可能会非常大,在搜索之前生成整个空间会占用太大的存储空间。所以,人工智能中的搜索可以分成两个阶段:状态空间的初始阶段和状态空间中对目标的搜索阶段。因此,状态空间是逐步扩展的,“目标”状态是在每次扩展时进行判断的。

搜索方法可以分为盲目搜索方法和启发式搜索方法。盲目搜索方法一般是指从当前的状态到目标状态之间的操作序列是按固定的方法进行的而并没有考虑到问题本身的特性,所以这种搜索具有很大的盲目性,效率不高,不便于复杂问题的求解。启发式搜索方法是在搜索过程中加入与问题有关的启发式信息,用于指导搜索朝着最为希望发现目标状态的方向前进,加速问题的求解并找到最优解。显然盲目搜索不如启发式搜索效率高,但是由于启发式搜索需要与问题本身特性有关的信息,而对于很多问题这些信息很少,或者根本就没有,或者很难抽取,所以盲目搜索仍然是很重要的一类搜索方法。

下面开始介绍搜索策略中的这两种主要类型的搜索算法。

4.2 盲目搜索

盲目搜索策略的一个共同特点是它们的搜索路线是已经预先固定好的,目前常用的盲目搜索策略主要有广度优先搜索策略与深度优先搜索策略等两种。

在状态空间中一般的初始状态仅为一个状态称为根状态,以此为起点搜索所生成的是一棵有向树,称为搜索树。在其上有两种基本的搜索算法。如果首先扩展根结点,然后生成下一层的所有结点,再继续扩展这些结点的后继,如此反复下去,按深度由浅入深,这种算法称为宽度优先搜索。另一种方法是在根部开始每次仅选择一个子结点,按横向从左到右顺序逐个扩展子结点,只有当搜索遇到一个死亡结点(非目标结点并且是无法扩展的结点)时,才返回上一层选择其他的结点搜索。这种算法称为深度优先搜索。无论是宽度优先搜索还是深度优先搜索,结点的遍历顺序都是固定的,即一旦搜索空间给定,结点遍历的顺序就固定了。这种类型的遍历称为“确定”的,这就是盲目搜索的特点。

宽度优先搜索算法和深度优先搜索算法的区别是生成新状态的顺序不同,它们有两个主要的特点:

①只能用于求解搜索空间为树的问题,搜索结果所得到的解是这个树的生成子树。

②宽度优先搜索能够保证找到路径长度最短的解(最优解),而深度优先搜索无法保证。

下面列举著名的八数码难题(又称重排九宫问题)的例子,用以说明盲目搜索策略的算法思想。

例 4.1 八数码难题(又称重排九宫问题)。在 3×3 的方格棋盘上放置了标有数字 1~8 的八张牌,初始状态为 S_0,目标状态为 S_B,如图 4.1 所示。可用的操作有空格左移、空格上移、空格右移、空格下移,即只允许把位于空格左、上、右、下的牌移入空格。要求用宽度优先搜索策略寻找初始状态到目标状态的路径。

2	8	3
1		4
7	6	5

(a)初始状态 S_0

1	2	3
8		4
7	6	5

(b)目标状态 S_B

图 4.1 八数码难题

解 应用宽度优先策略,可以在第四级得到解,搜索树如图 4.2 所示。可以看出,解的路径是:

$$S_0 \longrightarrow 3 \longrightarrow 8 \longrightarrow 16 \longrightarrow 26 = S_B$$

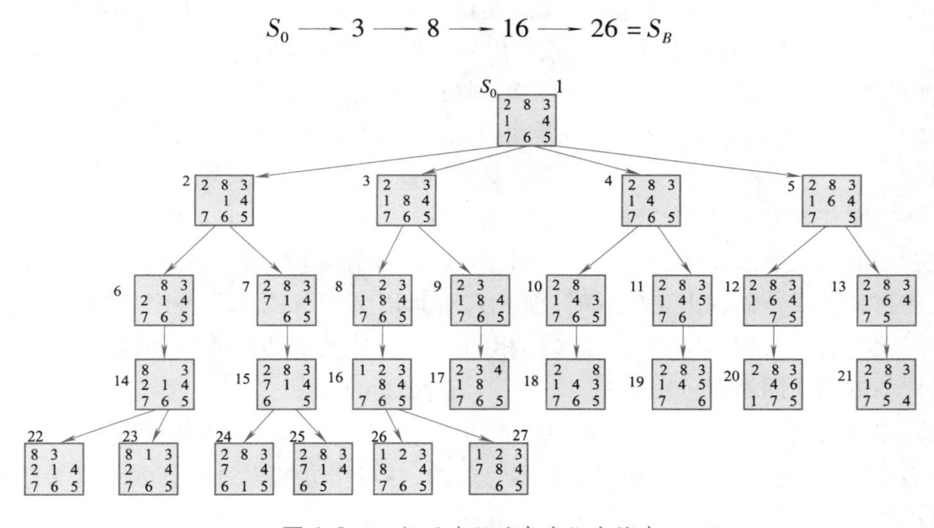

图 4.2 八数码难题的宽度优先搜索

由于宽度优先搜索总是在生成扩展完 n 层的结点后才转到 $n+1$ 层,所以总能找到最优解。但是实用意义不大,宽度优先算法的主要缺点是盲目性大,尤其是当目标结点距初始结点较远时,将产生许多无用结点,最后导致组合爆炸。

4.3 启发式搜索

本节介绍启发式搜索,此种方法有较强的问题针对性,因此可以提高效率。

由于盲目式搜索采用固定搜索方式,具有较大的盲目性,生成的无用结点较多,搜索空间较大,因而效率不高。如果能够利用结点中与问题相关的一些特征信息来预测目标结点的存在方向,并沿着该方向搜索,则有希望缩小搜索范围,提高搜索效率。这种利用结点的特征信息来引导搜索过程的一类方法称为启发式搜索。

启发式搜索的具体操作方式是:在启发式搜索算法中,在生成一个结点的全部子结点之前都将使用一种评估函数判断这个"生成"过程是否值得进行。评估函数通常为每个结点计算一个整数值，称为该结点的评估函数值。通常，评估函数值小的结点被认为是值得进行"生成"的过程。按照惯例，将生成结点 n 的全部子结点称为"扩展结点 n"。

4.3.1 评估函数与启发式信息

1. 评估函数

评估函数的任务是估计待搜索结点的重要程度，给它们排定顺序。这里把评估函数 $f(n)$ 定义为从初始结点 S_0 经过结点 n 到达目标结点的最小代价路径的代价评估值，它的一般形式为：

$$f(n) = g(n) + h(n)$$

其中，$g(n)$ 为初始结点 S_0 到结点 n 是已实际付出的代价；$h(n)$ 是从结点 n 到目标结点 S_B 最优路径的估计代价，而搜索的启发式信息主要由 $h(n)$ 决定。$g(n)$ 的值可以按指向父结点的指针，从结点 n 反向跟踪到初始结点 S_0，得到一条从初始结点 S_0 到结点 n 的最小代价路径，然后把这条路径上的所有有向边的代价相加，就得到 $g(n)$ 的值。

在启发式搜索中，每个待扩充结点都需有评估函数 $f(n)$，它的值是由问题中与该结点有关的语义所决定的，如距离、时间、金钱等。因而这些语义信息必须由人工决定而无法自动生成。而在人工生成时，涉及人对其语义理解的深刻程度，故有一定的弹性。因此在启发式搜索中，即便是采用相同的算法其效果还是有不同，这与人所设置结点评估的语义因素有一定关系。

2. 启发信息

启发信息是指与具体问题求解过程有关的，并可指导搜索过程朝着最有希望的方向前进的控制信息一般有以下三种：

①有效地帮助确定扩展结点的信息。

②有效地帮助决定哪些后继结点应被生成的信息。

③能决定在扩展结点时哪些结点应从搜索树上删除的信息。

一般来说，搜索过程所使用的启发性信息的启发能力越强，扩展的无用结点就越少。

例4.2 八数码难题。设问题的初始状态 S_0 和目标状态 S_B，如图4.1所示。评估函数为 $f(n) = d(n) + W(n)$，式中 $d(n)$ 表示结点 n 在搜索树中的深度；$W(n)$ 表示结点 n 中"不在位"的数码个数，请计算初始状态 S_0 的评估函数值 $f(S_0)$。

解 在本例的评估函数中，取 $g(n) = d(n)$，$h(n) = W(n)$。此处用 S_0 到 n 的路径上的单位代价表示实际代价，用 n 中"不在位"的数码个数作为启发信息。一般来说，某结点中的"不在位"的数码个数越多，说明它离目标结点越远。

对初始结点 S_0，由于 $d(S_0) = 0$，$W(S_0) = 3$，因此得到：

$$f(S_0) = 0 + 3 = 3$$

例 4.2 仅是为了说明评估函数的含义及评估函数值的计算。在问题搜索过程中，除了需要计算初始结点的评估函数之外，更多的是要计算新生成结点的评估函数值。

4.3.2 A 算法

在搜索的每一步都利用评估函数 $f(n) = g(n) + h(n)$，它从根结点开始对其子结点计算评估函数，按函数值大小，选取小者向下扩展，直到最后得到目标结点，这种搜索算法称为 A 算法。由于评估函数中带有问题自身的启发性信息，因此 A 算法是一种启发式搜索算法。

例 4.3 八数码难题。设问题的初始状态 S_0 和目标状态 S_B 如图 4.1 所示，评估函数与例 4.2 相同，请用 A 算法搜索并解决该问题。

解 这个问题的 A 算法搜索树如图 4.3 所示。在图 4.3 中，每个结点旁边的数字是该结点的评估函数值。例如，对结点 S_2，其评估函数值的计算为：

$$f(S_2) = d(S_2) + W(S_2) = 2 + 2 = 4$$

从图 4.3 还可以看出，该问题的解为：$S_0 \longrightarrow S_1 \longrightarrow S_2 \longrightarrow S_3 \longrightarrow S_4$。

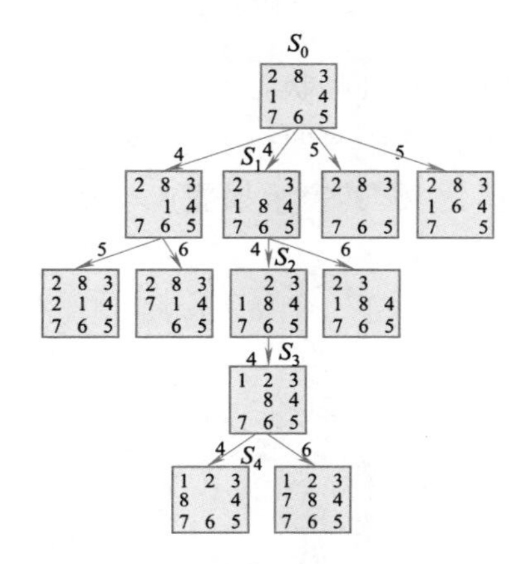

图4.3 八数码难题 A 算法搜索树

4.3.3 A* 算法

在 A 算法中由于并没有对启发式函数作任何的要求与规定，因此用 A 算法所得到的结果无法对其作出评价，这是 A 算法的一个不足。为弥补此不足，对启发式函数作一定的限制，即对 $h(n)$ 设置一个 $h \cdot (n)$，如果 $h(n)$ 满足如下的条件：$h(n) \leqslant h^*(n)$，若问题有解，A 算法一定可以得到一个代价较小的结果，这种算法是 A 算法的改进，称为 A* 算法。

在 A* 算法中的关键是 $h^*(n)$ 的设置。它有明确的语义，它给出了具有明确代价值的标准。一般讲是一种代价最小或较小的函数。如果 $h^*(n)$ 是代价最小的，则它能保证 A* 算法找到最优解。

当然，并不是对所有问题都能找到 $h^*(n)$ 的，故而 A* 算法并不是对所有问题都能适用的。

4.4 博弈树的启发式搜索

4.4.1 概述

博弈是一类富有智能行为的竞争活动，如下棋、打牌等。博弈的常用方式是双人完备信息博弈，就是两位选手对垒，轮流走步，最终一方胜出而另一方输，或者是双方和局。这类博弈的实例有象棋、围棋等。在双人完备信息博弈的过程中，双方都希望自己能获胜。因此，当任何一方走步时，都选择对自己最为有利，而对另一方最为不利的行动方案。假设博弈的一方为 MAX，另一方为 MIN，在博弈过程中的每一步，可供 MAX 和 MIN 选择的行动方案可能都有很多种。MAX 的观点来看，可供自己选择的那些行动方案之间是“或”的关系，原因是主动权掌在 MAX 手中，选择哪个方案完全可由自己决定的；而那些可供对方选择的行动方案之间是“与”的关系，原因是主动权掌握在 MIN 的手里，任何一个方案都可能被 MIN 选中，MAX 必须防止那种对自己最为不利的情况发生。

双人完备信息博弈过程可用改进的状态空间图，并用有向树表示出来，这种树可称为博弈树。博弈树与状态空间图中有向树表示所唯一不同的是在其结点下方的弧中可用符号以增加“与”“或”语义，其表示如图 4.4 所示。因此，博弈树是一棵与/或树。

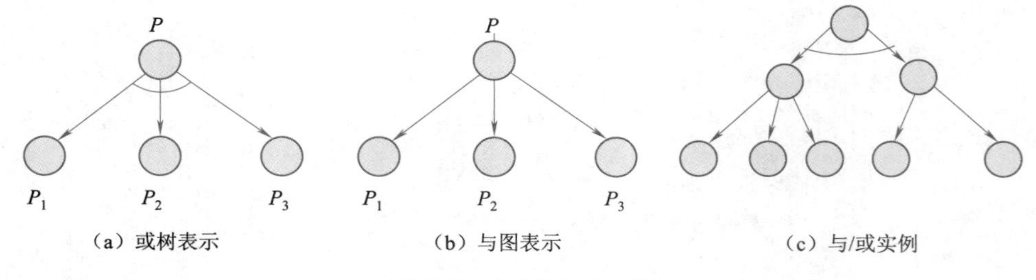

图 4.4　与/或树表示图

在博弈树中，那些下一步该 MAX 走步的结点称为 MAX 结点，而下一步该 MIN 走步的结点称为 MIN 结点。

博弈树具有如下特点：

①博弈的初始状态是初始结点。

②博弈树中的“或”结点和“与”结点逐层交替出现。

③整个博弈过程始终站在某一方的立场上。所有能使自己一方胜利的终局都是本原问题，相应的结点是可解结点；所有使对方获胜的终局都是不可解结点。例如站在 MAX 方，所有能使 MAX 方获胜的结点都是可解结点，所有能使 M1N 方获胜的结点都是不可解结点。

4.4.2　极大极小过程

对简单的博弈问题,可以生成整个博弈树,找到必胜的策略。它首先利用评估函数对叶结点进行估值,一般来说,那些对 MAX 有利结点,其评估函数取正值;那些对 M1N 有利的结点,其估价函数取负值;那些使双方均等的结点,其估价函数取接近于 0 的值。为了计算非叶结点的值,必须从叶结点向上倒推。对于 MAX 结点,由于 MAX 方总是取估值最大的走步,因此,MAX 结点的倒推值应该取其后继结点估值的最大值。对 M1N 结点,由于 MIN 方总是选择使估值最小的走步,因此 MIN 结点的倒推值应取其后继结点估值的最小值。这样一步一步地计算倒推值,直至求出初始结点的倒推值为止。由于是站在 MAX 立场上,因此应该选择具有最大倒推值的走步。这一过程称为极大极小过程。下面举一个极大极小过程的例子说明。

例 4.4　一字棋游戏。设有一个 3 行 3 列的棋盘,如图 4.5 所示。两个棋手轮流走每个棋手走步时往空格上摆一个自己的棋子,谁先使自己的棋子成三子一线为赢。设 MAX 方的棋子用 × 标记。MIN 方的棋子用○标记,并规定 MIN 方先走步。

解　为了对叶结点作估计,规定评估函数 $e(P)$ 如下:

- 若 P 是 MAX 的必胜局,则 $e(P) = +\infty$;
- 若 P 是 MIN 的必胜局,则 $e(P) - = -\infty$;
- 若 P 对 MIN、MAX 都是胜负未定局,则 $e(P) = e(+P) - e(-P)$。

其中,$e(+P)$ 表示棋局 P 上有可能使 × 成三子一线的数目,$e(-P)$ 表示棋局 P 上有可能 × 成三子一线的数目。例如,对于图 4.6 所示的棋局有评估函数值:$e(P) = 6 - 4 = 2$。

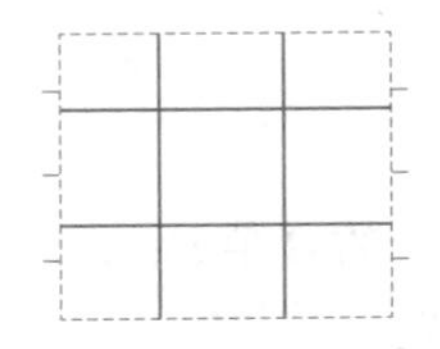

图 4.5　字棋棋盘

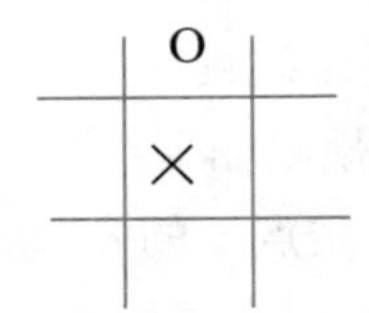

图 4.6　棋局 1

在搜索过程中,具有对称性的棋局认为是同一棋局。例如,如图 4.7 所示的棋局可认为是同一个棋局,这样能大大减少搜索空间。图 4.8 所示是第一着走棋后生成的树。图中叶结点下面的数字是该结点的估值,非叶结点旁边的数字是计算出的倒推值。从图中可以看出,对 MAX 来说 S_3 是一着最好的走棋,它具有较大的倒推值。

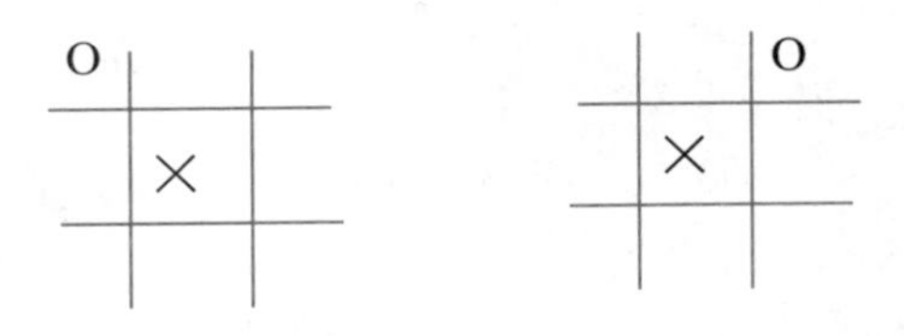

图 4.7　对称棋盘的例子

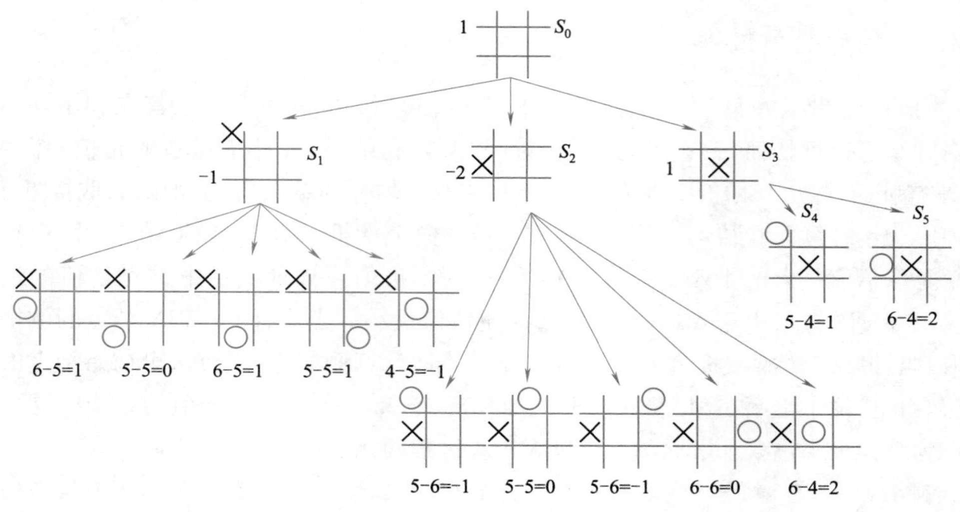

图 4.8　字棋的极大极小搜索图

4.4.3　$\alpha-\beta$ 剪枝

上述极大极小过程是先生成与/或树，然后再计算各结点的估值，这种生成结点和计算估值相分离的搜索方式需要生成规定深度内的所有结点，此搜索效率低。如果能在生成结点的同时对结点进行估值，从而可以剪去一些没用的分枝，这种技术称为$\alpha-\beta$剪枝。

1. $\alpha-\beta$ 剪枝的方法

$\alpha-\beta$ 剪枝的方法如下：

①MAX 结点的 α 值为当前子结点最大倒推值。

②MIN 结点的 β 值为当前子结点最小倒推值。

2. $\alpha-\beta$ 剪枝的规则

$\alpha-\beta$ 剪枝的规则如下：

①任何 MAX 结点 n 的 α 值大于等于它先辈结点的 β 值，则 n 以下的分枝可停止搜索并令结点 n 的倒推值为 α，这种剪枝称为 β 剪枝。

②任何 MIN 结点 n 的 β 值小于等于它先辈结点的 α 值，则 n 以下的分枝可停止搜索并令结点 n 的倒推值为 β，这种剪枝称为 α 剪枝。

下面举例说明 $\alpha-\beta$ 剪枝，如图 4.9 所示。其中，最下面一层叶结点的数值是假设的估值。

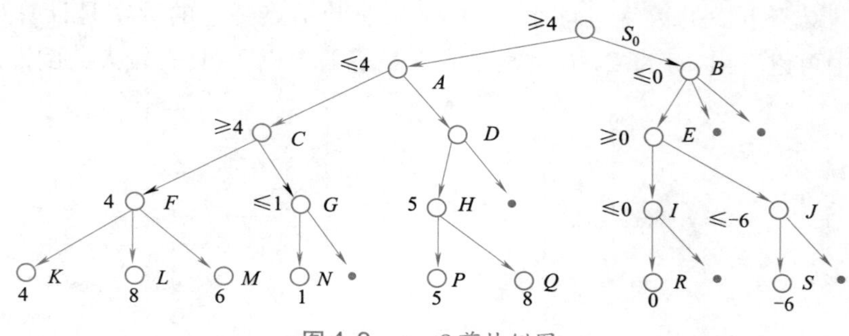

图 4.9　$\alpha-\beta$ 剪枝例图

在图4.9中，由结点K、L、M的估值推出结点F的倒推值为4，即F的β值为4，由此可推出结点C的倒推值(≥ 4)。记C的倒推值的下界为4，不可能再比4小，故C的α值为4。由结点N的估值推出结点G的倒推值(≤ 1)，无论G的其他子结点的估值是多少，G的倒推值值都不可能比1大。事实上，随着子结点的增多，G的倒推值只可能是越来越小，因此1是G的倒推值的上界，所以G的值为1。另外，已经知道C的倒推值(≥ 4)，G的其他子结点又不可能使C的倒推值增大，因此，对G的其他分枝不必再进行搜索，这就相当于把这些分枝剪去。由F、G的倒推值可推出结点C的倒推值为4，再由C可推出结点A的倒推值(≤ 4)，即A的β值为4。另外，由结点P、Q推出结点H的倒推值为5，此时可推出D的倒推值(≥ 5)，即D的α值为5。此时，D的其他子结点的倒推值无论是多少都不能使D和A的倒推值减少或者增加，所以D的其他分枝被剪去，并可确定A的倒推值为4。用同样的方法可推出其他分枝的剪枝情况，最终推出S_0的倒推值为4。

小　　结

本章讨论知识获取中的搜索策略方法，这是一种演绎推理方法。它是在人工智能发展早期最为流行的一种知识获取方法，到目前为止还具有一定生命力。

(1)搜索策略方法是以状态空间法为知识表示方法。其中，搜索结点是状态，搜索指向(弧)是操作，搜索中的遍历方式与搜索函数是控制性元知识。

(2)搜索策略方法以已知知识出发，用搜索算法思想作引导而获得知识的一种方法。

(3)搜索策略方法包括盲目搜索算法与启发式搜索算法等思想与内容。

(4)搜索策略方法的一个特例是基于博弈树的启发式搜索算法。

习题4

4.1 试述搜索策略方法的基本思想与内容。

4.2 试述盲目搜索算法的内容与优缺点。

4.3 试述启发式搜索算法的内容与优缺点。

4.4 试述博弈树的启发式搜索算法与传统博弈树的启发式搜索算法的异同。

4.5 试寻找图4.10所示的八数码难题的解。

2	1	6
4		8
7	5	3

(a)初始状态S_0

1	2	3
8		4
7	6	5

(b)目标状态S_B

图4.10　八数码难题

第5章 知识获取之推理方法

5.1 知识推理基本理论

推理方法是一种典型的演绎型知识获取方法，其特色是在获取知识的过程中大量使用规则推理，因此此种演绎型知识获取方法称为推理方法。推理方法以已知知识为前提，通过不断使用推理从而最终获得新知识的过程。推理方法是获取知识的最基本的一种方法，在人类日常思维中，在从事科学研究中都是经常用此种方法。例如在数学研究中，其所获取知识的方法主要通过定理证明来实现。具体说来即是从已知条件出发通过证明最终获得定理。其中，“已知条件”即是已知知识，“证明”即是推理的过程，而“定理”即为最终所获得的新知识。两种过程如图5.1和图5.2所示。

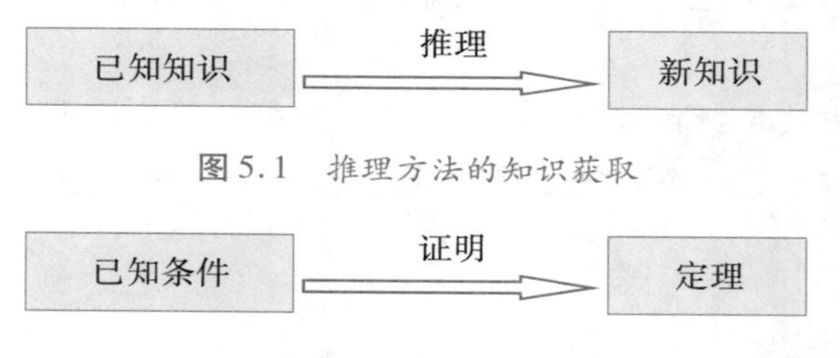

图5.1 推理方法的知识获取

图5.2 数学研究中的定理证明

推理方法是一种符号主义的方法，它是基于人类所认识的思维规律的方法。这种方法在2 000多年前的古希腊时期就开始有所认识并有了系统研究的成果，它的代表即是亚里士多德以及以他的名字命名的亚里士多德三段论。而其研究的学科称为形式逻辑。到了20世纪初，为研究数学的基础性问题，由众多数学家与哲学家共同努力，用数学方法即符号方法进一步研究形式逻辑，并形成了一门新的学科称为数理逻辑，这些成果最终由英国数学家与哲学家罗素及怀特海在他们所著的《数学原理》一书中得到完整体现。从此数理逻辑就成为一门以研究形式逻辑符号化为目标的新颖的学科。从这里可以看出人类对自身大脑所表现的形式体系已有充分的了解与认识，特别是人类思维的演绎推理。而基于这种理解，就可以用数理逻辑研究人工智能，特别是知识表示与知识推理。尤其是数理逻辑的谓词逻辑特别有用，因此在知识推理中就以谓词逻辑的推理方法研究与讨论。

5.2　谓词逻辑自然推理

谓词逻辑中的推理方法称为自然推理方法。常用的有三种:永真推理、假设推理与反证推理。

5.2.1　永真推理

永真推理是建立在永真公式、领域知识(即已知条件)及规则基础上的正向推理。由于永真公式及规则是常识,因此实际上它是建立在领域知识(即已知条件)基础上的正向推理。谓词逻辑中的永真推理方法即是谓词逻辑中的定理证明。证明是一个过程,又称证明过程。证明过程是由已知条件到定理的一种形式化过程的规范描述。一般来讲,证明(过程)是一个公式序列:$P_1, P_2, \cdots, P_n$。

其中,每个 $P_i(i=1,2,\cdots,n)$ 必须使用下列方法之一:

(1) P_i是永真公式。

(2) P_i是已知条件。

(3) P_i是由 $P_k, P_r(k,r<i)$ 施行分离规则而得。

(4) P_i是由 $P_k(k<i)$ 施行全称规则(包括 US、UG)而得。

(5) P_i是由 $P_k(k<i)$ 施行存在规则(包括 ES、EG)而得。

最后,$P_n=Q$ 即为定理。

在证明过程中,每个 P_i之后必须给出所引入的方法及推理规则。

例5.1　证明图 5.3 中结点 a_1 到 a_5 连通。

构建图论中图 5.3 所示的有向图,它可以用已知条件表示。

解　已知条件可表示成为:

设 $A(x,y)$ 表示从 X 到 Y 的边,$P(x,y)$ 表示从 X 到 Y 连通。

此时,图 5.3 可用谓词逻辑表示如下:

$A(a_1,a_2)$;

$A(a_1,a_3)$;

$A(a_2,a_4)$;

$A(a_3,a_4)$;

$A(a_3,a_5)$;

$A(a_4,a_6)$;

$A(a_5,a_7)$;

$A(a_6,a_7)$。

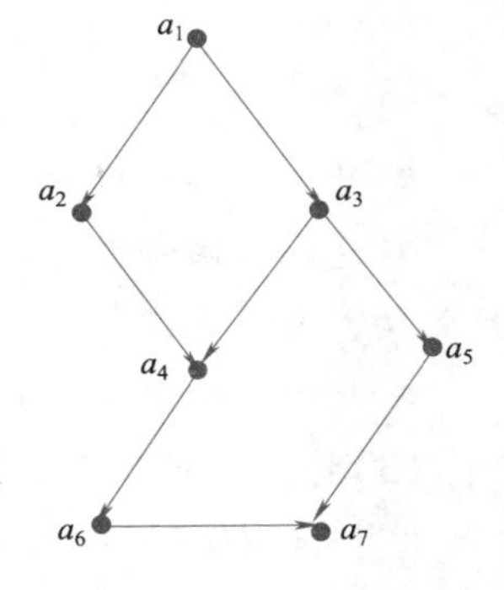

图5.3　一个有向连通图

结点连通可用谓词逻辑公式表示如下:

$A(x,y) \to P(x,y)$;

$A(x,z) \land P(z,y) \to P(x,y)$。

上面的 10 个公式组成了证明中的已知条件。

而 $P(a_1, a_5)$ 为证明中的定理。

证

①$A(a_1, a_3)$　　已知条件

②$A(a_3, a_5)$　　已知条件

③$A(x, y) \rightarrow P(x, y)$　　已知条件

④$P(a_3, a_5)$　　分离规则②③

⑤$A(x, z) \wedge P(z, y) \rightarrow P(x, y)$　　已知条件

⑥$P \rightarrow (Q \rightarrow (P \wedge Q))$　　永真公式⑪

⑦$A(a_1, a_3) \wedge P(a_3, a_5)$　　分离规则①④⑥

⑧$P(a_1, a_5)$　　分离规则⑤⑦

例 5.2　试证明水容器问题的智力测验题目。

设有两个分别能盛 7 L 与 5 L 水的容器,开始时两容器均空,允许对容器做三个操作:

(1)容器倒满水。

(2)将容器水倒光。

(3)从一容器倒水至另一容器,使一容器倒光或另一容器倒满。

最后要求能使大容器(能盛 7 L 的容器)中有 4 L 水。

具体要求如图 5.4 所示。

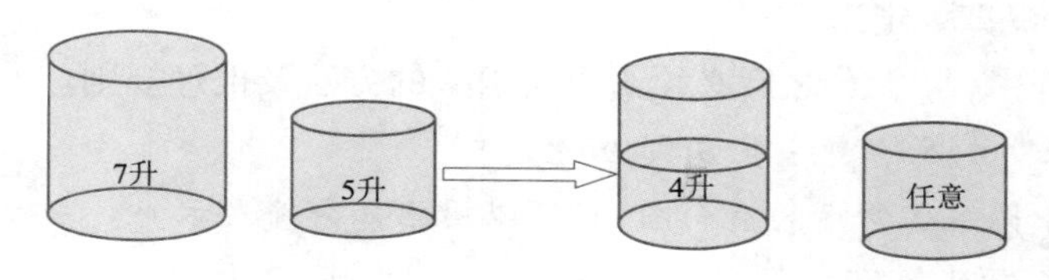

图 5.4　容器问题示意图

解　该问题可以用下面的谓词逻辑方法表示:

(1)作谓词 State(u, v) 表示两容器盛水的状态。

(2)在此问题中已知:

- 开始时两容器空。
- 允许做四种操作:容器水倒满;容器水倒光;A 容器倒至 B 容器使 A 空;A 容器倒至 B 容器使 B 满。
- 此问题中要求证的结果:大容器装 4 L 水,小容器不限。

(3)将上述问题已知条件表示如下:

W_1: State$(0,0)$　　两容器为空;

W_2: State$(u, v) \rightarrow$ State$(7, v)$　　将大容器倒满水;

W_3: State$(u, v) \rightarrow$ State$(u, 5)$　　将小容器倒满水;

W_4: State$(u, v) \rightarrow$ State$(0, v)$　　将大容器水倒光;

W_5: State$(u, v) \rightarrow$ State$(u, 0)$　　将小容器水倒光;

W_6: State$(u,v)\rightarrow$State$(0,y)\wedge u+v=y\wedge y\leqslant 5$　从容器 u 将水倒至 v，使 u 空；

W_7: State$(u,v)\rightarrow$State$(x,0)\wedge u+v=x\wedge x\leqslant 7$　从容器 v 将水倒至 u，使 v 空；

W_8: State$(u,v)\rightarrow$State$(7,y)\wedge u+v=7+y$　从容器 v 将水倒至 u，使 u 满；

W_9: State$(u,v)\rightarrow$State$(x,5)\wedge u+v=x+5$　从容器 u 将水倒至 v，使 v 满。

这9个公式即是证明中的已知条件。

此证明中的定理为：State$(4,v)$。为简化表示可以将 State(u,v) 记为 $S(u,v)$。

证

①$S(0,0)$　已知条件 W_1

②$S(u,v)\rightarrow S(7,v)$　已知条件 W_2

③$S(7,0)$　分离规则①②

④$S(u,v)\rightarrow S(x,5)\wedge u+v=x+5$　已知条件 W_9

⑤$S(2,5)\wedge(7+0=2+5)$　分离规则③④

⑥$P\wedge \mathrm{T}\rightarrow P$　永真公式⑥

⑦$S(2,5)$　分离规则⑤⑥

⑧$S(u,v)\rightarrow S(u,0)$　已知条件 W_5

⑨$S(2,0)$　分离规则⑥⑧

⑩$S(u,v)\rightarrow S(0,y)\wedge u+v=y\wedge y\leqslant 5$　已知条件 W_6

⑪$S(0,2)\wedge(0+2=2\wedge 2\leqslant 5)$　分离规则⑨⑩

⑫$S(0,2)$　分离规则⑥⑪

⑬$S(7,2)$　分离规则②⑫

⑭$S(4,5)\wedge(7+2=4+5)$　分离规则④⑬

⑮$S(4,5)$　分离规则⑥⑭

该证明过程可用图5.5表示。

5.2.2　假设推理

与永真推理一样，在适当修改证明过程后可以建立假设推理及反证推理。这里先介绍假设推理。

假设推理是永真推理中的一种，也是正向推理，所区别的是，如果所求证的定理具有如下形式：$A\rightarrow B$，则其证明（过程）是一个公式序列：$P_1,P_2,\cdots,P_n$。

其中，每个 $P_i(i=1,2,\cdots,n)$ 必须使用下列方法之一：

(1) P_i 是永真公式。

(2) P_i 是已知条件。

(3) P_i 是 A。

(4) P_i 是由 $P_k,P_r(k,r<i)$ 施行分离规则而得。

(5) P_i 是由 $P_k(k<i)$ 施行全称规则（包括US、UG）而得。

(6) P_i 是由 $P_k(k<i)$ 施行存在规则（包括ES、EG）而得。

最后，$P_n=B$ 即为定理。

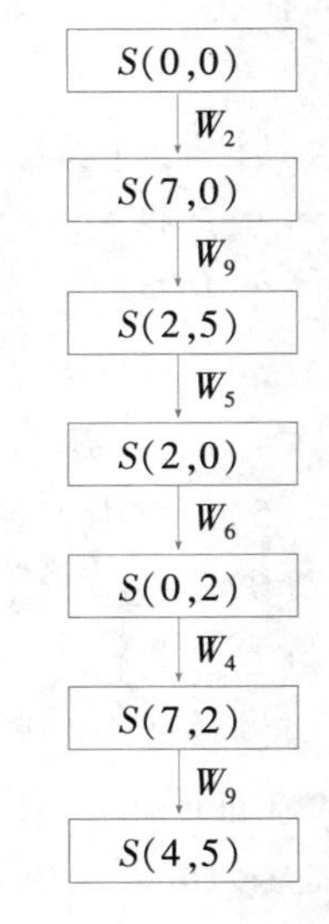

图5.5　水容器问题求解图

在证明过程中，每个 P_i 之后必须给出所引入的方法及推理规则。

从中可以看出，在假设推理中需求证的定理具 $A \rightarrow B$ 之形式，此时可将 A 作为已知部分列入，而所求证的定理仅为 B。这样就可以做到增加已知部分又减少求证部分，从而达到简化证明的目的。

5.2.3 反证推理

反证推理的证明过程也是与永真推理一样的，所区别的是，在证明过程中可将定理 Q 的否定 $\neg Q$ 作为已知部分列入。而最终获得的定理是矛盾，即永假式，它可称为空，并可用符号□表示。在此情况下，其证明（过程）：$P_1, P_2, \cdots, P_n$ 中每个 $P_i (i = 1, 2, \cdots, n)$ 必须使用下列方法之一：

（1）P_i 是永真公式。

（2）P_i 是已知条件。

（3）P_i 是 $\neg Q$。

（4）P_i 是由 $P_k, P_r (k, r < i)$ 施行分离规则而得。

（5）P_i 是由 $P_k (k < i)$ 施行全称规则（包括 US、UG）而得。

（6）P_i 是由 $P_k (k < i)$ 施行存在规则（包括 ES、EG）而得。

最后，$P_n =$ □即为定理。

在证明过程中，每个 P_i 之后必须给出所引入的方法及推理规则。

反证推理即反证法或称归谬证法。在推理中它属反向推理。即从需求证的定理出发作证明，最终如获得矛盾，即定理得证。

将假设推理与反证推理相结合，即可以得到一种具假设推理与反证推理共同特色的推理，它可称为假设反证推理。

在此情况下，如果所求证的定理具有如下形式：

$$A \rightarrow B$$

其证明（过程）：$P_1, P_2, \cdots, P_n$ 中每个 $P_i (i = 1, 2, \cdots, n)$ 必须使用下列方法之一：

（1）P_i 是永真公式。

（2）P_i 是已知条件。

（3）P_i 是 A。

（4）P_i 是 $\neg B$。

（5）P_i 是由 P_k、$P_r (k, r < i)$ 施行分离规则而得。

（6）P_i 是由 $P_k (k < i)$ 施行全称规则（包括 US、UG）而得。

（7）P_i 是由上 $P_k (k < i)$ 施行存在规则（包括 ES、EG）而得。

最后，$P_n =$ □即为定理。

在证明过程中，每个 P_i 之后必须给出所引入的方法及推理规则。

从中可以看出，在假设反证推理中需求证的定理具 $A \rightarrow B$ 之形式，此时同时可将定理中的所有部分 A 与 B 作为已知部分列入，这样就可以做到定理的全部作为已知部分而求证的结果统一为□，从而达到最简化证明的目的。

5.3 谓词逻辑的自动定理证明

上节已从理论上通过对谓词逻辑的证明过程实现了知识推理,它仅从数学理论的角度提供了思想与方法,但要用这种思想与方法在计算机上用算法实现是不可能的,这主要还需要有规范化的表示与标准化的操作过程。只有有了这两者才能实现用计算机模拟推理的过程。

在规范化的表示上经过不断努力建立起了谓词逻辑子句表示形式。1965 年美国数理逻辑学家罗宾逊(Robinson)在这种标准的形式之上使用一种归结原理(Resolution Principle)的算法思想,只要定理是真的,总可用此算法推导而得定理。这种方法就称为谓词逻辑的自动定理证明。

这样,现实世界中的问题只要能用谓词逻辑标准的形式表示,就可以用归结原理所设计的算法实现。进一步,再将此算法用计算机编程实现,从而可以做到用计算机程序实现自动定理证明。

最先用计算机实现此种方法的是法国马赛大学的柯尔密勒(Colmerauer),它设计并实现了一种基于谓词逻辑的逻辑程序设计语言 PROLOG(PROgramming in LOGic),以及它的一个计算机解释系统,用它在计算机上实现自动推理。

这样,现实世界中的问题只要能用谓词逻辑标准的形式表示,就可以将它写成 PROLOG 程序,然后用计算机算法自动实现,其过程如图 5.6 所示。

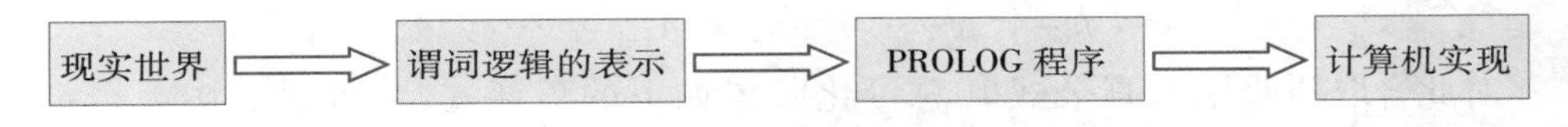

图 5.6　谓词逻辑自动定理证明的作用图

下面分别介绍规范化子句形式以及自动定理证明的主要算法归结原理以及建立在归结原理上的计算机逻辑语言 PROLOG。

5.3.1 子句与子句集

为便于在计算机上推理,有必要对谓词逻辑公式作规范,其过程如下:

(1)将公式转换成一种标准式,称为前束范式。该范式由首部与尾部两部分组成,其中首部是量词,尾部是合取范式,是一个合取式,其中合取项由析取式所组成的公式。

(2)用 ES 除去公式中的存在量词。

(3)用 US 除去公式中的全称量词。

(4)将每个合取项用蕴涵式表示,这种蕴涵式称为子句。

(5)公式可用子句集表示。

例5.3 试将公式$\exists x\,\forall y((\neg A(x,y) \vee B_1(x,y)) \wedge B_2(x,y))$用子句集表示。

该公式是前束范式。

(1)用ES除去存在量词:

公式可成为:

$$\forall y((\neg A(c,y) \vee B_1(c,y) \wedge (\neg A(c,y) \vee B_2(c,y)))$$

(2)用US除去全称量词:

上述公式可成为:

$$(\neg A(c,y) \vee B_1(c,y) \wedge (\neg A(c,y) \vee B_2(c,y))$$

(3)用永真公式⑪将合取项转换成子句形:

上述公式可成为:

$$(A(c,y) \to B_1(c,y)) \wedge (A(c,y) \to B_2(c,y))$$

(4)用子句集表示:

上述公式可成为:

$$\{A(c,y) \to B_1(c,y), A(c,y) \to B_2(c,y)\}$$

这样,一个公式总可用一子句集表示,而子句的形式单一,又具蕴涵形式,易于推理,所以非常适合在计算机中使用。

下面讨论子句的形式问题。对任一个含n个命题的合取项,它有k个带否定符的命题,它有$n-k$个不带否定符的命题(它们称为文字,前者称负文字后者称正文字):

$$\neg A_1 \vee \neg A_2 \vee \cdots \vee \neg A_k \vee A_{k+1} \vee \cdots \vee A_n$$

对此合取项使用永真公式⑪总可化归成如下的蕴涵式,使蕴涵式中无否定符出现:

$$\begin{aligned} &\neg A_1 \vee \neg A_2 \vee \cdots \vee \neg A_k \vee A_{k+1} \vee \cdots \vee A_n \\ &= \neg(A_1 \wedge A_2 \wedge \cdots \wedge A_k) \vee (A_{k+1} \vee \cdots \vee A_n) \\ &= A_1 \wedge A_2 \wedge \cdots \wedge A_k \to A_{k+1} \vee \cdots \vee A_n \end{aligned}$$

为推理方便可写成为:

$$A_{k+1} \vee A_{k+2} \vee \cdots \vee A_n \leftarrow A_1 \wedge A_2 \wedge \cdots \wedge A_k$$

或写成为:

$$A_{k+1}, A_{k+2}, \cdots, A_n \leftarrow A_1, A_2, \cdots, A_k$$

这个公式是子句的标准形式。

有几种特殊的子句:

(1)Horn子句:当$k=n-1$时,称此子句为Horn子句,Horn子句具下面的形式:

$$A_n \leftarrow A_1, A_2, \cdots, A_{n-1}$$

(2)断言:在Horn子句中当$n=1$时,称此子句为断言,断言具有下面的形式:

$$A_n \leftarrow$$

(3)假设:在 Horn 子句中当 $k=n$ 时,称此子句为假设,假设具有下面的形式:

$$\leftarrow A_1,A_2,\cdots,A_n$$

(4)空子句:在 Horn 子句中当 $n=0$ 时,称此子句为空子句,空子句可写成为:

$$\{\leftarrow\} \text{ 或 } \square$$

由于在推理中可由 Horn 子句得出唯一的结论,因此 Horn 子句的作用很大。下面举例说明。

例 5.4　试将“每个人都犯错误”用子句形式表示。

解　首先,可以将此语句写成如下形式:

$$\forall x\,\exists y(\text{Human}(x)\rightarrow \text{Mistake}(y)\wedge \text{Does}(x,y))$$

为方便起见下面分别用 H、M、D 分别表示 Human、Mistake、Does,语句形式如下:

$$\forall x\,\exists y(H(x)\rightarrow M(y)\wedge D(x,y))$$

化归成前束范式:

$$\forall x\,\exists y((\neg H(x)\vee M(y))\wedge(\neg H(x)\vee D(x,y))$$

除去存在量词后可得到:

$$\forall x\,\exists y((\neg H(x)\vee M(y))\wedge(\neg H(x)\vee D(x,y)$$

除去全称量词后可得到:

$$(\neg H(x)\vee M(e))\wedge(\neg H(x)\vee D(x,e)$$

转换成子句形式:

$$(H(x)\rightarrow M(e))\wedge(H(x)\rightarrow D(x,e)$$

最后得到子句集:

$$\{M(e))\leftarrow H(x),D(x,e)\leftarrow H(x)\}$$

5.3.2　归结原理

归结原理是用反证推理方法实现的一种算法,它是自动定理证明的算法理论基础。

对客观世界中的问题域可以建立定理证明形式,其中已知部分可视为已知条件,以子句集形式表示,而待证部分即可视为需求证的定理,也以子句集形式表示。

设已知子句集为 S,对 S 可有:

$$S=\{E_1,E_2,\cdots,E_n\}$$

其中,$E_i(i=1,2,\cdots,n)$ 均为子句,而待证的定理为 E,下面分步骤讨论。

1. 证明方法——反证法

由子句集 S 推出 E 相当于由 $S\cup\{\neg E\}$ 推得□。

2. 证明的算法基础——归结原理

定理 5.1　设有公式为真:

$$A_n\leftarrow A_1,A_2,\cdots,A_{n-1}$$

$$B_m\leftarrow B_1,B_2,\cdots,B_{m-1}$$

其中,$A_n=B_i$,$(i<m)$,则必有公式为真:

$$B_m\leftarrow A_1,A_2,\cdots,A_{n-1},B_1,B_2,\cdots,B_{i-1},B_{i+1},B_{m-1}$$

推论由$\{P\leftarrow,\leftarrow P\}$可得空子句□。

由此定理可得：

(1)两子句不同的两边如有相同命题则可以消去，这是归结原理的基本思想，此方法称为反驳法。

(2)由推论可知，由 P 与$\neg P$ 可得空子句。

这样可以得到一种新的证明方法，即由 S 为已知条件证明 E 为定理的过程可改为：

(1)作 $S'=SU\{\neg E\}$ 为已知。

(2)从$\neg E$ 开始在 S'内不断使用反驳法。

(3)最后出现空子句则结束。

在此定理证明中仅使用一种方法即反驳法。

反驳法的具体过程如下：

(1)寻找两子句不同端的相同命题，此过程称为匹配或合一(具体方法将在后面讨论)。

(2)找到后进行消去且将两子句合并。

这样一来，谓词逻辑中任何证明过程变得十分简单，这为计算机定理证明从理论上做好准备。

例 5.5 试证：已知条件为$(\neg S\vee R)\wedge(\neg Q\vee\neg R\vee P)$。求证：$(\neg S\vee\neg Q)\wedge P$。

证 由$(\neg S\vee R)\wedge(\neg Q\vee\neg R\vee P)$可得子句集：

$$S=\{R\leftarrow S,P\leftarrow Q,R\}$$

而$(\neg S\vee\neg Q)\wedge P$的否定可表示成：

$$S,Q\leftarrow P$$

构造一个新集合：

$$S'=\{R\leftarrow S,P\leftarrow Q,R,S,Q\leftarrow P\}$$

从 $S,Q\leftarrow P$ 开始用反驳法：

$$\left.\begin{matrix}S,Q\leftarrow P\\P\leftarrow Q,R\end{matrix}\right\}\text{可得：}S\leftarrow R$$

$$\left.\begin{matrix}S\leftarrow R\\R\leftarrow S\end{matrix}\right\}\text{可得：}\square$$

定理得证。

例 5.6 试证：已知条件为 $R\wedge Q\wedge(P\vee\neg Q\vee\neg R)$。求证：$P$。

证 由 $R\wedge Q\wedge(P\vee\neg Q\vee\neg R)$可得子句集：

$$S=\{P\leftarrow Q,R,R\leftarrow,Q\leftarrow\}$$

构造新句子集：

$$S'=\{P\leftarrow Q,R,R\leftarrow,Q\leftarrow,\leftarrow P\}$$

由$\leftarrow P$ 开始用反驳法：

$$\left.\begin{matrix}\leftarrow P\\P\leftarrow Q,R\end{matrix}\right\}\text{可得：}\leftarrow Q,R$$

$$\left.\begin{matrix}\leftarrow Q,R \\ Q\leftarrow\end{matrix}\right\}\text{可得}:\leftarrow R$$

$$\left.\begin{matrix}\leftarrow R \\ R\leftarrow\end{matrix}\right\}\text{可得}:\square$$

定理得证。

★3. 归结原理实现的关键——代换、合一与匹配

已经介绍了归结原理的基本思想，它的关键是合一或匹配，下面较为详细地讨论此问题。

要在两子句不同端寻找相同的命题，这件事乍一看似乎不复杂，但深入研究就会发现并非易事。首先，因为讨论的是谓词逻辑，所以命题一般以谓词形式出现，具有如下形式：

$$P(x_1,x_2,\cdots,x_n)$$

两谓词相同的含义有下面几种情况：

(1)两个谓词符相同。

(2)个体变元数目相同。

(3)对应个体变元相同，这又可分为三种情况：

①两者均为变量，此时需作变量代换，使之相同。

②一个为变量，另一个为常量，此时需对变量代换，使之与常量一致。

③两者均为常量，此时两常量应相等。

因此比较两谓词是否相同，不仅要逐条比较，还要进行代换，使不相同的谓词经代换后成为相同。

下面介绍代换。

对一组变元 $x_1,x_2,\cdots,x_n$，它们可分别用 $t_1,t_2,\cdots,t_n$ 替换之，从而得到另一组变元：$t_1,t_2,\cdots,t_n$，这种替换过程称为代换，它可写成：

$$\theta=\{t_1/x_1,t_2/x_2,\cdots,t_n/x_n\}$$

例 5.7　设有公式 $E=F(x,y)$，代换 $\theta=\{a/x,b/y\}$，则有 $E\theta=F(a,b)$。

解　代换可以复合，复合后的代换也是一种代换，设有：

$$\theta=\{t_1/x_1,t_2/x_2,\cdots,t_n/x_n\}$$

$$\lambda=\{y_1/t_1,y_2/t_2,\cdots,y_n/t_n\}$$

则以 $\theta\circ\lambda=\{y_1/x_1,y_2/x_2,\cdots,y_n/x_n\}$ 称为 θ 与 λ 的复合代换。

例 5.8　设有公式 $E=F(x,y)$，代换 $\theta=\{t_1/x,t_2/y\}$，$\lambda=\{a/t_1,b/t_2\}$，则有：

$$E\theta\circ\lambda=F(t_1,t_2)\lambda=F(a,b)$$

解　有了代换概念后就可用它进行归结，此例 5.9 说明。

例 5.9　设有子句集 $\{P(y)\leftarrow Q(z),Q(y)\leftarrow P(f(x))\}$ 试用反驳法归结。

解　作代换 $\theta=\{x/x,f(x)/y,f(x)/z\}$ 后得到：

$$(P(y) \leftarrow Q(z))\theta = P(f(x)) \leftarrow Q(f(x))$$

$$(Q(y) \leftarrow P(f(x))\theta = Q(f(x)) \leftarrow P(f(x))$$

对此两子句反驳可得空子句。

同样也可作另一代换 $\lambda = \{a/x, f(a)/y, f(a)/z\}$ 后得到：

$$(P(y) \leftarrow Q(z))\theta = P(f(a)) \leftarrow Q(f(a))$$

$$(Q(y) \leftarrow P(f(x)))\theta = Q(f(a)) \leftarrow P(f(a))$$

对此两子句反驳后亦可得到空子句。

从上可以看出代换不是唯一的，如有代换 λ 对 n 个公式：$E_1, E_2, \cdots, E_n$ 有：

$$E_1\lambda = E_2\lambda = \cdots = E_n\lambda.$$

则称 λ 为合一。

上述两种代换是 $n=2$ 的合一，因此合一也不是唯一的，它可以有多个，其中最一般性的合一称为匹配，即对 n 个公式：$E_1, E_2, \cdots, E_n$ 如存在一个合一 σ，使得对其他任一个合一 θ_i 均存在代换 λ_i，满足：

$$\theta_i = \sigma \circ \lambda_i$$

则称 σ 为 $\{E_1, E_2, \cdots, E_n\}$ 的匹配。

例 5.10 设有 $\{P(\mu, y, g(y)), P(x, f(\mu), z)\}$，试给出其匹配。

解 作 $\sigma = \{\mu/x, f(\mu)/y, g(f(\mu))/z\}$，它是一个合一，因为有：

$$P(\mu, y, g(y))\sigma = P(\mu, f(\mu), g(f(\mu)))$$

$$P(x, f(\mu), z)\sigma = P(\mu, f(\mu), g(f(\mu)))$$

同时它也是一个匹配，因为对任一个合一 θ_i 均有 $\lambda_i = \{a/\mu\}$，使得：

$$\theta_i = \sigma \circ \lambda_i$$

如有合一：

$$\theta = \{a/\mu, a/x, f(a)/y, g(f(a))/z\}$$

则有：

$$P(\mu, y, g(y))\theta = P(a, f(a), g(f(a)))$$

$$P(x, f(\mu), z)\theta = P(a, f(a), g(f(a))$$

而 $\theta = \sigma \circ \lambda$，即有：

$$P(\mu, y, g(y))\sigma \circ \lambda = P(\mu, f(\mu) \quad g(f(\mu)))\lambda = P(a, f(a), g(f(a)))$$

$$P(x, f(\mu), z)\sigma \circ \lambda = P(\mu, f(\mu) \quad g(f(\mu)))\lambda = P(a, f(a), g(f(a)))$$

为了归结需引入代换，能使若干个公式相同的代换称为合一，最一般的合一称为匹配。在反驳法中可大量使用合一或匹配，它是归结的关键。

下面用例 5.11 说明。

例 5.11 设有一组父母亲和祖父母的客观事实，要求某些祖孙关系如下：

Father(John, Ares) ← E_1

Father(Ares, Bob) ← E_2

Mather(Marry,Ares)← E_3

Mather(Aun,Bob)← E_4

Parent(x,y)←Father(x,y) E_5

Parent(x,y)←Mather(x,y) E_6

Grandparent(x,y)←Parent(x,z),Parent(z,y) E_7

要求证:Grandparent(John,Bob)←。

证 用归结原理,为书写方便对谓词及姓名都选用其第一个字母。

$$\left.\begin{array}{l}\leftarrow G(J,B)\\ G(x,y)\leftarrow P(x,z),P(z,y)\end{array}\right\}\leftarrow P(J,Z),P(Z,B)$$

$$\left.\begin{array}{l}\leftarrow P(J,Z),P(Z,B)\\ P(x,y)\leftarrow F(x,y)\end{array}\right\}\leftarrow F(J,Z),P(Z,B)$$

$$\left.\begin{array}{l}\leftarrow F(J,Z),P(Z,B)\\ P(x,y)\leftarrow F(x,y)\end{array}\right\}\leftarrow F(J,Z),F(Z,B)$$

$$\left.\begin{array}{l}\leftarrow F(J,Z),F(Z,B)\\ F(J,A)\leftarrow\end{array}\right\}\leftarrow F(Z,B)$$

$$\left.\begin{array}{l}\leftarrow F(Z,B)\\ \leftarrow F(A,B)\end{array}\right\}\square$$

5.3.3 PROLOG 语言简介

应用自动定理证明的思想可以用计算机实现自动推理,其中著名的有 PROLOG 语言。

PROLOG 语言是以谓词逻辑标准形式为其表现形式,以归结原理为其算法思想设计而成的一种逻辑程序设计语言。这种语言用 Horn 子句为基本表示语句,它一共有三个主要语句,其具体情况如表 5.1 所示。

表 5.1 PROLOG 的三个语句

语 句 名	事实(fact)	规则(rule)	询问(guery)
形 式	P_i	$P_1:-P_2,P_3,\cdots,P_n$	? $-P_1,P_2\cdots,P_n$
逻辑含义	$P_i\leftarrow$(断言)	$P_1\leftarrow P_2,\cdots,P_n$(Horn 子句)	$P_1\leftarrow P_2,\cdots,P_n$(假设)
语 义	P_i为真	若 $P_2,P_3,\cdots,P_n$为真,则 P_1为真	$P_1\wedge P_2\wedge\cdots\wedge P_n$为真?

除此之外,PROLOG 语言还设置了一些常谓词,称为内部谓词,用它以实现一些固定常用的功能。

整个 PROLOG 程序由两部分组成，它们分别称为数据库与提问。数据库由事实与规则组成，它相当于给定的已知条件，提问用询问语句表示，它相当于定理。

例 5.12 一个数据库例子。

(1) likes(john, food)。

(2) likes(john, wine)。

(3) likes(marry, wine)。

(4) likes(marry, food)。

(5) likes(john, x) :—likes(x, wine)。

对这个数据库可以提问，提问有两种形式，一种是 yes/no 形式，即对所提的询问，系统只回答是或否，如可作如下提问：

①? —likes(john, wine)

系统回答：

yes

②? —likes(john, marry)

系统回答：

yes

③? —likes(marry, john)

系统回答：

no

另一种提问是根据提问要求给出满足条件的答案，如：

—likes(john, x)

系统首先给出一个答案：x = food。

用户如继续需得到答案，只要打个逗号，系统又给出一个答案，这样直到所有答案均给出后，系统回答 no，表示答案结束，以上询问的全部结果如下：

? —likes(john, x)

x = food;

x = wine;

x = marry;

no

例 5.13 图 5.7 所示的连通性可用下面的数据库表示：

Connected(a, b)

Connected(a, c)

Connected(d, e)

Connected(b, d)

Connected(c, d)

Connected(c, a)

Connected(e, d)

Path(x , y) :—Connected(x , y)

Path(x , y) :—Connected(x , z) ,Path(z , y)

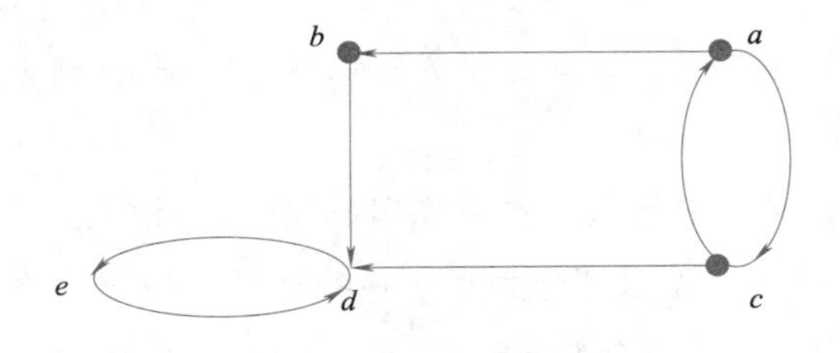

图5.7　通路示意图

可以对它提问:

? - Path(a , b)

yes

? - Path(a , d)

yes

? - Path(a , x) ,Path(e , x)

$x = d$;

no

? - Path(a , x) ,Path(x , e)

$x = c$;

$x = b$;

$x = d$;

5.4　知识推理方法之评价

基于谓词逻辑的知识推理方法是人工智能发展早期常用的方法,它有明显的优点:

(1)有严格的数学理论支撑,理论严峻、逻辑清楚。

(2)适合于简单的演绎性知识推理。

但是该方法也存在一些不足,特别是人工智能发展所引起的系统复杂性与规模扩展性所带来的后果:

(1)由于采用符号化数学形式表示知识,因此在应用时对知识工程师的要求较高。

(2)所采用的算法推理效率低。

(3)所采用的算法证明为半可判定的,即如果定理不成立时,算法会无法收敛。

小 结

(1)知识推理方法主要采用谓词逻辑的知识表示方法,具体来说,采用谓词逻辑子句集方法表示知识。

(2)知识推理方法采用归结原理作为推理算法。这种算法使用反证法,它们用子句集形式表示。接着使用归结原理作推理。该推理过程为定理自动证明,从定理的否定开始,不断使用唯一的一个推理规则——反驳法,直到出现空子句。

(3)从知识获取观点看:

①用谓词逻辑子句、子句集的形式表示知识。它包括已知条件及所获得的知识。

②采用归结原理作为推理的算法。该算法可用计算机编程实现。

③采用归结原理中的反驳方法作为唯一的推理规则(包括代换、合一、匹配)。

④整个知识获取过程即谓词逻辑中定理证明的过程。

(4)从应用的观点看,这种方法实现流程如下:

①需要有一个用以实现自动定理证明的软件工具(如 PROLOG)。

②用子句集的表示方法给出已知条件,作为初始知识。

③用子句的表示方法给出需求得的定理,作为最终所获得的知识。

④启动自动定理证明的软件运行,即可获得结果。这个过程可用图5.8表示。

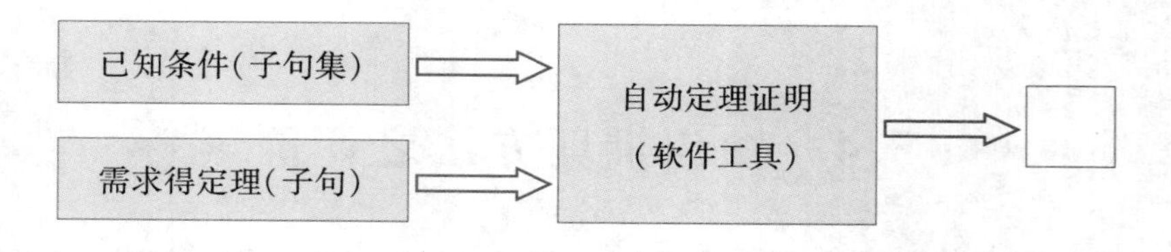

图5.8 知识获取推理方法之示意图

习题 5

5.1 试说明知识获取推理方法特点。

5.2 试介绍谓词逻辑的推理方法中常用的三种自然推理方法。

5.3 试说明谓词逻辑中的推理方法与自动定理证明之异同。

5.4 试介绍子句的内容以及子句集与谓词逻辑公式之间的关系。

5.5 试介绍归结原理。

5.6 试介绍 PROLOG 语言。

5.7 对有向图5.9 编写 PROLOG 程序,并证明结点 a_1 到 a_6 是否连通？结点 a_2 到 a_5 是否连通？

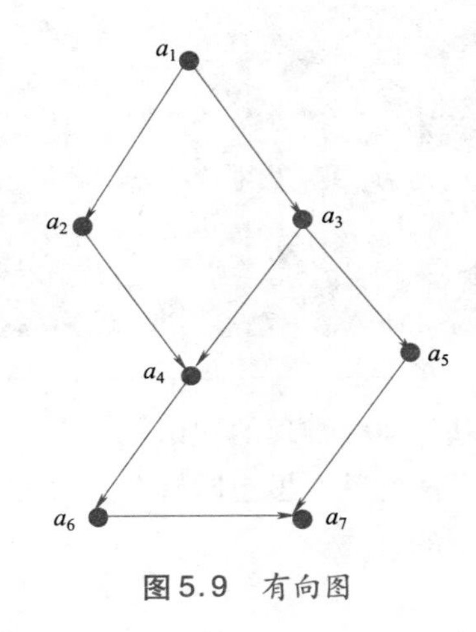

图5.9　有向图

第6章 知识获取之机器学习方法

前面三章所介绍的都是基于演绎推理的知识获取方法，本章将介绍以归纳推理为核心的知识获取方法。这种方法的基本思想即机器学习方法，机器学习方法在知识获取中是又一种起到了重要作用的方法。

6.1 机器学习概述

机器学习方法即是用计算机的方法模拟人类学习的方法。因此在机器学习中需要讨论以下问题：

首先，需要讨论人类学习方法，只有了解了人类的“学习”机理后才能用“机器”对它进行“模拟”。

其次，讨论机器学习，介绍机器学习的基本概念、思想与方法。

6.1.1 学习的概念

学习是一个过程，它是人类从外界获取知识的方法。人类的知识主要是通过“学习”而得到的。学习的方法很多，到目前为止人类对这方面的了解与认识还是有限的，对学习机理的认识与了解也不多，但这并不妨碍人们对学习的进一步了解与对机器学习的研究。

一般而言，学习分为两种，它们是间接学习与直接学习：

- 间接学习：就是通过他人的传授，包括老师、师傅、父母、前辈等言传身教而获取的知识，也可以是从书本、视频、音频等多种资料处所获取的知识。
- 直接学习：就是人类直接通过与外部世界的接触，包括观察、实践所获取的知识。这是人类获取知识的主要手段。

人类的学习主要是从直接知识中通过归纳、联想、范例、类比、灵感、顿悟等手段而获得新知识的过程。图6.1所示是学习的基本模型。

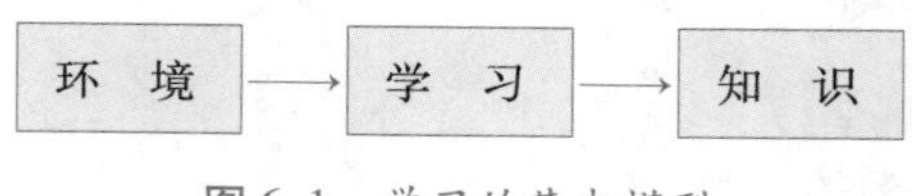

图6.1 学习的基本模型

在该模型中,“环境”即是外部客观世界,而“学习”即是人类的学习能力,“知识”即是通过学习后所获取的知识。

6.1.2 机器学习的概念

机器学习的概念是建立在人类学习概念上的。所谓机器学习就是用计算机系统模拟人类学习的一门学科,这种学习目前主要是一种以归纳思维为核心的行为,它将外界众多事实的个体,通过归纳思维方法将其归结成具一般性效果的知识。

本节主要介绍机器学习的主要内容,它包括机器学习的结构模型与机器学习研究方法。

机器学习的结构模型是建立在计算机系统上的。这种模型是学习模型在计算机上的具体化,图6.2所示是机器学习的结构模型。

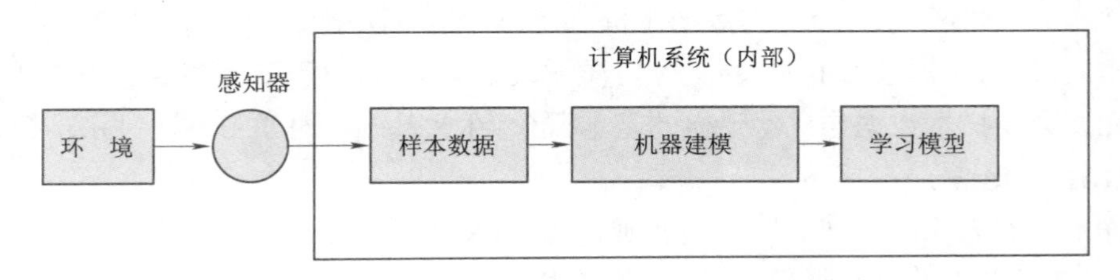

图6.2 机器学习的结构模型

机器学习的结构模型分为计算机系统内部与计算机系统外部两个部分。其中,计算机系统内部是学习系统,它在计算机系统的支持下工作。计算机系统外部是学习系统外部世界。整个学习过程即是由学习系统与外部世界交互而完成学习功能。

(1)机器学习中的学习系统主要完成学习的核心功能,它是一个计算机应用系统,这个系统由三个部分内容组成:

①样本数据:在学习系统中,计算机的学习都是通过数据学习的,这种数据一般称为样本数据,它具有统一的数据结构,并要求数据量大、数据正确性好。样本数据一般都是通过感知器从外部环境中获得。

②机器建模:在学习系统中,学习过程用算法表示,并用代码形式组成程序模块,通过模块执行用以建立学习模型。在执行中需要输入大量的样本进行统计性计算。机器建模是学习系统中的主要内容。

③学习模型:以样本数据为输入,用机器建模作运行,最终可得到学习的结果,它是学习所得到的知识模型,称为学习模型。

(2)学习系统外部世界是学习系统的学习对象。人类学习知识大都通过作用于它而得到,学习系统外部世界由环境与感知器两部分内容组成。

①环境:环境即是外部世界实体,它是获得知识的基本源泉。

②感知器:环境中的实体有多种不同形式,如文字、声音、语言、动作、行为、姿态、表情等静态与动态形式,还具有可见/不可见(如红外线、紫外线等)、可感/不可感(如引力波、磁场等)等多种方式,它需要有一种接口,将它们转换成学习系统中具有一定

结构形式的数据,作为学习系统的输入,这就是样本数据。感知器的种类很多,常用的如模/数或数/模转换器,以及各类传感器。此外,如声音、图像、音频、视频等专用输入设备等。

这样,一个机器学习的结构模型由五个部分组成。整个学习过程从外部世界的环境开始,从中获得环境中的一些实体,经感知器转换成数据后进入计算机系统以样本形式出现并作为计算机的输入,在机器建模中进行学习,最终得到学习的结果。这种结果一般以学习模型形式出现,是一种知识模型。

6.1.3 机器学习方法

已经介绍机器学习是在计算机系统支持下,由大量样本数据通过机器建模获得学习模型作为结果的一个过程,可用下面的公式表示:

样本数据 + 机器建模 = 学习模型

由此可见,机器学习的两大要素是:样本数据与机器建模,故在讨论机器学习方法时首先要介绍样本数据与机器建模的基本概念,在此基础上对学习方法进一步探讨。

1. 样本数据

样本数据亦称样本(Sample)是客观世界中事物在计算机中的一种结构化数据的表示,样本由若干个属性组成,属性表示样本的固有性质。在机器学习中样本在建模过程中起到了至关重要的作用,样本组成一种数据集合,这种集合在建模中训练模型,其量值越大所训练的模型正确性越高,因此样本的数量一般应具有海量性。

在训练模型过程中有两种不同表示形式的样本,样本中的属性在训练模型过程中一般仅作为训练而用,这种属性称为训练属性,因此如果样本中所有属性均为训练属性,这种样本通称为不带标号样本;而样本除训练属性外,还有另外一种作为训练属性所对应的输出数据的属性称为标号属性,而这种带有标号属性的样本称为带标号样本。一般而言,不同样本训练不同的模型。

2. 机器建模

机器建模即是用样本训练模型的过程,它可按不同样本分为以下三种:

(1)监督学习:由带标号样本所训练模型的学习方法称为监督学习。这个方法是:在训练前已知输入和相应输出,其任务是建立一个由输入映射到输出的模型。这种模型在训练前已有一个带初始参数值的模型框架,通过训练不断调整其参数值,这种训练的样本需要足够多才能使参数值逐渐收敛,达到稳定的值为止。这是一种最为有效的学习方法。目前使用也最为普遍,对这种学习方法,目前常用于分类分析,因此又称分类器。其主要的方法有:人工神经网络方法、决策树方法、贝叶斯方法以及支持向量机方法等。

但是带标号样本数据的搜集与获取比较困难,这是它的不足之处。

(2)无监督学习:由不带标号样本训练模型的学习方法称为无监督学习。这个方法是:在训练前仅已知供训练的不带标号样本,其后期的模型是通过建模过程中算法的不断自我调节、自我更新与自我完善而逐步形成的。这种训练的样本也需要足够多才能使模型逐渐稳定。对于这种学习方法,目前其常用的有关联规则方法、聚类分析方法等。

无监督学习的样本较易获得,但所得到的模型规范性不足。

(3)半监督学习:半监督学习又称混合监督学习,是先用少量带标号样本数据做训练,接下来即可用大量的不带标号样本训练,这样做既可避免带标号样本难以取得的缺点,也可避免最终模型规范性不足的缺点。这是一种典型的半监督学习方法。此外,还有一些非典型的半监督学习方法,又称弱监督学习方法。半监督学习方法目前常用的有:迁移学习方法等;弱监督学习方法目前常用的有:强化学习方法等。

3. 学习模型

学习模型是由样本数据通过机器建模而获得的学习结果,它是一种知识模型,称为学习模型。

在讨论了样本数据、机器建模及学习模型后,下面将对 8 种学习方法分别讨论:

①监督学习中的人工神经网络方法、决策树方法、贝叶斯方法、支持向量机方法。

②无监督学习中的关联规则方法、聚类分析方法。

③半监督学习中的迁移学习方法、强化学习方法。

在学习中,尚有一种深层次的学习方法称为深度学习方法,由于它的特别性、重要性,将在第 7 章专门讨论。相对深度学习方法而言,本章介绍的学习方法可称为浅层学习方法。

6.2 人工神经网络

6.2.1 人工神经网络介绍

人工神经网络(Artifical Neural Networks,ANN)分为三部分:基本人工神经元模型、基本人工神经网络及其结构和人工神经网络的学习机理。

1. 基本人工神经元模型

在人工神经网络中其基本单位是人工神经元,人工神经元有多种模型,但是有一种基本模型最为常见,称为基本人工神经元模型(或简称神经元模型),这是一种规范的模型,可用数学形式表示。

根据该模型,一个人工神经元一般由输入、输出及内部结构三部分组成。

1)输入

一个神经元可接收多个外部的输入,即可以接收多个连接线的单向输入。

每个连接线来源于外部(包括外部其他神经元)的输出 X_i,每个连接线还包括一个权(或称权值)W_{ij},其中 i 表示连接线中外部神经元输出编号,j 表示连接线目标指向的神经元编号,一般权值处于某个范围之内,可以是正值,也可以是负值。

2)内部结构

一个人工神经元的内部结构由三部分组成。

(1)加法器:编号为 k 的神经元接收外部 m 个输入,包括输入信号 X_i 及与对应权 W_{ik} 的乘积($i=1,2,\cdots,m$)的累加,从而构成一个线性加法器。该加法器的值反映了外部神经元对 k 号神经元所产生的作用的值。

(2)偏差值:加法器所产生的值经常会受外部干扰与影响而产生偏差,因此需要有一个偏差值以弥补此不足,k 号神经元的偏差值一般可用 θ_k 表示。

这样,由加法器与偏差值可以构成用数学公式表示的 k 号神经元的数学模型,可用 net_k 表示之,如式(6.1)所示。

$$net_k = \sum_{i=1}^{m} X_i \cdot W_{ik} + \theta_k \tag{6.1}$$

net_k 可作为另一些神经元的输入,此时可记为 I_k。

(3)激活函数:激活函数 f 起辅助作用,设置它的目的是为了限制神经元输出值的幅度,亦即是说使神经元的输出限制在某个范围之内,如在 -1 到 $+1$ 之间或在 0 到 1 之间。

激活函数一般可采用常用的压缩型函数,如 Logistic 函数、Simoid 函数等。上述三个部分构成了 k 号神经元的内部结构,可用 $f(net_k)$ 表示。

3)输出

一个 k 号神经元可以有输出,其输出值即为 $y_k = f(net_k)$,它也可记为 O_k。这个输出可以通过连接线作为另一些神经元的输入。

根据上面的解释,编号为 k 的基本人工神经元模型如图 6.3 所示,其数学表示式如式(6.2)所示。

$$f\left(\sum_{i=1}^{m} X_i \cdot W_{ik} + \theta_k\right) = y_k \tag{6.2}$$

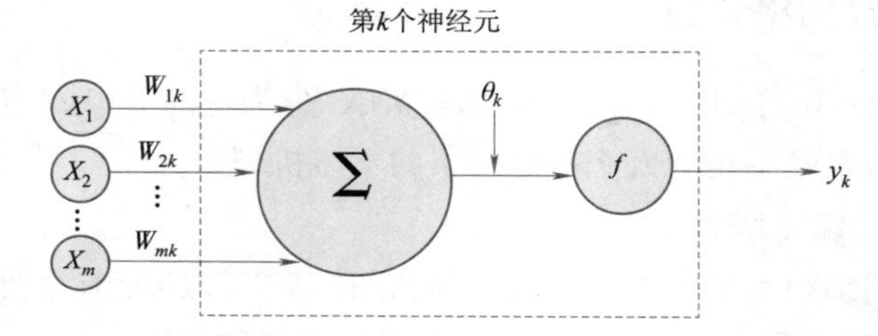

图6.3　基本人工神经元模型

2. 基本人工神经网络及其结构

由人工神经元按一定规则组成人工神经网络。人工神经网络有基本的网络与深层网络之分,这里介绍基本的人工神经网络,而深层人工神经网络在第 7 章中专门介绍之。

基本人工神经网络又称感知器(Perceptron),它一般包括单层感知器、双层感知器和三层感知器等。

自然界的大脑神经网络结构比较复杂,规律性不强,但是人工神经网络为达到固定的功能与目标采用极有规则的结构方式,大致介绍如下:

1)层(Layer)——单层与多层

人工神经网络按层组织,每层由若干个相同内部结构神经元并列组成,它们一般互不相连,层构成了人工神经网络 ANN 结构的基本单位。

一个人工神经网络往往由若干个层组成，层与层之间有连接线相连。一个 ANN 有单层与多层之分，常用的是单层、二层及三层。

2）结构方式——前向型与反馈型

在 ANN 的结构中神经元按层排列，其连接线是有向的。如果中间并未出现任何回路，则称此种结构方式为前向型 ANN 结构；而如果中间出现封闭回路（通常有一个延迟单元作为同步组件）则称此种结构方式为反馈型 ANN 结构。

前向型 ANN 结构及反馈型 ANN 结构的一个实例如图 6.4 所示。其中，图 6.4（a）所示的是一种多层前向型 ANN 结构；图 6.4（b）所示的是单层反馈型 ANN 结构。

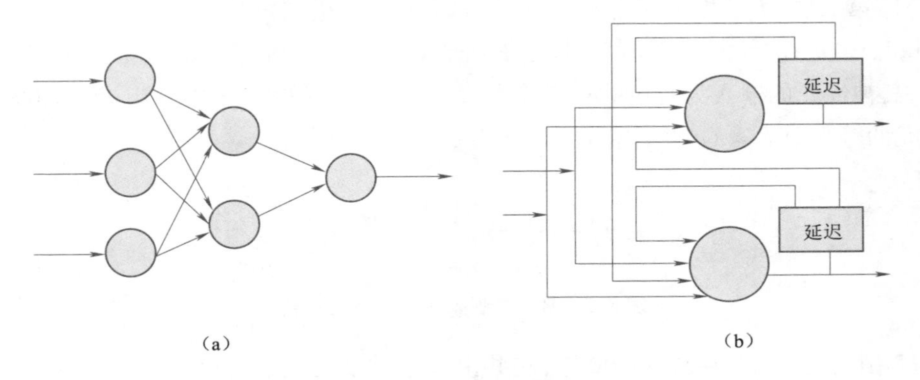

图 6.4　两种 ANN 结构

按单层/多层及前向/反馈可以构造若干不同的 ANN，如 M－P 模型、BP 模型及 Hopfield 模型等多种不同 ANN 模型。

3. 人工神经网络的学习机理

人工神经网络能自动进行学习，其基本思路是：首先建立带标号样本集，然后用神经网络算法训练样本集，神经网络通过不断调节网络不同层之间神经元连接上的权值使训练误差逐步减小，最后完成网络训练学习过程，即建立数学模型。将建立的数学模型应用在测试样本上进行分类测试，经测试完成后所得到的即为可实际使用的学习模型。

人工神经网络学习过程是以真实世界的数据样本为基础进行的，用数据样本对 ANN 进行训练，一个数据样本有输入与输出数据，它反映了客观世界数据间的真实的因果关系，用数据样本中输入数据作为 ANN 输入，可以得到两种不同结果：一种是 ANN 的输出结果，另一种是样本的真实输出结果，其之间必有一定误差。为达到两者的一致需要修正 ANN 中的参数，具体地说即是修正权 W_{ij}（还包括偏差值），这是用一组指定的、明确定义的学习算法来实现之，称为训练。通过不断地用数据样本对 ANN 进行训练，可以使权的修正值趋于 0，从而达到权值的收敛与稳定，从而完成整个学习过程。经训练后的 ANN 即是一个经学习后掌握一定知识的模型，并具有一定的归纳推理能力，能进行预测、分类等。

6.2.2 人工神经网络中的反向传播模型——BP 模型

反向传播(Back Propagation)模型是 ANN 最常见的模型，它在实际应用中使用最广泛。

反向传播模型又称 BP 模型，它是一种多层、前向(multilayer feed - forward)结构的人工神经网络，此种结构有如下特征：

1. 三层结构

典型 BP 模型由三层组成。

(1)第一层：第一层称为输入层，共由 m 个神经元组成，它接收外界 m 个输入端 X_i $(i=1,2,\cdots,m)$ 的输入，每个输入端与一个神经元连接，这种神经元模型是一种非基本模型，其神经元的输入为对应的外界输入值，而其输出端的值与输入端一致，即此 k 号神经元的输入值 $I_k=X_k$，并且有 $O_k=I_k=X_k$，如图 6.5 所示。

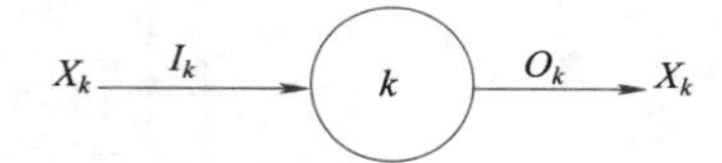

图 6.5 BP 模型第一层神经元结构

(2)第二层：第二层称为隐藏层，它共由 n 个神经元组成，此种神经元具有基本人工神经元模型的形式，它的每个神经元接受第一层神经元全部 m 个输出作为其输入，这种输入方式称为全连接输入。

(3)第三层：第三层称为输出层，由 p 个神经元组成，它也具有基本人工神经元模型的形式，同时它也接受第二层的全连接输入，此层神经元的输出即作为整个 ANN 的输出。BP 网络模型结构如图 6.6 所示。

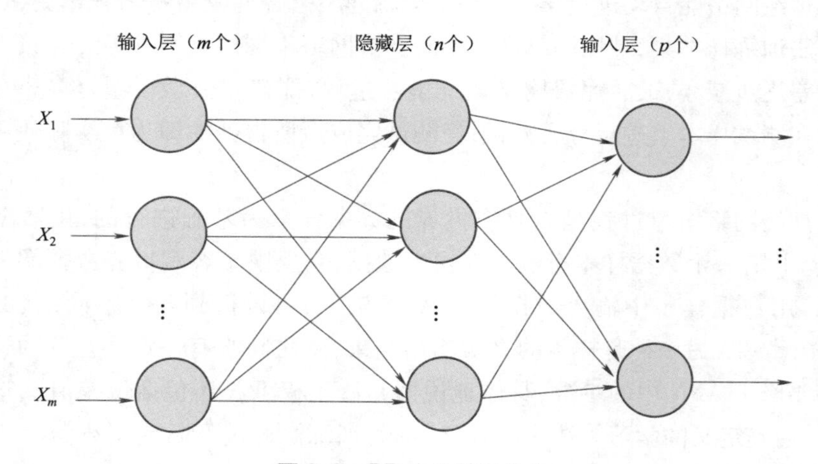

图 6.6 BP 网络模型结构

2. 学习能力

BP 模型具有较强的学习能力，其学习方式是通过反向传播方式进行的。所谓反向传播方式即是对一个训练样本作 BP 模型的输入，此时在输出层必有一个输出，对此输出与样本的类标记（即样本的期望输出，或称样本实际输出）间必有误差，此时计算输出层输出的误差值，并由此反向推导出隐藏层的误差值，最后由此误差值计算出需修正的权值及偏差值，具体过程为当一个样本值输入 BP 网络后，由反向传播方式计算。

(1)输出层神经单元 j 的误差 Err_j 公式，如式(6.3)所示。

$$\mathrm{Err}_j = O_j(1 - O_j)(T_j - O_j) \tag{6.3}$$

其中，T_j 为样本类标记，而 O_j 为输出神经单元 j 实际输出。$O_j(1 - O_j)$ 为 Logistic 函数输出的导数。

(2)用反向传播方式，由(1)反向计算隐藏层单元 j 的误差值，如式(6.4)所示。

$$\mathrm{Err}_j = O_j(1 - O_j) \times \sum_k \mathrm{Err}_k W_{jk} \tag{6.4}$$

其中，W_{jk} 是由下一较高层单元 k 到单元 j 的连接权，Err_k 是单元 k 的误差值。

(3)由(6.4)可以计算修正权值与偏差值，如式(6.5)～式(6.8)所示。

$$\Delta W_{ij} = (l)\mathrm{Err}_j O_i \tag{6.5}$$

$$W_{ij} = W_{ij} + \Delta W_{ij} \tag{6.6}$$

$$\Delta\theta_j = (l)\mathrm{Err}_j \tag{6.7}$$

$$\theta_j = \theta_j + \Delta\theta_j \tag{6.8}$$

其中，l 为学习率，通常取 0～1 的一个常值。

对每个样本做式(6.3)～式(6.8)的计算，并对网络权值及偏差值修改后形成一个具有更新参数的 BP 网络。

经过多个样本训练后 BP 网络中的权与偏差的修正 W_{ij}、θ_j 小于某指定阈值，此时 BP 网络趋于稳定，该网络即有一定的预测及分类作用。

6.2.3　基于反向传播模型的分类算法

下面主要讨论用 BP 网络为工具以实现分类归纳为目标的算法，该算法的大致方法与步骤由下面几部分组成。

1. 一组训练样本

算法输入需要一组样本，样本由数据与类标记两部分组成，样本必须经过离散化处理，同时为加快学习速度，还需对样本数据值规范化处理，使它落入(0,1)之间。

2. 一个 BP 网络

算法输入需要有一个初始化的 BP 网络，即需要一些初始参数与初始设置：

(1)输入层神经元个数：由样本数据决定。

(2)隐藏层神经元个数：没有明确规则，需要凭经验与实际实验。

(3)输出层神经元个数：由类标记决定。

(4)初始权值确定：与网络结构及经验有关，样本为(－1.0,1.0)间的小随机数。

(5)初始偏差值确定：一般也是一个在(－1.0,1.0)间的小随机数。

(6)激活函数的确定:激活函数有多种,一般常用的是 Logistic 函数或 Simoid 函数,可以任选其中之一。一般采用 Logistic 函数,它是一个线性、可微的函数,它的表达式为:$O_j = \frac{1}{1 + e^{-I_j}}$。

3. 学习率 l

算法输入尚需选择一个学习率 l,学习率的选择有助于寻找全局最小的权值。学习率选择太小,学习过程将会进行得很慢,而如果学习率选择太大则可能会出现在不适当的解之间摆动,它一般可以选择(0,1)之间的一个常量,常用的经验值为 $1/t$,t 是已对训练样本集迭代的次数。

4. 算法输出

算法输出是一个经训练的、稳定的 BP 网络,该网络能对数据进行归纳。

5. 算法步骤

算法分下面几个步骤:

(1)计算隐藏层及输出层的每个单元 j 的输入、输出值:

$$I_j = \sum_i W_{ij}O_i + \theta_j \qquad //相对于前一层 i,计算单元 j 的输入$$

$$O_j = 1/(1 + e^{-I_j}) \qquad //计算单元 j 的输出$$

(2)计算输出层每个单元 j 的误差:

$$\mathrm{Err}_j = O_j(1 - O_j)(T_j - O_j)$$

(3)计算隐藏层每个单元 j 的误差:

$$\mathrm{Err}_j = O_j(1 - O_j)\sum_k \mathrm{Err}_k W_{jk}$$

(4)计算网络中每个权 W_{jk} 的修正值:

$$\Delta W_{ij} = (l)\mathrm{Err}_j O_i$$

$$W_{ij} = W_{ij} + \Delta W_{ij}$$

(5)计算网络中每个偏差值 θ_j 的修正值:

$$\Delta\theta_j = (l)\mathrm{Err}_j$$

$$\theta_j = \theta_j + \Delta\theta_j$$

(6)查看终止条件,终止条件一般有若干个:

①ΔW_{ij}都已足够小,小于某指定阈值。

②训练次数已达到某指定数量。

若未达终止条件则继续算法步骤,若已达终止条件则算法终止。

6. 举例

下面举例说明基于 BP 的分类算法。

1)算法输入

该例子的算法输入为图 6.7 所示的网络初始结构图及表 6.1 所示的初始参数值,训练样本 $X = \{1,0,1\}$(类标记为 1)以及学习率 $l = 0.9$。

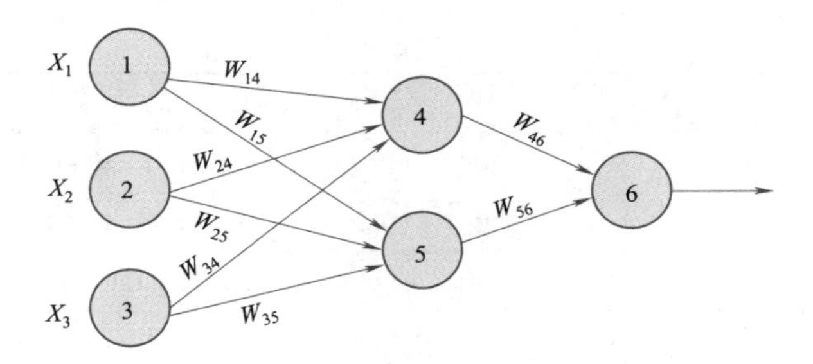

图 6.7　BP 网络初始结构图

表 6.1　初始输入、权值及偏差值

X_1	X_2	X_3	W_{14}	W_{15}	W_{24}	W_{25}	W_{34}	W_{35}	W_{46}	W_{56}	θ_4	θ_5	θ_6
1	0	1	0.2	−0.3	0.4	0.1	−0.5	0.2	−0.3	−0.2	−0.4	0.2	0.1

2)算法步骤

首先,计算隐藏层及输出层三个单元的输入、输出值如表 6.2 所示。

表 6.2　输入与输出值表

单元 j	输入	输出
4	$0.2+0-0.5-0.4=-0.7$	$1/(1/e^{0.7})=0.332$
5	$-0.3+0+0.2+0.2=0.1$	$1/(1/e^{-0.1})=0.525$
6	$(-0.3)(0.332)-(0.2)(0.525)+0.1=-0.105$	$1/(1/e^{0.105})=0.474$

其次,计算每个单元误差,如表 6.3 所示。

表 6.3　单元误差表

单元 j	Err_j
6	$(0.474)(1-0.474)(1-0.474)=0.1311$
5	$(0.525)(1-0.525)(0.1311)(-0.2)=-0.0065$
4	$(0.332)(1-0.332)(0.1311)(-0.3)=-0.0087$

最后,计算每个单元的权值与偏差值,如表 6.4 所示。

表 6.4　权值与偏差值更新

权或偏差名	新值
W_{46}	$-0.3+(0.9)(0.1311)(0.332)=-0.261$
W_{56}	$-0.2+(0.9)(0.1311)(0.525)=-0.138$
W_{14}	$0.2+(0.9)(-0.0087)(1)=0.192$

续表

权或偏差名	新值
W_{15}	$-0.3+(0.9)(-0.0065)(1)=-0.306$
W_{24}	$0.4+(0.9)(-0.0087)(0)=-0.4$
W_{25}	$0.1+(0.9)(-0.0065)(0)=0.1$
W_{34}	$-0.5+(0.9)(-0.0087)(1)=-0.508$
W_{35}	$0.2+(0.9)(-0.0065)(1)=0.194$
θ_6	$0.1+(0.9)(0.1311)=0.218$
θ_5	$0.2+(0.9)(-0.0065)=0.194$
θ_4	$-0.4+(0.9)(-0.0087)=-0.408$

表6.4给出了BP网络的新参数值，这是新的BP网络按此种步骤尚可对另外的样本继续计算，从而不断产生具有不同参数的BP网络，直至终止条件而结束。

6.3 决 策 树

决策树(Decision Tree)是一种归纳性方法，这种方法的输入是一组带标号样本数据，根据样本数据通过算法流程可以构造一棵树。树中每个内部结点表示在一个属性上的测试，每个分支代表一个测试输出，而树中叶结点表示带标号的结果，而树的最顶层结点是根结点，这种树称为决策树。确定决策树后即可对树作优化，即是树剪枝。最后根据所得到的优化后的树获得归纳规则。

该算法规则形成的过程由三部分组成，它们是：

(1)决策树基本算法。

(2)树剪枝。

(3)由决策树提取规则。

决策树主要用于分类学习中。

6.3.1 决策树算法

1.算法介绍

决策树的基本算法是一种贪心算法，它以自顶向下递归的方式构造决策树。算法描述如图6.8所示。算法在执行前必须满足下面几个关键性要求：

(1)算法的输入是带标号训练样本。它由若干个属性组成。

(2)所有属性值必须是离散的，即必须是有限个数的。

(3)该算法的结果是一棵决策树，它是由样本属性作为结点构成的一棵外向树，其中非叶结点由决策对象属性构成，叶结点由标号属性构成。决策树自根开始按层构造，每次选取一个属性作为当前测试结点，结点选择通过信息论中的信息增益的熵值作度量(有关度量的计算将在度量计算方法中说明),选择其最大的属性作为当前的结点。

算法6.1:Generate - decision - tree 由给定的训练数据产生一棵决策树。
输入:训练样本 samples,由离散值属性表示;候选属性的集合 attribute - list。
输出:一棵决策树。
流程:
步骤1:创建结点 N。
步骤2:if samples 都在同一个类 C then。
步骤3:返回 N 作为叶结点,以类 C 标记。
步骤4:if attribut - list 为空 then。
步骤5:返回 N 作为叶结点,标记为 samples 中最普通的类//多数表决。
步骤6:选择 attribute - list 中具有最高信息增益的属性 test - attribute。
步骤7:标记结点 N 为 test - attribute。
步骤8:for each test - attribute 中的已知值 a_i//划分 samples。
步骤9:由结点 N 长出一个条件为 test - attrbute = a_i的分支。
步骤10:设 s_i是 samples 中 test - attrbute = a_i的样本的集合//一个划分。
步骤11:if s_i为空 then。
步骤12:加上一个树叶,标记为 samples 中最普通的类。
步骤13:else 加上一个由 Generate - decision - tree(s_i,attribute - list - test - attribute)返回的结点。

图6.8　由训练样本归纳决策树的基本算法

算法的基本流程如下:

(1)树从训练样本中的一个结点属性开始(步骤1)。

(2)如果样本都属同一个类,则该结点成为树叶,并用该类标记(步骤2和步骤3)。

(3)否则,算法使用称为信息增益的基于熵的度量作为启发信息,选择能够最好地将样本分类的属性(步骤6)。该属性成为该结点的"测试"或"判定"属性(步骤7)。

(4)对测试属性的每个已知的值,创建一个分支,并据此划分样本(步骤8~步骤10)。

(5)算法使用同样的过程递归地形成每个划分上的样本判定树。一旦一个属性出现在一个结点上,就不必考虑该结点的任何后代(步骤13)。

(6)递归划分步骤仅当下列条件之一成立时停止:

①给定结点的所有样本属于同一类(步骤2和步骤3)。

②没有剩余属性可以用来进一步划分样本(步骤4)。在此情况下使用多数表决(步骤5)。这涉及将给定的结点转换成树叶,并用 samples 中的多数所在的类标记它。换一种方式,可以存放结点样本的类分布。

③分支 test - attribute = a_i没有样本(步骤11)。在这种情况下,以 samples 中的多类创建一个树叶(步骤12)。

2. 度量计算方法

在此算法中的一个关键点是属性选择度量，计算方法如下：

设 S 是 s 个数据样本的集合。假定标号属性具有 m 个不同值，定义 m 个不同类 $C_i(i=1,2,\cdots,m)$。设 S_i 是类 C_i 中的样本数。对一个给定的样本分类所需的期望信息如式(6.9)所示。

$$I(S_1,S_2,\cdots,S_m) = \sum_{i=1}^{m} P_i \log_2 P_i \tag{6.9}$$

其中，P_i 是任意样本属于 C_i 的概率，并用 S_i/s 估计。注意，对数函数以 2 为底，因为信息用二进制编码。

设属性 A 具有 v 个不同值 $\{a_1,a_2,\cdots,a_v\}$。可以用属性 A 将 S 划分为 v 个子集 $\{S_1,S_2,\cdots,S_v\}$；其中，S_j 包含 S 中这样一些样本，它们在 A 上具有值 a_j。如果 A 选作测试属性（即最好的分裂属性），则这些子集对应由包含集合 S 的结点生长出来的分支。设 S_{ij} 是子集 S_j 中类 C_i 的样本数。根据由 A 划分成子集的熵(entropy)或期望信息如式(6.10)所示。

$$E(A) = \sum_{j=1}^{v} \frac{S_{1j}+S_{2j}+\cdots+S_{mj}}{s} I(S_{1j},S_{2j},\cdots,S_{mj}) \tag{6.10}$$

项 $\frac{S_{1j}+S_{2j}+\cdots+S_{mj}}{s}$ 充当第 j 个子集的权，并且等于子集（即 A 值为 a_j）中的样本个数除以 S 中的样本总数。熵值越小，子集划分的纯度越高。注意，对于给定的子集 S_j，有式(6.11)。

$$I(S_{1j},S_{2j},\cdots,S_{mj}) = \sum_{i=1}^{m} P_{ij} \log_2 P_{ij} \tag{6.11}$$

其中，$P_{ij}=\frac{S_{ij}}{|S_j|}$ 是 S_j 中的样本属于类 C_i 的概率。

在 A 上分支将获得的编码信息如式(6.12)所示。

$$\text{Gain}(A) = I(S_1,S_2,\cdots,S_m) - E(A) \tag{6.12}$$

换言之，Gain(A) 是由于知道属性 A 的值而导致的熵的期望压缩。

算法计算每个属性的信息增益。具有最高信息增益的属性选作给定集合 S 的测试属性。创建一个结点，并以该属性标记，对属性的每个值创建分支，并据此划分样本。

3. 实例介绍

例 6.1 一个计算机销售的推送的归纳方法。如表 6.5 所示的客户样本训练数据，有 4 个训练属性，它给出了客户的个人特性，此外还有一个标记属性，给出了客户购买计算机的记录。

表 6.5 客户样本训练数据

uid	age	income	student	credit - rating	buys - computer
1	< =30	high	no	fair	no
2	< =30	high	no	Excellent	no

续表

uid	age	income	student	credit - rating	buys - computer
3	31…40	high	no	fair	yes
4	>40	medium	no	fair	yes
5	>40	low	yes	fair	yes
6	>40	low	yes	Excellent	no
7	31…40	low	yes	Excellent	yes
8	< =30	medium	no	fair	no
9	< =30	low	yes	fair	yes
10	>40	medium	yes	fair	yes
11	< =30	medium	yes	Excellent	yes
12	31…40	medium	no	Excellent	yes
13	31…40	high	yes	fair	yes
14	>40	medium	no	Excellent	no

由此样本进行输入,按照算法流程,最终可得到一棵决策树如图 6.9 所示。它归纳了购买计算机的顾客的所具有的规则特性。在该树中根及分支结点用矩形表示,而叶结点用圆表示。

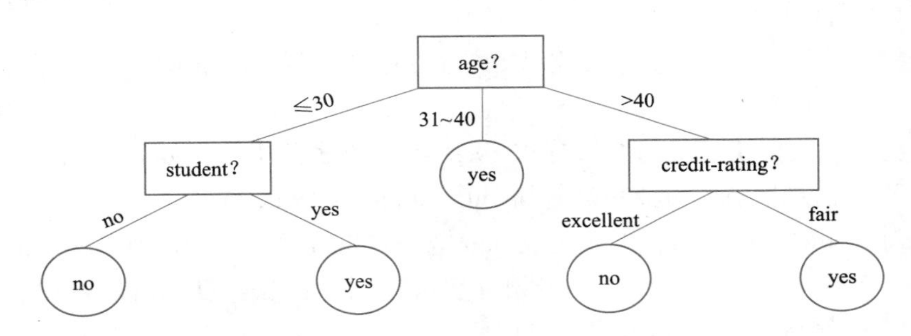

图6.9 例6.1的决策树表示

下面依据算法对例 6. 1 构造决策树。该决策树的训练数据共 6 个属性,其中“age”、“income”、“student”及“credit - rating”为决策对象属性,即决策树中的非叶结点,“buys - computer”为标记属性,它在决策树中为叶结点,属性“uid”在决策树中暂时不用。这样例 6. 1 中共有四个决策对象属性集 attribute - list = {age, income, student, credit - rating}。

(1)算法执行从选择 attribute - list 中的第一个属性(作为根)开始。选择 age 作为决策树的根(其选择过程即是计算每个属性的信息增益度量值,并选择其最高者)。

(2)对 age 创建三个分支(见图 6.9),构成了决策树的第一层,并对样本进行划分,形成图 6.10 所示的样本划分。

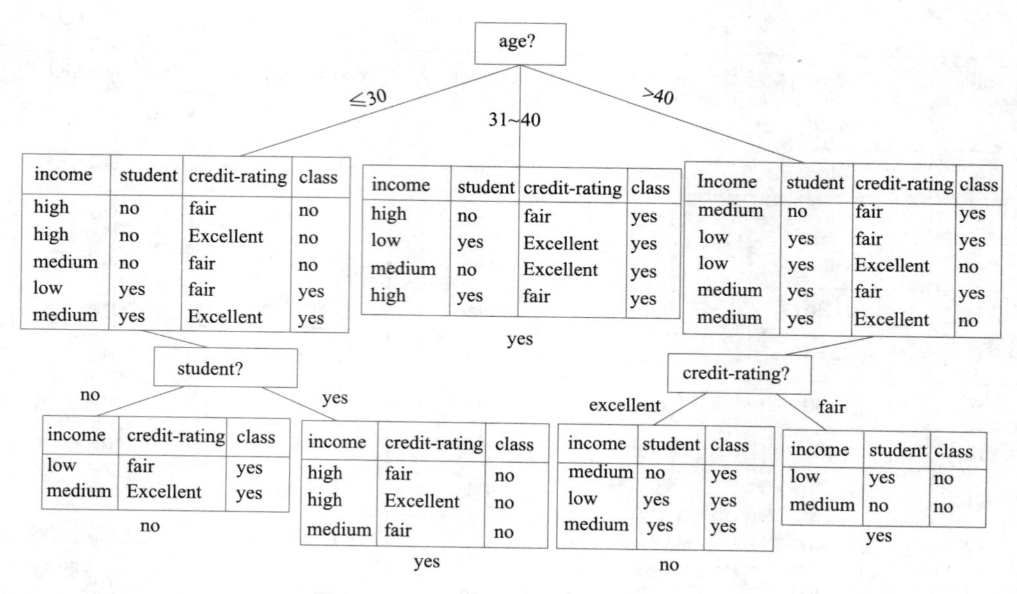

图6.10 例6.1的决策树归纳算法图

(3)构造决策树的第二层,自左至右从左边分支开始:从剩余的决策对象属性集{income,student,credit - rating}中选取信息增益度量值最高者 student(见图6.9)。

(4)对 student 可做两个分支:yes、no,如图6.10中第一层所划分的左边样本。对 student 作进一步划分后可得到:给定结点所有样本属同一类,因此得到两个叶结点:yes 和 no(见图6.9)。

(5)构造决策树第二层的中间分支,该分支中所有样本均属同一类(yes),由此得到叶结点(见图6.9)。

(6)构造决策树第二层的右边分支,从决策对象属性集:{income,student,credit - rating}中选取信息增益度量值最高者 credit - rating(见图6.9)。

(7)对 credit - rating 可做两个分支:fair 与 excellent,如图6.10中第一层所划分的右边样本。对 credit - rating 作进一步划分后可得到:给定结点所有样本属同一类,因此得到两个叶结点 yes 和 no(见图6.9)。

(8)所有样本已全部划分完毕并且均到达叶结点,算法结束。

该算法结束后得到的输出结果为图6.10所示的决策树。

在算法中需要计算每个信息增益的值,以计算决策树的根为例说明之。

为计算每个属性的信息增益,首先使用式(6.9),计算对给定样本分类所需的期望信息:

$$I(s_1,s_2)=I(9,5)=-\frac{9}{14}\log_2\frac{9}{14}-\frac{5}{14}\log_2\frac{5}{14}=0.940$$

下一步,需要计算每个属性的熵。从属性 age 开始,需要观察 age 的每个样本值的 yes 和 no 分布。对每个分布计算期望信息:

对于 age = "< =30"　　$s_{11}=2$　　$s_{21}=3$　　$I(s_{11},s_{21})=0.971$

对于 age = "31…40"　　$s_{12}=4$　　$s_{22}=0$　　$I(s_{12},s_{22})=0$

对于 age = “>40”　　$s_{13}=3$　　$s_{23}=2$　　$I(s_{13},s_{23})=0.971$

使用式(6.10)，如果样本按 age 划分，对一个给定的样本分类所需的期望信息为：

$$E(\text{age})=\frac{5}{14}I(s_{11},s_{21})+\frac{4}{14}I(s_{12},s_{22})+\frac{5}{14}I(s_{13},s_{23})=0.694$$

因此，这种划分的信息增益是：

$$\text{Gain}(\text{age})=I(s_1,s_2)-E(\text{age})=0.246$$

类似地，可以计算出 Gain(income) = 0.029，Gain(student) = 0.151 和 Gain(credit - rating) = 0.048。由于 age 在属性中具有最高信息增益，它被选作测试属性。创建一个结点，用 age 标记，并对于每个属性值，引出一个分支。样本据此划分，如图 6.10 所示。注意，落在分区 age = “31…40”的样本都属于同一类。由于它们都属于同一类 yes，因此要在该分支的端点创建一个树叶，并用 yes 标记。算法返回的最终决策树如图 6.10 所示。

6.3.2　树剪枝

在创建树过程中，训练样本起关键作用，而训练样本集中的数据往往存在着个别的噪声与孤立点，它将对决策树的建立起着错误指导作用，这种决策树过分拟合训练样本集的现象称为过度拟合，为解决此问题必须即时剪去那些异常的分支称为决策树剪枝。常用的决策树剪枝有两种方法：

1. 预剪枝(Prepruning)方法

预剪枝方法是限制决策树的过度生长。一种最为简单的手段是事先限制树的最大生长高度，另一种手段是通过一些统计检验方式，以评估每次结点分裂对系统性能的增益，如增益值小于预先给定阈值，则停止分裂而把当前结点作为叶结点。

2. 后剪枝(Postpruning)方法

后剪枝方法是允许决策树过度生长并在决策树生成完成后再按一定规则作剪枝，其规则是：

(1)对树中结点用一些方法评估其预测误差率，并将误差率高的结点作剪枝，剪去其子树并将该结点变成一个叶结点。

(2)对树的剪枝可有两种方式：一种是自底向上；另一种是由顶向下。自底向上方法即是从树的底层非叶结点开始剪枝，而由顶向下则是从根结点以下开始剪枝。

6.3.3　由决策树提取规则

可以由决策树得到分类的归纳规则。对从根到树叶的每条路径创建一个规则，并以 If - Then 形式表示。沿着给定路径上的每个属性值对形成规则前件(“If”部分)的一个合取项。叶结点包含类预测形成规则后件(“Then”部分)。

例 6.2　例 6.1 中由决策树产生的归纳规则可由图 6.9 所示的决策树沿着根结点到叶结点的路径转换成 If - Then 规则如下：

If age = “< =30” And student = “no”　　Then buys - computer = “no”

If age = "< =30" And student = "yes" Then buys - computer = "yes"
If age = "31…40" Then buys - computer = "yes"
If age = " >40" And credit - rating = "Excellent" Then buys - computer = "no"
If age = " >40" And credit - rating = "fair" Then buys - computer = "yes"

有时为了简化规则，可以删除规则前件中不影响规则正确性的多余的条件，亦即可以对规则"剪枝"。经剪枝后的规则集将更为简单实用。

6.4 贝叶斯方法

6.4.1 概述

贝叶斯(Bayes)方法是一种统计方法，它属概率论范畴，它用概率方法研究客体的概率分布规律。贝叶斯方法中的一个关键定理是贝叶斯定理(Bayes Theorem)，利用贝叶斯方法与贝叶斯定理可以构造贝叶斯分类规律。目前贝叶斯分类有两种：一种是朴素贝叶斯分类或称朴素贝叶斯网络(Native Bayes Network)；另一种是贝叶斯网络或称为贝叶斯信念网络(Bayesian Belief Network)。

贝叶斯分类也是以训练样本为基础的，它将训练样本分解成 n 维特征向量 $X=\{x_1,x_2,\cdots,x_n\}$，其中特征向量的每个分量 $x_i\{i=1,2,\cdots n\}$ 分别描述 X 的相应属性 $A_i\{i=1,2,\cdots,n\}$ 的度量。在训练样本集中，每个样本唯一的归属于 m 个决策类 $C_1,C_2,\cdots,C_m$ 中的一个。如果特征向量中的每个属性值对给定类的影响独立于其他属性的值，亦即是说，特征向量各属性值之间不存在依赖关系(称此为类条件独立假定)，此种贝叶斯分类称为朴素贝叶斯分类，否则称为贝叶斯网络。朴素贝叶斯分类简化了计算，使得分类变得较为简单，利用此种分类可以达到精确分类目的。而在贝叶斯网络中，由于属性间存在依赖关系，因此可以构造一个属性间依赖的网络以及一组属性间概率分布参数。

本书将介绍朴素贝叶斯分类归纳规律。和本书其他归纳方法比较，贝叶斯方法具有如下优势：

- 可以综合先验信息与后验信息；
- 适合合理带噪声与干扰的数据集；
- 其结果易于被理解，并可解释为因果关系；
- 对于满足类条件独立假定时所用的朴素贝叶斯分类更具有概率意义下的精确性。
- 贝叶斯方法一般也用于分类学习中。

6.4.2 贝叶斯理论与贝叶斯定理

下面介绍贝叶斯方法的基本理论及贝叶斯定理，贝叶斯理论是一种基于统计的概率理论，分几部分介绍。

1. 概率

在贝叶斯理论中有两种概率：

(1)在一组客体中事件 X 出现的概率可记为 $P(X)$，在贝叶斯理论中也可说 $P(X)$ 是 X 的先验概率(Prior Probablity)。设客体数为 u，X 出现次数为 v，此时则有 $P(X)=v/u$。

(2)在一组客体中，条件 Y 下事件 X 出现的概率可记为 $P(X|Y)$，在贝叶斯理论中也可说 $P(X|Y)$ 是条件 Y 下 X 的后验概率(Posterior Probability)，设客体数为 u，而满足 Y 的客体数为 u'，X 出现次数为 v，此时则有 $P(X|Y)=v/u'$。

下面举例说明。

例6.3　设有客体为各种水果所组成的集合，X 表示水果形状为圆的，H 表示水果种类为苹果，此时有：

$P(X)$——水果中出现形状为圆的概率；

$P(H)$——水果中出现种类为苹果的概率；

$P(X|H)$——苹果中出现圆的概率；

$P(H|X)$——形状为圆的水果中出现苹果的概率。

例6.4　表6.1所示的14个训练样本集中，用 X=(age，income，student，Credit－rating)表示出现事件，用 Y={buys－computer=“yes”，buys computer=“no”}表示两种决策类，此时则有：

P(buys－Computer=“yes”)=9/14=0.643

P(buys－Computer=“no”)=5/14=0.357

P(age=“<=30”|buys－computer=“yes”)=2/9=0.222

P(age=“<=30”|buys－computer=“no”)=3/5=0.600

2. 贝叶斯定理

贝叶斯方法中的最主要的定理是贝叶斯定理，贝叶斯定理如式(6.13)所示。

$$P(H|X)=P(X|H)\cdot P(H)/P(X) \tag{6.13}$$

该定理中先验概率 $P(X)$ 与 $P(H)$ 是易于计算的，因此该定理实际上是建立了两个后验概率的关系，即由 $P(X|H)$ 可得到 $P(H|X)$。

贝叶斯定理是构成贝叶斯分类归纳规律的基础定理。

6.4.3　朴素贝叶斯分类归纳方法

朴素贝叶斯分类方法是整个贝叶斯分类方法的基础，它建立在贝叶斯定理之上，其分类过程如下：

1. 分类前提

有一个数据样本集，每个样本是一个 n 维向量 $X=(x_1,x_2,\cdots,x_n)$，它表示样本 n 个属性 $A_1,A_2,\cdots,A_n$的度量，并假设均为离散值。

- 有 m 个类：$C_1,C_2,\cdots,C_m$；
- 每个样本唯一的归属于一个类。

2. 分类原理

应用贝叶斯定理,用先验概率 $P(X)$、$P(H)$ 及后验概率 $P(X|H)$ 计算出后验概率 $P(H|X)$,亦即是说在 $P(X)$ 及 $P(H)$ 为易于计算下,可由已知的分类规则 $P(H|X)$ 计算出未知的预测值 $P(H|X)$。

在分类中,由于 $X=(x_1,x_2,\cdots,x_n)$,$H=(C_1,C_2,\cdots,C_m)$,因此得到式(6.14)。

$$P(X|C_j)=\prod_{i=1}^{n}P(x_i|C_j)\quad(j=1,2,\cdots,m)\tag{6.14}$$

在分类方法中,已知有一个数据 X 需要求得它的类别,即求 H,此要求可用概率方式写为:$P(H|X)$,由于 $H=(C_1,C_2,\cdots C_m)$,因此可写为:

$$P(C_j|X)\quad(j=1,2,\cdots,m)$$

按贝叶斯定理,可写成如式(6.15)所示。

$$P(C_j|X)=P(X|C_j)P(C_j)\quad(j=1,2,\cdots,m)\tag{6.15}$$

注意,由于 $P(X)$ 是固定值,因此可忽视之。

由于 $P(X|C_j)$ 是可通过训练样本集获得,而 $P(C_j)$ 也同样可以获得,因此应用贝叶斯定理可以由训练样本集经计算预测 X 的类别。

3. 分类计算

分类计算是已知一个 X 值(即希望分类的未知样本)需求得 H 的概率值,其计算过程为:

(1)计算:

$P(C_1),P(C_2),\cdots,P(C_m)$。

(2)计算:

$P(x_1|C_1),P(x_2|C_1),\cdots,P(x_n|C_1)$;

$P(x_1|C_2),P(x_2|C_2),\cdots,P(x_n|C_2)$;

……

$P(x_1|C_m),P(x_2|C_m),\cdots,P(x_n|C_m)$。

(3)计算:

$P(X|C_1)=P(x_1|C_1)\times P(x_2|C_1)\times\cdots\times P(x_n|C_1)$;

$P(X|C_2)=P(x_1|C_2)\times P(x_2|C_2)\times\cdots\times P(x_n|C_2)$;

……

$P(X|C_m)=P(x_1|C_m)\times P(x_2|C_m)\times\cdots\times P(x_n|C_m)$。

(4)最后计算:

$P(C_1|X)=P(X|C_1)\times P(C_1)$;

$P(C_2|X)=P(X|C_2)\times P(C_2)$;

……

$P(C_m|x)=P(x|C_m)\times P(C_m)$。

从而得到最终的结果,并以概率形式给出。

最后,用例 6.5 说明朴素贝叶斯分类方法的全过程。

例 6.5 用例 6.1 中的表 6.5 为样本作朴素贝叶斯分类方法的全过程讨论。

(1)分类前提。在此例中分类前提为表 6.5,其中 X 为由 $X=($age, income,

student,credit - rating)所组成的 14 个数据,而 H 为由 buyes - computer = "yes"和 buys - computer = "no"所组成,而表 6.1 中给出了每个 X 所归属的 H。

(2)分类计算。希望分类的未知样本为:

X = (age = " < = 30", income = "medium", student = "yes", credit - rating = "fair")

并要求计算出该样本的 P(buys - computer = "yes" | X)和 P(buys - computer = "no" | X)。

其计算过程如下:

①计算:

P(buys - computer = "yes") = 9/14 = 0.643;

P(buys - computer = "no") = 5/14 = 0.357。

②计算:

P(age = " < = 30" | buys - computer = "yes") = 2/9 = 0.222;

P(age = " < = 30" | buys - computer = "no") = 3/5 = 0.600;

P(income = "medium" | buys - computer = "yes") = 4/9 = 0.444;

P(income = "medium" | buys - computer = "no") = 2/5 = 0.400;

P(student = "yes" | buys - computer = "yes") = 6/9 = 0.667;

P(student = "yes" | buys - computer = "no") = 1/5 = 0.200;

P(credit - rating = "fair" | buys - computer = "yes") = 6/9 = 0.667;

P(credit - rating = "fair" | buys - computer = "no") = 2/5 = 0.400。

③计算:

P(X | buys - computer = "yes") = 0.222 × 0.444 × 0.667 × 0.667 = 0.044;

P(X | buys - computer = "no") = 0.600 × 0.400 × 0.200 × 0.1400 = 0.019。

④最后计算:

P(buys - computer = "yes" | X) = P(X | buys - computer = "yes") × P(buys - computer = "yes") = 0.044 × 0.643 = 0.028;

P(buys - Computer = "no" | X) = P(X | buys - computer = "no") × P(buys - computer = "no") = 0.019 × 0.357 = 0.007。

从而得到未知样本分类的概率分布,从其概率值中选取:buys - computer = "yes"为预测值。

6.5　支持向量机方法

支持向量机(Support Vector Machine,SVM)是一种监督式学习的方法,它应用于分类分析中,在解决小样本、非线性及高维模式识别中表现出特有的优势。该方法的特点是它能最小化经验误差的同时最大化几何边缘区。

支持向量机 SVM 是一种浅层学习模型典范,它可以将不同类别的数据特征向量通过特定的核函数由低维空间映射到高维空间,然后在高维空间中寻找分类的最优超平面。支持向量机具有较好的推广泛化能力,而且支持向量机所求得的是全局最优解。

传统人工神经网络通常只通过增加样本数量来减少分类误差，提高识别精度，而当分类器对训练样本过度拟合时，在实际情况中，并不能准确地分类测试样本，造成了分类器的推广能力差。

从图6.11中可以看出支持向量机分类思想。图6.11所示，实圆点和空圆点分别表示两种类型的样本。图6.11(a)表示训练样本上的两种分类模型，曲线模型和直线模型，曲线模型可以准确地将两种类型的样本分开，而直线模型的分类错误率高。但在图6.11(b)中，同样的分类曲线模型的分类效果不如图6.11(a)，但是直线模型的分类效果比图6.11(a)好。从此中可以看出，将曲线过度拟合的训练样本，其测试样本的分类效果并不比直线模型好。因此，需将训练样本精确分类，过度拟合训练样本并不能提高测试样本分类的正确率。所以，为了防止曲线的过度拟合需要控制支持向量机的分类模型的复杂度。

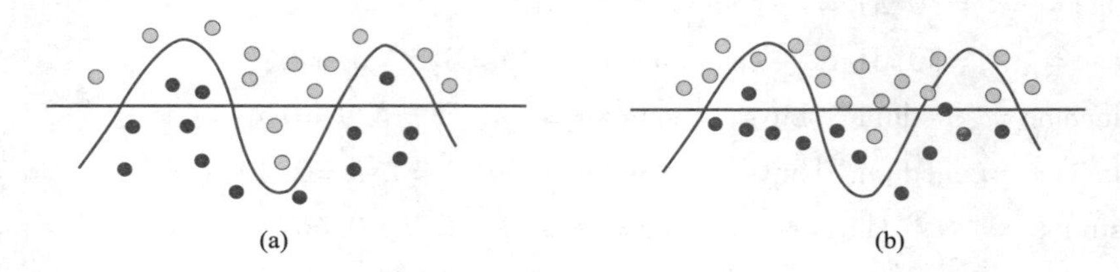

图6.11　分类模型的选择

在图6.12中，图6.12(a)表示任意分割的超平面，图6.12(b)表示最优分割超平面。图6.12(a)中任意一条直线都能将两类样本分开，而在现实情况中，越靠近样本的分类线对健壮性越差，并且无法准确地总结样本以外的数据。而在图6.12(b)中，直线 H_1，H_2 已经将两个样本分开，靠近样本最近并且相互平行。由于 H_1，H_2 靠近样本，对噪声非常敏感，健壮性也非常差，无法准确总结样本以外的数据。为了解决这个问题，设 H 为分类线，H 平行于 H_1 和 H_2，且在 H_1 与 H_2 的中间，使到 H_1 与 H_2 的垂直距离相等。H_1 与 H_2 之间的距离称为最大间隔，而 H 到 H_1 与到 H_2 的距离相同。所以，H 与 H_1，H_2 相比健壮性强并且分类识别能力较好。因此，将 H 称为最优超平面。H_1 和 H_2 上的样本点称为支持向量。

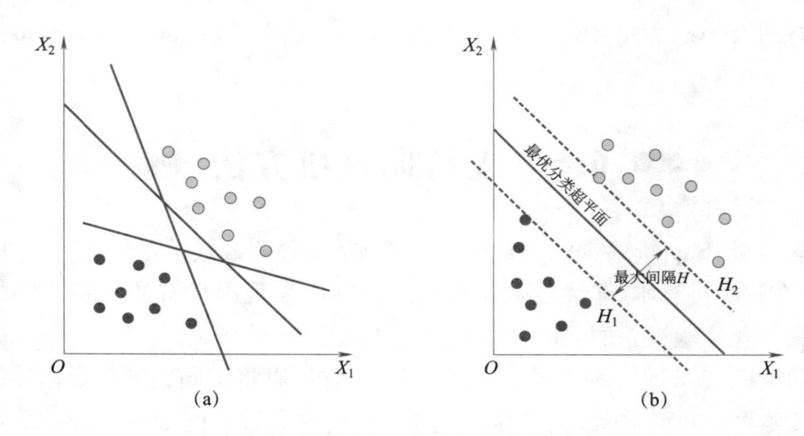

图6.12　分割超平面

支持向量机在非线性高维模式识别有很大优势。其主要思想是把低维空间中线性不可分的问题转化到高维空间中就变成了线性可分,从低维空间到高维空间的转换用到了核函数(Kernel Function),核函数的优点是避免了维度灾难。转化为线性可分问题后,就是要优化某分类之间的最大类间隔,寻找最优的分割超平面。核函数的引入对支持向量机是很重要的。目前常用的核函数有:

多项式核函数:

$$k(\boldsymbol{x}_i,\boldsymbol{x}_j) = (\boldsymbol{x}_i^{\mathrm{T}}\boldsymbol{x}_j)^d$$

高斯核函数:

$$k(\boldsymbol{x}_i,\boldsymbol{x}_j) = \exp\left(-\frac{\|\boldsymbol{x}_i - \boldsymbol{x}_j\|^2}{2\sigma^2}\right)$$

Sigmoid 核函数:

$$k(\boldsymbol{x}_i,\boldsymbol{x}_j) = \tanh(\beta\boldsymbol{x}_i^{\mathrm{T}}\boldsymbol{x}_j + \theta)$$

前面介绍的是简单的双分类问题,对于多分类的问题,支持向量机的实现方法是:通过对一系列的两类分类器的组合从而实现多类问题;通过合并多个分类面的参数到一个最优化问题,然后求解该最优化问题实现多类分类。

支持向量机较适合于解决的样本集较小、问题简单、样本非线性及样本维度高等分类问题。而且相对于其他机器学习方法具有更好的泛化能力。为了使不同种类的数据在空间上能够最好地分隔开来,支持向量机通过找到一个最优的分类超平面来解决这个问题。

6.6　关联规则方法

6.6.1　关联规则基本概念

关联规则是无监督学习中最常用的方法,我们知道,世界上很多事物间都有固定的关联,通过关联规则方法可以获得事物间的固定的规则。

下面先介绍关联规则基本概念。

(1)项(Item)与项集(Item Set)。项是关联规则中的基本元素,它可用字符串表示,一般用以 i 或 i_j 表示之。而项集是项的集合可用 I 表示。$I=\{i_1,i_2,\cdots,i_n\}$ 项集给出了关联规则的数据对象。

(2)交易(Transaction)与交易数据库(Transaction Database)。交易又称事务,它是项集的子集,它可记为 T 且 $T\subseteq I$。交易反映了项间的关联,此外交易可有一个交易号,它是交易的标识符记为 TID。交易数据库是交易的集合,因此也可称为交易集或简称数据库,并记为 D,D 反映了数据关联中的对象。

(3)关联规则是一个蕴涵式:$X\Rightarrow Y$,其中 $X,Y \subset I$ 且 $X\cap Y=\varnothing$,它表示某些项 X 出现时另一些项 Y 也会出现。

在大多数情况下,这种关系带有一定概率,用两种概率关系表示:

①支持度(support):D 中包含 X,Y 的交易数与所有交易数之比,可记为 Support($X \Rightarrow Y$)或记为 S:

$$S=\frac{|\{T:X \cup Y\}|}{|D|}$$

②最小支持度 min S:可以指定一个概率 0% ~100% ,称为最小支持度。

③置信度(confidence):D 中包含 X,Y 的交易数与 X 的交易数之比,可记为 confidence($X \Rightarrow Y$)或记为 C:

$$C=\frac{|\{T:X \cup Y\}|}{|\{T:X\}|}$$

④最小置信度 min C:可以指定一个概率 0% ~100% ,称为最小置信度。

关联规则是指在给定 I 与 D 上满足:$S \geqslant \min S$ 且 $C \geqslant \min C$ 的 $X \Rightarrow Y$。

例 6.6 一个市场营销的例子。零售商保存着每一笔交易的详细记录(原始数据),其中包括交易号和商品号。现在我们对顾客购买商品的行为作关联分析。这时,不同的商品种类构成了一组 Item 也就是作关联分析的对象。而零售商保存的交易记录就构成了关联分析的一个记录集合,其中的每一条记录都由每笔交易的交易号、商品号、顾客号、数量和日期等项组成(见表 6.6)。

表 6.6 关联规则分析例表

交易号	顾客号	商品号	数量	日期
1	甲	A	14	3/4/15
		B	3	3/4/15
2	乙	C	2	5/6/15
		B	3	5/6/15
		D	13	5/6/15
3	乙	B	10	8/6/15
		D	12	8/6/95

在进行关联分析时,用户需要输入两个参数:

(1)最小置信度,以滤掉可能性过小的规则。本例中,设最小置信度为 0.3。

(2)最小支持度,以表示这种规则发生的概率。在本例中,设最小支持度也为 0.3。

在本例中,设规则“购买了商品 X 的顾客同时也购买商品 Y”的置信度为 C,支持度为 S,则:

$$C=-\frac{\text{同时购买商品 } X \text{ 和 } Y \text{ 的交易数}}{\text{购买了商品 } X \text{ 的交易数}}$$

$$S=-\frac{\text{同时购买商品 } X \text{ 和 } Y \text{ 的交易数}}{\text{总交易数}}$$

在本例中,通过关联分析可以得出一个关于被一起购买商品的最简单规则,以及

每条规则的置信度 C 和支持度 S(见表 6.7)。如表 6.7 的第一行所示,购买了商品 A 的顾客必定同时也购买商品 B,其置信度 C 为 1,支持度 S 为 0.33。

表 6.7 顾客购物规则表

Item1	Item2	置信度 C	支持度 S
A	B	1	0.33
B	A	0.33	0.33
B	C	0.33	0.33
B	D	0.66	0.66
C	B	1	0.33
C	D	1	0.33
D	B	1	0.66
D	C	0.33	0.33

这样,通过关联分析,该零售商的市场分析人员便可能得出“有 33% 的顾客在购买香烟时必买打火机”等分析结果,如在本节开始所说的那样,这样的分析结果往往会带来意想不到的效益。

6.6.2 关联规则的算法——Apriori 算法

Agrawal 等首先提出了顾客交易数据库中项集间的关联规则问题,其核心方法是基于频繁项集理论的递推方法,称为经典频繁项集方法。

下面介绍的是一个简单的经典频繁项集算法,它分两个步骤实现:

- 使用项集找频繁项集,它称 Apriori 算法:
- 由频繁项集产生关联规则。

1. 使用项集找频繁项集算法

在介绍算法前先介绍两个概念:

- K - 项集:包含 K 个项的项集称 K - 项集。
- 频繁项集:所有支持度≥最小支持度的项集,这些项集称为频集或频繁项集。

要从项集中找到频繁项集的一般方法是应该计算所有项集的支持度以最终确定频繁项集,但此方法在计算机中是无法实现的,因为 m 个项所形成的项集数为 $2^m - 1$ 个,这是个 NP 完全问题,而 Aprior 算法则利用了频繁项集的先验知识与递归方法有效地解决了频繁项集的计算,其主要思想是:

(1)频繁项集的固有性质(或称先验知识):

性质 1:频繁项集的子集必为频繁项集。

性质 2:非频繁项集的超集必不为频繁项集。

这两个性质实际上反映的是同一个事实,它是频繁项集所固有的。

(2)算法采用递归方法：

算法采用递归方法，即以 K – 项集中的 K 作递归：

①先从 1 – 项集（记作 C_m^1 ）开始寻得频繁 1 – 项集（记作 L_1）；

②如果已由 K – 项集 C_m^k 寻得频繁 K – 项集 L_k，则要求由 $K+1$ – 项集 C_m^{k+1} 开始寻得频率 $K+1$ – 项集 L_{k+1}，其寻找的主要方法是：由于直接由 C_m^{k+1} 经每项计算以求得 L_{K+1} 的过程是很花时间的，为解决此问题，在算法中充分利用性质 1 与性质 2，在 C_{k+1} 中删去不符合性质 1 与性质 2 中频繁项集所应具有的性质的那些项集，构成了一个潜在频繁项集 C_{k+1}，C_{k+1} 是一个远比 C_m^{k+1} 小得多的集合，而由 C_{k+1} 经计算以找得 L_{K+1} 就简单多了。

由 C_m^{k+1} 到 C_{k+1} 删减的方法采用了下面两种方法：

● 连接方法。建立频繁 K – 项集 L_k 与 L_k 的连接：

$$L_k \cdot L_k = \{x \cup y \mid x, y \in L_k, \mid x \cap y \mid = k-1\}$$

当 $k=1$ 时该运算表示单连接。

对 $L_k \cdot L_k$ 作解释：这是一个 $k+1$ – 项集（因为 L_k 为 k – 项集，而 $|x \cap y| = k-1$），同时根据性质 1 和性质 2，L_{k+1} 必在此中。

经过这个步骤即可以从 C_m^{k+1} 中删除一部分项集。

● 剪枝方法。

根据性质 1 和性质 2 可知，任一非频繁 k – 项集必定不是频繁 $k+1$ – 项集的子集，所以当 $k+1$ – 项集的某一个 k 子集不是 L_k 中成员时，则该 $k+1$ – 项集不可能是频繁的，因此可以从 C_m^{k+1} 中删除，这就是剪枝方法。

经过连接和剪枝两个步骤后可以从 C_m^{k+1} 删除大量、不必要的 $k+1$ – 项集而得到潜在频繁项集 $k+1$，将 C_{k+1} 作支持度计算，最后可得频繁 $k+1$ – 项集 L_{k+1}。

③不断地重复②，即由 L_k 计算 L_{k+1} 的操作，直到 L_m 为止。

例 6.7 设有项集 $T=\{A,B,C,D,E\}$ 并有如表 6.8 所示的数据库 D。

表 6.8 一个简单的交易数据库 D

T1D	Item
01	A,C,D
02	B,C,E
03	A,B,C,E
04	B,E

设定：min $S=50\%$；min $C=80\%$。试求其关联规则。

解 首先用 Aprior 算法求得其所有的频繁项集。

在该题中 $m=5$，而交易数为 4 即 $|D|=4$，作递归如下：

(1)求 L_1：

①经连接与剪枝后可得 1 – 项集 C_1，如图 6.13(a)所示。

②对 C_1 作支持度计算可得图 6.13(b)所示。

③在淘汰小于 min S 后得 L_1 如图 6.13(c)所示。

潜在频繁 1 - 项集 C_1
{A}
{B}
{C}
{D}
{E}

(a)连接与剪枝

潜在频繁 1 - 项集 C_1	计算	S
{A}	2	50
{B}	3	75
{C}	3	75
{D}	1	25
{E}	3	75

(b)计算

频繁 1 - 项集 L_1	计算	S
{A}	2	50
{B}	3	75
{C}	3	75
{E}	3	75

(c)选择

图 6.13　Aprior 算法的 L_1 形成图

(2)其次,在 L_1 的基础上求 L_2:

①连接与剪枝:连接 $L_1 \cdot L_1$ 并剪枝后可得图 6.14(a)所示的潜在频繁 2 - 项集 C_2;

②对 C_2 作支持度计算可得图 6.14(b)所示。

③在淘汰小于 min S 后得到 L_2,如图 6.14(c)所示。

潜在频繁 2 - 项集 C_2
{A,B}
{A,C}
{A,E}
{B,C}
{B,E}
{C,E}

(a)连接与剪枝

潜在频繁 2 - 项集 C_2	计算	S
{A,B}	1	25
{A,C}	2	50
{A,E}	1	25
{B,C}	2	50
{B,E}	3	75
{C,E}	2	50

(b)计算

频繁 2 - 项集 L_2	计算	S
{A,C}	2	50
{B,C}	2	50
{B,E}	3	75
{C,E}	2	50

(c)选择

图 6.14　Aprior 算法的 L_2 形成图

(3)在 L_2 的基础上求 L_3:

①连接与剪枝:连接 $L_2 \cdot L_2$ 后可得{A,C,B},{A,C,E},{B,C,E}。

剪枝:剪去{A,C,B},(因为{A,B} $\notin L_2$)与{A,C,E}(因为{A,E} $\notin L_2$)后得到 C_3:{B,C,E},如图 6.15(a)所示。

②对 C_3 作支持度计算可得图 6.15(b)所示。

③在淘汰小于 min S 后得到 L_3,如图 6.15(c)所示。

潜在频繁 3 - 项集 C_3
{B,C,E}

(a)连接与剪枝

潜在频繁 3 - 项集 C_3	计算	S
{B,C,E}	2	50

(b)计算

频繁 3 - 项集 L_3	计算	S
{B,C,E}	2	50

(c)选择

图 6.15　Aprior 算法的 L_3 形成图

(4)最后,求 L_4:

在此步中无法由 L_3 产生 L_4,所以算法递归步骤停止。

在 Aprior 算法后可以得到如下的频繁项集(一般频繁 1-项集可略去):

$\{A,C\}$

$\{B,C\}$

$\{B,E\}$

$\{C,E\}$

$\{B,C,E\}$

同时,在算法的过程中可以删除下列的项集:

$\{D\}$

$\{A,B\}$

$\{A,E\}$

2. 由频繁项集产生关联规则

一旦由数据库 D 中的交易找出频繁项集,由它们产生关联规则是直截了当的。关联规则可以产生如下:

(1)对于每个频繁项集 L,产生 L 的所有非空子集。

(2)对于 L 的每个非空子集 S,如果 $\frac{L\text{的交易数}}{S\text{的交易数}} \geq$ 最小置信度,则输出规则“$S \Rightarrow (L-S)$”。

规则由频繁项集产生,每个规则都自动满足最小支持度。频繁项集连接同它们的支持度预先存放在散列表中,使得它们可以快速被访问。

例 6.8 在例 6.7 中产生的五个频繁项集中可以列出潜在的关联规则并计算其置信度 C,最后可得关联规则如表 6.9 所示。

表 6.9 关联规则产生表

编号	潜在关联规则	$X \cup Y$	X	C	min C	是否为关联规则
1	$\{A\} ==> \{C\}$	2	2	100	80	是
2	$\{C\} ==> \{A\}$	2	3	66	80	否
3	$\{B\} ==> \{C\}$	2	3	66	80	否
4	$\{C\} ==> \{B\}$	2	3	66	80	否
5	$\{B\} ==> \{E\}$	3	3	100	80	是
6	$\{E\} ==> \{B\}$	3	3	100	80	是
7	$\{C\} ==> \{E\}$	2	3	66	80	否
8	$\{E\} ==> \{C\}$	2	3	66	80	否
9	$\{B\} ==> \{C, E\}$	2	3	66	80	否
10	$\{C\} ==> \{B, E\}$	2	3	66	80	否
11	$\{E\} ==> \{B, C\}$	2	3	66	80	否
12	$\{C, E\} ==> \{B\}$	2	2	100	80	是
13	$\{B, E\} ==> \{C\}$	2	3	66	80	否
14	$\{B, C\} ==> \{E\}$	2	2	100	80	是

最后可得到关联规则如下：

$\{A\}\Rightarrow\{C\}$；

$\{B\}\Rightarrow\{E\}$；

$\{E\}\Rightarrow\{B\}$；

$\{C,E\}\Rightarrow\{B\}$；

$\{B,C\}\Rightarrow\{E\}$。

6.7　聚类方法

聚类方法是无监督学习的一种重要方法，在该方法中样本数据没有标号属性。

1. 聚类方法概述

聚类（Clustering）是将数据对象进行分组并将相似对象归为一类的过程。数据聚类将数据的对象分成几个群体，在每个群体内部对象之间具有较高的相似性，而不同群体的对象之间则具有较高相异性或较低相似性。一般来说，一个群体称为一个类，对一个对象集合事先并不知道对象所属的类，这就需要定义一个衡量对象之间相似性的标准，并通过一定的算法用于决定类。

例 6.9　有一个 12 个顾客的对象，每个对象有两个特征：第一个是顾客购买商品数量；第二个是购买商品价格。我们按购买商品数量多少及价格高低作为聚类相似性条件，而最后将其分为两类：类 1 是购买商品数量少且价格低；类 2 是购买商品数量多且价格高，如表 6.10 所示。这就是一个简单的聚类分析例子。

表 6.10　顾客对象聚类表

顾客号	商品数量	商品价格	类别划分
1	12	1 700	2
2	13	1 600	2
3	14	1 800	2
4	11	1 700	2
5	10	1 750	2
6	12	1 650	2
7	3	100	1
8	5	100	1
9	4	150	1
10	5	150	1
11	6	200	1
12	7	200	1

聚类分析方法有两个输入、一种输出以及一组算法,它们是:

(1)输入:一种度量样本相似性的标准及一组数据对象称为样本集。

(2)输出:对样本集的一个划分即将样本集划分成若干个类。

(3)算法:为将样本集划分成类需要的一些算法。常用的有:划分法及遗传算法。本书介绍划分法。

2. 聚类分析中的几个基本概念

1)样本集

聚类分析以不带标号样本集作为其分析目标,它是一个由 m 个样本组成的集合,即$X=\{X_1,X_2,\cdots,X_m\}$,而每个样本则是一个 n 维向量,即 $X_i=(x_{i1},x_{i2},\cdots,x_{in})$,$i=1,2,\cdots,m$。

一般,可以用 n 维空间来观察样本集,样本是 n 维空间上的一个点,而样本集则是 n 维空间上的点集。图 6.16 所示是表 6.10 的二维空间表示。

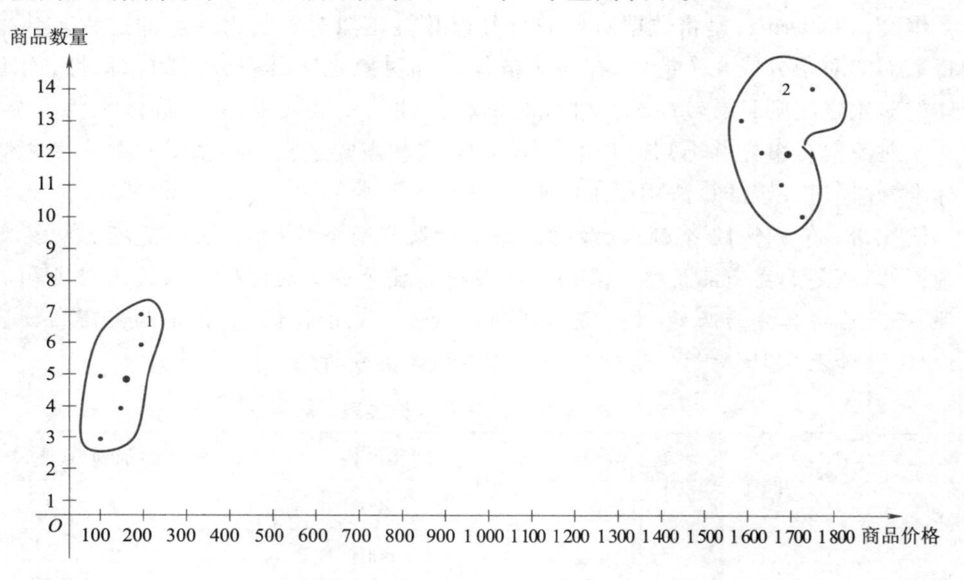

图 6.16 样本的空间表示法

2)样本相似性度量

如果将样本看成是 n 维向量空间上的一个点,那么,样本间的相似性可用 n 维向量空间上的距离的“远”“近”表示之。如果两点间距离“近”则样本间相似度高,如果两点间距离“远”则样本间相似度低,而计算 n 维向量空间上两点间的距离的方法常用的有欧几里得距离(Euclidian Distance)与曼哈顿距离(Manhatton Distance)。

设有 n 维向量空间上的两个点:$P_i(x_{i1},x_{i2},\cdots,x_{in})$ 与 $P_j(x_{j1},x_{j2},\cdots,x_{jn})$,则此时有 P_i与 P_j间的欧几里得距离为:

$$D_0(P_i,P_j)=\left(\sum_{k=1}^{n}((x_{ik}-x_{jk})^2)\right)^{1/2}$$

而有 P_i与 P_j间的曼哈顿距离为:

$$D_1(P_i,P_j)=\sum_{k=1}^{n}|x_{ik}-x_{jk}|$$

在这两种距离计算中目前以欧几里得距离为最常用。

3)样本集的划分

聚集分析的目的是将样本集按相似性要求划分成若干个类：$G_1, G_2, \cdots G_t$，并且满足：

(1) $G_i \neq \varnothing \quad (i=1,2,\cdots,t)$。

(2) $G_1 \cup G_2 \cup \cdots \cup G_t = X$。

(3) $G_i \cap G_j = \varnothing \quad (i \neq j)$。

若 t 为预先设定则称为固定聚类分析，若 t 不为预先设定则称为动态聚类分析。

3. 聚类分析算法之划分法

划分法是一种以计算 n 维向量空间上点间距离为基础的算法，其划分原则是同类间的点距离“近”而异类间的点距离“远”。常用的算法有 k - 中心点算法、k - 均值算法以及 EM 算法等，这里介绍 k - 中心点算法。

k - 中心点算法是预先设定聚集划分个数 k，其算法步骤是：

(1)为 k 个类中的每一个选择一个初始中心点。

(2)计算其他各点至各中心点的距离。

(3)分配各点至最近的中心点所在的类。

(4)按以下公式重新计算各类的中心点 X_0。

$$X_0 = \sum_{i=1}^{n} x_i / n$$

即：

$$(x_{01}, x_{02}, \cdots, x_{0n}) = \left(\sum_{i=1}^{n} x_{i1}/n, \sum_{i=1}^{n} x_{i2}/n, \cdots, \sum_{i=1}^{n} x_{in}/n \right)$$

(5)如新的中心点与原中心点的距离超过指定的阈值，则以新中心点替代原中心点，返回 2，否则终止。

在图 6.16 中即可用此算法，并可找到两个中心点(12,1700)及(5,150)而得到两个类：类 1 与类 2。

输出：n 维空间点的一个划分(即划分成 K 类)。

流程：

(1)对每个点编码。

(2)随机选取若干个(大于 K)点作指导点并组成初始种群。

(3)计算每个点到最近指导点的距离的平均值，从而得到每个指导点的适应值。

(4)计算指导点的适应值满足某指定阈值则转至(9)，否则继续。

(5)从指导点中选取若干个适应值较低者。

(6)对它们作交叉运算。

(7)对它们作变异运算。

(8)构成一个新的种群，并转至(3)。

(9)算法结束。

6.8 迁 移 学 习

6.8.1 迁移学习的基本概念

人类在学习过程中有很多学习的方式、特征都是类似的，如人们在学习骑自行车中所学得的经验，在此后学习开摩托车时将会变得很容易。又如一个人要是熟悉中国象棋，他也可以轻松地学会国际象棋，同时在学习围棋时也会同样很容易学会。这就如我国的成语“举一反三”，它告诉了我们，在某个领域中所学习到的知识可以在另一个领域中有类似的知识供使用，这就是迁移学习的思想。

基于这种迁移学习的思想，可以建立起人工智能中的迁移学习的理论，它可作为机器学习的一个部分用于知识的获取。在里介绍这种理论中的基本概念，它们包括如下一些内容：

(1)源领域：在迁移学习中所需迁移知识所在的领域称为源领域，如“自行车”领域、“中国象棋”领域等均为源领域。

(2)目标领域：在迁移学习中所需迁移知识的目标所在的领域称为目标领域，如“摩托车”领域、“国际象棋”领域及“围棋”领域等均为目标领域。

(3)迁移学习：在源领域中所学习到的知识往往可以在目标领域中也可学习到类似的知识，此时实际上可以用某些变换、映射等手段从源领域将知识转移到目标领域中从而达到减少目标领域中的学习成本，提高学习效果的作用，此种学习称为迁移学习。图6.17所示是迁移学习的原理。图6.18所示是迁移学习的形象表示图。

图6.17 迁移学习的原理

图6.18 迁移学习的形象表示图

在迁移学习中，目标领域的学习方法是分两个步骤进行的：

(1)从源领域中通过迁移学习将一部分类似的知识迁移至目标领域。

(2)以这些知识为起点，在目标领域中继续学习，此时的学习已有了迁移的知识，因此学习就变得简单、方便和容易。

图6.19所示是迁移学习方法两个步骤示意图。

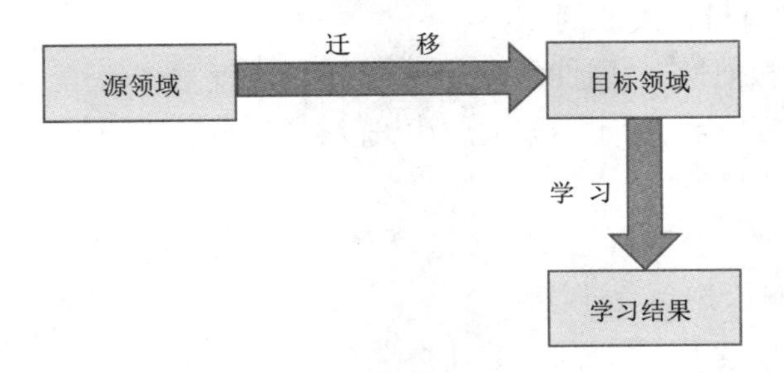

图6.19　迁移学习方法两个步骤示意图

在下面的情况下，迁移学习所起的作用特别明显：

在监督学习中，学习方法多、效果好，但它所用的带标号样本数据不易获得；而在无监督学习中，学习方法效果一般不如前者好，但它所用的不带标号样本数据易于获得，因此在迁移学习中往往将源领域中使用监督学习方法以获得良好的学习结果，然后通过迁移学习将结果迁移至目标领域，在目标领域中使用无监督学习方法，由于此时所用的样本数据易于获得，因此整个学习会变得容易与方便。

在使用迁移学习中，目标领域中的学习方法是先用监督学习，再使用无监督学习，从而达到较好的学习效果，这种学习方法即可称为半监督学习方法。

6.8.2　迁移学习的基本内容

在迁移学习中的基本内容包括迁移内容与迁移算法两个部分。

1. 迁移内容

在迁移学习中的迁移内容包括三个部分。

1）样本迁移

样本迁移就是将源领域中的相似的样本数据迁移至目标领域，在迁移后的数据须作适当的权重调整。样本迁移的优点是简单、方便，它的缺点是权重调整难以把握，一般以人的经验为准。

2）特征迁移

特征迁移就是将源领域中的相似的特征知识通过一定的映射迁移至目标领域，作为目标领域中的特征知识。特征迁移目前为大多数方法所适用，但它的缺点是映射的设置难以把握，一般也以人的经验为准。

3）模型迁移

模型迁移就是将源领域中的整个模型通过一定的方法迁移至目标领域，作为目标领域中的模型。这要有一定的前提，即两个领域具有相同的模型结构，而所迁移的是模型参数，通过一定的变换，将源领域中的模型参数迁移至目标领域。这种方法是目前研究的重点，其预期效果较为理想。

2. 迁移算法

迁移算法是目前迁移学习研究的重点。目前研究集中在特征迁移算法的研究上，

并取得了重大进展,接下来模型迁移算法的研究将成为新的重点。此外,在算法的研究上还有很多问题有待解决。例如:

(1)针对领域相似性、共同性的度量,研究准确的度量算法。

(2)在算法研究方面,对于不同的应用,迁移学习算法需求是不一样的。因此针对各种应用的迁移学习算法。

(3)关于迁移学习算法有效性的理论研究还很缺乏,研究可迁移学习条件,获取实现正迁移的本质属性,避免负迁移。

(4)在大数据环境下,研究高效的迁移学习算法尤为重要。目前的研究主要还是集中在数据量小而且测试数据非常标准的环境中,应把研究的算法瞄准于实际应用数据,以适应目前大数据研究浪潮。

尽管迁移学习的算法研究还存在着各种各样的挑战,但是随着越来越多的研究人员投入该项研究中,一定会促进迁移学习研究的蓬勃发展。

6.8.3 迁移学习的评价

迁移学习可以充分利用现有模型知识,使成熟的机器学习模型仅需少量调整即可获得新的结果,因此具有重要的应用价值。近年来,迁移学习已在文本分类、文本聚类、情感分类、图像分类等方面取得了重大的应用与研究的成果。

但是迁移学习毕竟是一门新发展的学科领域,它的理论基础尚待进一步提高,算法研究有待继续努力,而它的应用则尚有大幅度拓展的前景。它目前的研究重点是算法研究,只有有效算法的支持才能使应用更具前景。

6.9 强化学习方法

强化学习来自于动物学习以及控制论思想等理论,这种学习的基本思想是通过学习模型与学习环境的相互作用,所产生的某种动作是强化(鼓励或者信号增强)还是弱化(抑制或者信号减弱)来动态地调整动作,最终达到模型所期望的目标。

在强化学习方法下,为达到某固定目标学习模型与环境相互作用,模型不断采用试探方式执行不同动作以产生不同结果,通过奖励函数,对每个动作打分,通过分值的大小以示对结果的认可度。这样,在奖励函数的引导下学习模型可以自主学习方式得到相应策略以达到最终的结果目标。

在强化学习方法中,学习模型能自主产生的动作实际上是一个不带标号样本。而这种样本通过奖励函数计算而得的数据则是标号属性,这两者的结合组成一种新的样本则是一个带标号样本。因此在此方式下,模型不断自主产生不带标号样本,经奖励函数计算后得到带标号样本,因此这是一种弱监督学习方法。

强化学习方法的典型例子是驯犬员训练狗。当驯犬员用某个固定手势命令狗做打滚动作,当狗按要求完成打滚动作后即喂以食物以示鼓励;而当狗按要求完成完美的打滚动作后即喂以更多食物以示更强的鼓励;而当狗按要求完成并不标准的打滚动作后即喂以较少食物以示较弱鼓励；而当狗并未按要求完成打滚动作，此时驯犬员不喂以食物以示惩罚。在此训练方法中，其学习模型是驯犬员，而环境是狗，目标是狗打滚。在学习模型行动时，其动作是手势，结果是狗打滚，而奖励函数则是喂食多少。通过这种方法最终必能达到训练狗打滚的目标。

强化学习方法在人工智能发展的初期即已出现，典型的应用是利用奖励函数博弈，如国际象棋中著名的八皇后问题的求解，在人工智能发展的现在，著名的 AlphaGo 中都是应用强化学习方法。

目前，用于强化学习的算法很多，常见的有：时间差分（Temporal - difference，TD）算法、Q 学习（Q - Learning）算法等。

小　　结

（1）本章介绍以归纳推理为核心的知识获取方法。这种方法即是机器学习方法。

（2）介绍人类的学习，人类的学习主要是从直接知识中通过归纳、联想、范例、类比、灵感、顿悟等手段而获得新知识的过程。

（3）介绍机器学习，机器学习就是用计算机系统模拟人类学习的一门学科，这种学习目前主要是一种以归纳思维为核心的行为，它将外界众多事实的个体，通过归纳思维行为将其归结成具一般性效果的规则。它包括机器学习的结构模型与机器学习研究方法。

（4）机器学习的结构模型中分为计算机系统内部与计算机系统外部两个部分。其中，计算机系统内部称为学习系统，它在计算机系统支持下工作。而计算机系统外部即是学习系统外部世界。整个学习过程即由学习系统与外部世界交互而完成学习功能。

（5）计算机系统内部即学习系统，是一个计算机应用系统，由三部分内容组成：

①样本数据。

②机器建模。

③学习模型。

（6）学习系统外部是学习系统的学习对象。人类学习知识大都通过作用于它而得到。

①环境。

②感知器。

（7）机器学习的结构模型由上面 5 个部分组成。而整个学习过程从环境开始，从中获得环境中的一些实体，经感知器转换成数据后进入计算机系统以样本形式出现并作为计算机的输入，在机器建模中进行学习，最终得到学习的结果。这种结果一般以学习模型形式出现，是一种知识模型。

（8）机器学习的方法：样本数据 + 机器建模 = 学习模型。

（9）样本数据：分为不带标号样本与带标号样本。

(10)机器建模:机器建模即用样本训练模型过程,它可按不同样本分为三种:

①监督学习:由带标号样本所训练模型的学习方法称为监督学习。

②无监督学习:由不带标号样本所训练模型的学习方法称为无监督学习。

③半监督学习:由带标号及不带标号样本所混合训练模型的学习方法称为半监督学习。

(11)学习模型:由机器建模而获得的学习结果是一种知识模型,称为学习模型。

(12)机器学习的分类讨论。共分三类八种方法讨论:

①监督学习中的分类学习方法——人工神经网络方法、决策树方法、贝叶斯方法、支持向量机方法。

②无监督学习中的关联规则方法、聚类分析方法。

③半监督学习中的迁移学习方法、强化学习方法。

习题 6

6.1 请介绍人类学习的过程。

6.2 请介绍机器学习的过程。

6.3 试说明机器学习的结构模型。

6.4 请介绍机器学习的方法。

6.5 请介绍机器建模的三种学习。

6.6 请介绍监督学习中的人工神经网络方法。

6.7 请介绍监督学习中的决策树方法。

6.8 请介绍监督学习中的贝叶斯方法。

6.9 请介绍监督学习中的支持向量机方法。

6.10 请介绍无监督学习中的关联规则方法。

6.11 请介绍无监督学习中的聚类分析方法。

6.12 请介绍半监督学习中的迁移学习方法。

6.13 请介绍半监督学习中的强化学习方法。

第7章 深度学习与卷积神经网络

7.1 浅层学习与深度学习

在介绍了机器学习的基本内容后，其中部分学习方法如分类方法中的支持向量机、人工神经网络中的单层感知器及仅含一层隐藏层的感知器等，它的分类学习能力有限，仅适合于特征量少、分类类型不多的应用，这种通过数据学习的能力只能获得其中简单的、粗线条的、浅层次的知识而无法得到复杂的、细致的、深层次的知识，因此这种学习称为浅层学习(Shallow Learning)。如果可以应用浅层学习区分一个物体是为人，但是无法应用浅层学习区分每个不同的人(即人脸识别)，由于这种学习能力上的受限性，使得机器学习在较长一段时间内得不到重视并无法得到进一步发展。

那么，是否有办法改变这种状态呢？这就需要有一种能获得复杂的、细致的、深层次知识的学习方法，它就是深度学习(Deep Learning)。从理论上讲，它可以有以下两种方法：

1. 对浅层学习方法扩充

浅层学习中的层次往往比较浅，如人工神经网络中的单层感知器及仅含一层隐藏层的感知器等，此时可增加隐藏层，由一层增加至两层、三层，甚至 n 层。从理论上讲这是可行的，但实际上，由于隐藏层增加而引起大量权重参数的增加，为解决此问题又必须加大训练数据的量，且这些数据必须为带标号的数据。在现实世界中带标号的数据是较难获得的一种数据，大量这种数据的获得显然是做不到的，因此最终的结果必然造成了过拟合的现象的出现。什么是过拟合呢？就是学习中的一些特性值出现错误，从而导致学习结果的错误。因此这种方法在实际应用中并不可取。

2. 对浅层学习方法进行重大改造

另一种方法是在浅层学习方法基础上进行重大改造，其目标方向是使改造后的模型权重数量增加并不很多，同时带标号的数据量也增加并不多，或者可用大量易于获得的不带标号的数据替换带标号的数据，这种方法显然是具有实用性与可行性。这就是所谓的深度学习方法。

因此在浅层学习方法基础上，近年来机器学习研究者大量致力于深度学习方法的研究并取得了突破性的成果。

7.2 深度学习概述

对深度学习的研究来源于人类大脑对视觉、听觉反应与接受的机理的研究而来，其最初研究起源于20世纪末期。2006年，加拿大机器学习专家Geoffrey Hinton教授在*Science*上发表论文，提出了深度学习的基本思路与观点，此后若干专家进一步研究，得到了深度学习的一些共同观点：

(1)特征提取与选择：在一般机器学习中，大量的样本数据是重要的前提，但在图像处理、语音处理及文字识别应用中，样本获取是极其困难的，此时它所呈现的数据形式是用点阵表示的，需要通过点阵自动取得相应的特征值以取代样本，是实现这些学习的基本关键，是深度学习需要解决的首要问题，它称为特征提取与选择。

(2)特征的分层提取：在特征的提取中一般遵循由粗到细、由具体到抽象逐层提取的原则。例如在一辆摩托车的图像识别中，一个点阵形式的摩托车图像是无法识别的，只有将其逐步细化及抽象化后，才能辨认出一个把手及两个轮子等特征，从而识别摩托车。

(3)特征的分块提取：在特征的提取中遵循由局部到全局的分块提取原则，即在点阵式表示中将其划分成若干个大小一致的点阵小方块，以小方块为单位逐个特征提取，最后将分块所提取的特征组合成整体。

(4)特征选择：随着特征的提取，还需要对特征作选择。在特征选择中一般遵循由多到少、由分散到聚合的选择原则。如在摩托车图像识别中，在初始阶段往往会出现很多非本质性的特征，经过逐层选择，将众多特征由多到少、由分散到聚合成少量本质性的特征。

(5)特征提取可采用不带标号数据的非监督学习方式实现。

(6)整个深度学习是由不带标号数据的非监督学习完成特征提取与选择，以及带标号数据的监督学习完成分类这两个部分实现的。

(7)深度学习是由非监督学习与监督学习共同完成的，其中大量的不带标号数据需完成特征提取与选择，然后用较少量的带标号数据的监督学习完成最终的分类学习。

深度学习是一个统称，深度学习并不等于深度神经网络，但深度神经网络目前是深度学习的一种最主要方法。深度学习从形式上看，数据在这个多层结构中逐层传播最后得到高抽象度的表达；从内容上讲，对数据局部特征进行多层次的抽象化的学习与表达。

深度学习能够挖掘出存在于数据之间高度内在隐含的关系。深度学习作为一种新的机器学习方法，通过对深层非线性网络结构的监督学习，实现对复杂函数参数的高度近似值的获得，并具有强大的从有限带标号样本集合中学习问题本质的能力。这种特性更有利于深度学习对视觉、语音等信息进行建模，进而能更好地对图像和视频进行表达和理解。

深度学习首先是完成含很多隐含层的学习模型的构建，然后从大量的训练数据中学习得到特征,从而改善分类或预测任务的准确度,即通过"深度模型"这个手段来实现"特征学习"的目的。与传统的浅层学习相较而言,深度学习不仅着重突出了模型结构的深度,包含更多的隐含层,另外将样本特征经逐层变换到新的另外一个特征空间,从而更有利于分类或预测任务。深度学习是从大数据中学习得到特征,这种方式能够得到数据的更多本质特性。

大约30年前,人工神经网络曾是机器学习领域特别热门方向,但后来却慢慢退出,其原因是一方面较易于过拟合,较难于参数调整;另一方面,训练速度较慢,在层次少时效果不如其他方法。

深度学习与传统人工神经网络之间有很多异同点。以神经网络为例。首先,二者都采用了具有相似分层结构的神经网络,系统都是由输入层、隐含层和输出层组合而成的多层次网络结构,仅相邻层间的结点间有连接,这是它的相同点。其次,在深度神经网络中运用的学习算法思路是:用无监督算法实现对网络模型的预训练(Pre-training),对网络模型参数初始化;最后,通过监督学习算法对网络模型参数进行微调,这是其不同点。目前,深度学习的代表网络是卷积神经网络(Convolutional Neural Networks,CNN)。

深度学习使用不同的训练机制来克服神经网络在训练方面的不足。传统神经网络采用反向传播的方式,就是通过迭代算法来训练整个网络,随机初始化来计算网络的输出,然后根据输出与标签的差反向微调各层的参数,直至收敛(梯度下降法)。而深度学习结构的层数较多,若采用反向传播,随着传播残差越变越小,容易导致产生梯度弥散或者陷入局部极值等问题,因而深度学习采用逐层训练机制。具体就是采用无标签数据作分层对每一层的参数进行预处理,这也是和传统神经网络的参数随机初始化区别最大的地方,这是一种正向传播处理,然后通过对模型反向传播处理来进一步地对每层参数进行优化。

深度学习模拟人类的感知机理,可以从数据中无监督学习到具有一定语义的特征,它的应用对象包括语音、图像和视频,还有文本、语言以及其他语义信息。随着深度学习在学术界的持续升温,许多领域都出现了深度学习技术的研究及应用成果,2011年微软在语音识别领域取得重大突破,其采用深度学习技术使得语音识别错误率降低了两到三成;2012年,Google的Google Brain项目构建出一个具有自动学习能力、很好地识别准确度的神经网络,且成功应用于安卓的语音识别系统;而百度也依靠深度学习技术在语音识别方面取得了超越以往的提升。

深度学习在计算机视觉的成就更是引人注目。2010年开始的大规模视觉识别比赛在ImageNet数据库上进行,ImageNet数据库是用来测试深度学习系统计算机视觉(自动识别图像)能力的数据库,在这个数据库上进行的比赛体现了计算机识别技术的最高水平。2012年10月,Hinton使用深度学习中的CNN方法优化分类结果,在ImageNet大规模视觉识别挑战赛上,获得图像识别第一名,大大减少了错误率,提高了图像分类的性能。在ImageNet 2014大规模视觉识别比赛中,CNN已经得到了广泛的应用,其中错误率只有6.656%的最优算法也源自CNN。

2012年,谷歌研发出来的虚拟人脑及其相关研究成果成为全球的关注热点,其训练出具有模拟部分人脑功能的深度神经网络,令机器具有一定的自主学习能力,表明了仅由无标签数据训练出分类器的可行性,成为AI领域的一个里程碑。这个网络使用16 000个计算结点,将网络视频作为训练集,用了3天时间训练得到9层深度自编码器网络,该网络能够模拟人脑的部分功能,如在无标签情况下,当输入"猫"的图像时,网络中的部分结点会有很强的响应,而当输入其他概念时,其他结点也会产生强烈的响应。实验证明,这些结点的响应并不受输入图像的旋转、平移等变化的影响。这个著名的项目证明,通过无标签的样本来训练某一类别的分类器是可行的。

综上所述,深度学习强大的学习能力正在引领行业进行变革,而深度学习的一些成果也已经渗透生活的各个角落。在图像、自然语言、语音识别及语言翻译等方面,作为核心技术的深度学习大幅提升了各类信息服务质量,引发的数据智能对信息产业产生极大的影响。它正在逐渐变为一项通用的、基础的核心技术,将对互联网、智能设备、自动驾驶、生物医药等领域产生重大的影响。

7.3 卷积神经网络

本节介绍深度学习的典型代表卷积神经网络CNN,其内容包括卷积神经网络的原理、结构、实例、训练及特点等。

7.3.1 卷积神经网络的原理

在各种深度神经网络中,CNN是应用最广泛的一种,是1989年由Yann LeCun等人提出的。CNN在早期被成功应用于手写字符图像识别。2012年更深层次的AlexNet网络取得成功,此后CNN蓬勃发展,被广泛用于各个领域,在很多问题上都取得了最好的性能,在多个领域的应用中相当成功。

CNN是深度学习的一种,因此具有深度学习的共同特性。它们在CNN中通过以下方法实现:

(1)CNN在功能上完成特征学习能力与分类学习能力。

(2)CNN在结构上是一种多层BP神经网络,它由两部分组成,其中之一是通过多个隐藏层以获取特征学习能力;另一个是由一个隐藏层的BP网络完成分类学习能力。这两者的有机结合组成了一个完整的CNN。

(3)CNN获取特征学习能力的隐藏层是通过卷积层与池化层等实现的,在此中可使用不带标号的数据进行训练。以卷积层与池化层所组成的隐藏层是有多个层次的,它们通过多层操作完成特征的提取与选择。其中,卷积层完成特征的提取,池化层完成特征的选择。

(4)CNN的卷积层结构完全采用传统BP神经网络中的隐藏层结构形式,而池化层结构则采用对图像某一个区域用一个值代替的形式。

(5)CNN通过局部感受区域(或称为感受野)作为网络的输入,形成多个卷积核所组成的卷积层,并在后期再将其组合成全连接层。全连接层即传统 BP 神经网络中的隐藏层。它完成了由局部到全局的过程。

(6) CNN 是由多个层组织而成的,包括输入层、卷积层、池化层、全连接层、输出层。

(7)在卷积层和池化层中可以用无标号数据训练;而输入层、全连接层、输出层则是一个 BP 网络,它需要用带标号数据训练。

(8)由多个层次所组成的 CNN 从输入的图像开始进入多个卷积层(与池化层),每过一层都经历了“去粗取精,去伪存真”的过程,得到一个比上一层更为浓缩、特征更为明显的图,称为特征图。在卷积层中,前面的卷积层捕捉图像局部、细节信息,后面的卷积层捕获图像更复杂、更抽象的信息。经过多个卷积层的运算,最后得到图像在各个不同尺度的抽象表示。

CNN 结构起源于模拟人脑视觉皮层中的细胞之间的结构原理,人类大脑的视觉皮层具有分层结构,其观察事物是由局部到全局的过程。因此,CNN 适用于计算机视觉领域应用以及图像处理领域应用中,此后,经不断改进,同时也适用于声音、文字等领域应用中。

7.3.2　卷积神经网络的结构

卷积神经网络结构按顺序为:输入层—卷积层—池化层—…—卷积层—池化层—全连接层—输出层。

1. 卷积神经网络输入层

卷积神经网络的输入层可以处理多维数据,常见的有二维卷积神经网络的输入层接收二维或三维数组;三维卷积神经网络的输入层接收四维数组。

由于使用梯度下降进行学习,卷积神经网络的输入特征需要进行标准化(或称规范化)处理。具体地,在形成学习数据输入卷积神经网络前,需对输入数据进行规范化,如输入数据为像素,可将分布于[0,255]的原始像素值规范化至[0,1]区间。

2. 卷积神经网络隐藏层

卷积神经网络的隐藏层包含卷积层、池化层和全连接层 3 类常见结构。其中,卷积层和池化层为卷积神经网络所特有。

1)卷积层(Convolutional Layer)

(1)卷积核(Convolutional Kernel)。卷积层的功能是对输入数据进行特征提取,为此需引入核函数并组成卷积核。核函数能将低维空间不能直接通过线性分类的特征向量通过它映射到高维特征空间,从而达到分类目的。核函数是一些非线性变换,常用的有:多项式核函数、高斯核函数、Sigmoid 核函数等。

卷积层内部包含多个卷积核(见图 7.1),它由前一层特征图中的一个区域(称为感受野)通过核函数映射组成卷积核,其每个元素都对应一个权重系数和一个偏差量,它是一个人工神经网络的神经元。

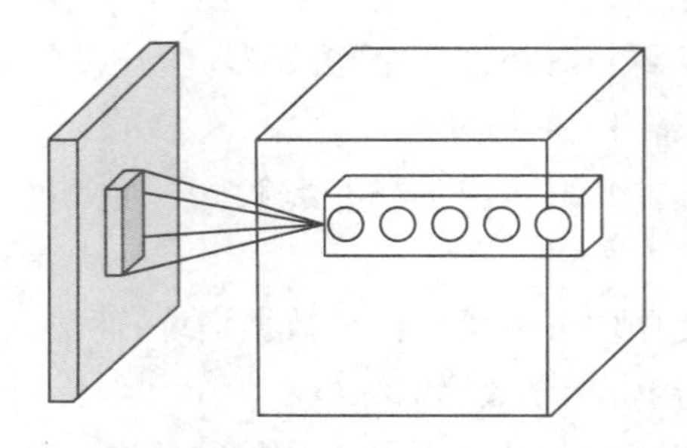

图7.1 卷积层(棕色)有多个卷积核,卷积核从感受野(白色)通过核函数经计算而成

(2)卷积层计算。卷积层内每个神经元都与前一层特征图中多个区域中的神经元相连,区域的大小取决于卷积核的大小(即感受野)。卷积核在工作时规律地扫描输入特征图,在感受野内对输入特征图做矩阵元素乘法求和并叠加偏差量:一般地,卷积层中神经元的计算方法如式(7.1)所示。

$$x_j^l = f\left(\sum_{i \in N_j} x_i^{l-1} \times k_{ij}^l + b_j^l\right) \tag{7.1}$$

式中,l为网络层数;k为卷积核;N_j为输入层的感受野;b为每个输出特征图的偏置值。

卷积层计算中,卷积核对局部输入数据进行卷积计算。每计算完一个数据窗口内的局部数据后,数据窗口不断平移滑动,直到计算完所有数据。这个过程涉及以下几个概念:

①深度:深度表示卷积层神经元所对应的输入特征图感受野尺寸,它也是卷积核的尺寸。

②步长:卷积核每次卷积操作移动的距离,决定卷积核移动多少次到达特征图边缘。

③填充值:在卷积层输入的外围边缘补充若干0,方便从初始位置以步长为单位可以刚好移动到末尾位置。

这三者共同决定了卷积层输出特征图的尺寸大小。其中卷积核深度可以指定为小于输入图像尺寸的任意值。卷积步长定义了卷积核相邻两次扫过特征图时位置的距离,卷积步长为1时,卷积核会逐个扫过特征图的元素,步长为n时会在下一次扫描跳过$n-1$个像素。

由卷积核的交叉相关计算可知,随着卷积层的堆叠,特征图的尺寸大小会逐步减小,如16×16的输入图像在经过单位步长、无填充的5×5的卷积核后,会输出12×12的特征图。为此,填充是在特征图通过卷积核之前人为增大其尺寸以抵消计算中尺寸收缩影响的方法。常见的填充方法为按0填充。图7.2所示是一个卷积核中图像按0填充的图例。

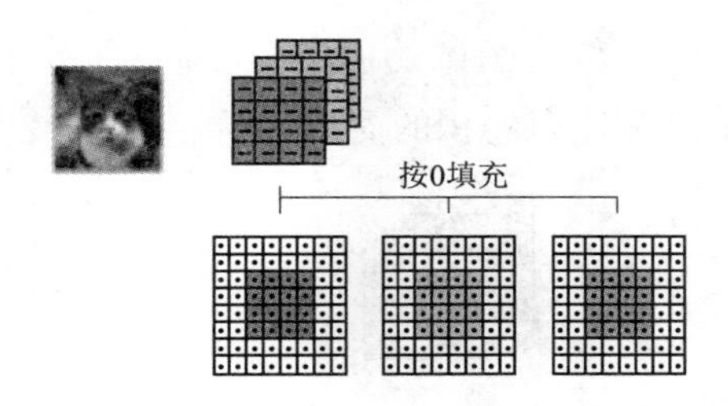

图7.2　卷积核中图像按0填充

卷积操作计算的过程相当于矩阵中对应位置相乘再相加的过程，其图像表示如图7.3所示，图中Input为卷积层输入，Kernel为卷积核，Output为卷积层输出。

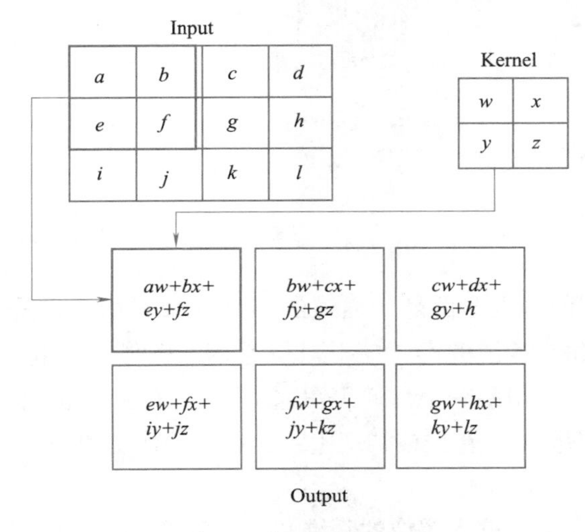

图7.3　卷积操作示意图

（3）激活函数（Activation Function）。卷积层中包含激活函数f以表达复杂特征。卷积运算显然是一个线性操作，而神经网络要拟合的是非线性的函数，因此需要添加激活函数。

常用的激活函数是Sigmoid函数、tanh函数以及ReLU函数等。

经过卷积运算之后，图像尺寸变小了。也可以先对图像进行扩充，如在周边补0，然后用尺寸扩大后的图像进行卷积，保证卷积结果图像和原图像尺寸相同。另外，在从上到下，从左到右滑动过程中，水平和垂直方向滑动的步长都是1，也可以采用其他步长。

前面是单通道图像的卷积，输入的是二维数组。实际应用时通常是多通道图像，如RGB彩色图像有三个通道，另外由于每一层可以有多个卷积核，产生的输出也是多通道的特征图像，此时对应的卷积核也是多通道的。具体做法是用卷积核的各个通道分别对输入图像的各个通道进行卷积，然后把对应位置处的像素值按照各个通道累加。

由于每一层允许有多个卷积核，卷积操作后输出多张特征图像，因此第L个卷积层的卷积核通道数必须和输入特征图像的通道数相同，即等于第 $L-1$ 个卷积层的卷积核的个数。图 7.4 所示是多通道卷积的简单例子。

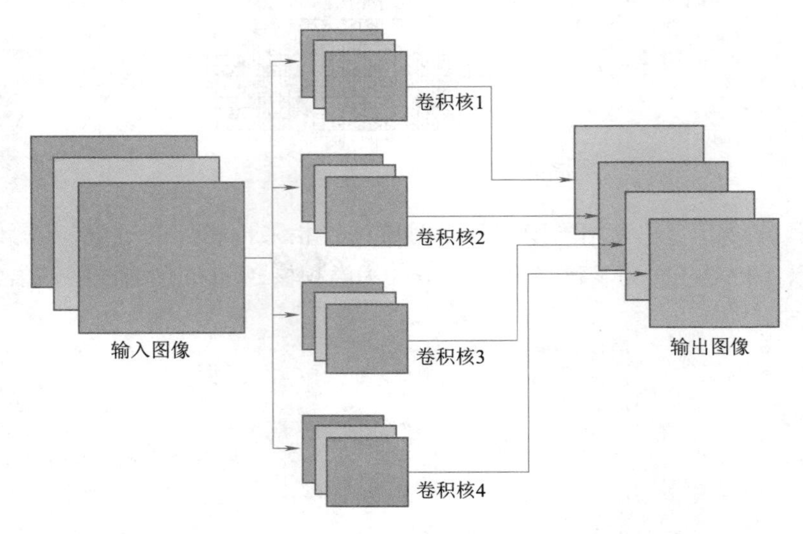

图 7.4　多通道卷积

图 7.4 中卷积层的输入图像是 3 通道的，对应的，卷积核也是 3 通道的。在进行卷积操作时，分别用每个通道的卷积核对对应通道的图像进行卷积，然后将同一个位置处的各个通道值累加，得到一个单通道图像。图中，有 4 个卷积核，每个卷积核产生一个单通道的输出图像，4 个卷积核共产生 4 个通道的输出图像。

2）池化层（Pooling Layer）

通过卷积操作，完成对输入图像的降维和特征抽取，但特征图像的维数还是很高。维数高不仅计算耗时，而且容易导致过拟合。为此引入了下采样技术，又称池化操作。池化的做法是对图像的某一个区域用一个值代替，除了降低图像尺寸之外，下采样带来的另外一个好处是平移、旋转不变性，因为输出值由图像的一片区域计算得到，对于平移和旋转并不敏感。典型的池化有以下两种：

- 最大池化：遍历某个区域的所有值，求出其中最大的值作为该区域的特征值。
- 均值池化：遍历并累加某个区域的所有值，将该区域所有值的和除以元素个数，也就是将该区域的均值作为特征值。

图 7.5 所示是一个 2×2 卷积核所作最大池化。

池化层选取池化区域与卷积核扫描特征图步骤相同，即池化大小、步长和填充。在池化层中常用表示形式如式（7.2）所示。

$$x_j^l = f(\beta_j^l \mathrm{down}(x_j^{l-1}) + b_j^l) \tag{7.2}$$

式中，$\mathrm{down}(x)$ 为池化函数；β 为权重系数；b 为偏置。

池化层的目的是减小特征图，池化规模一般为 2×2，但也可根据网络需求改变。

池化层的具体实现是在进行卷积操作之后对所得到的特征图像进行分块，图像被划分成不相交块，计算这些块内的最大值或平均值，得到池化后的图像。

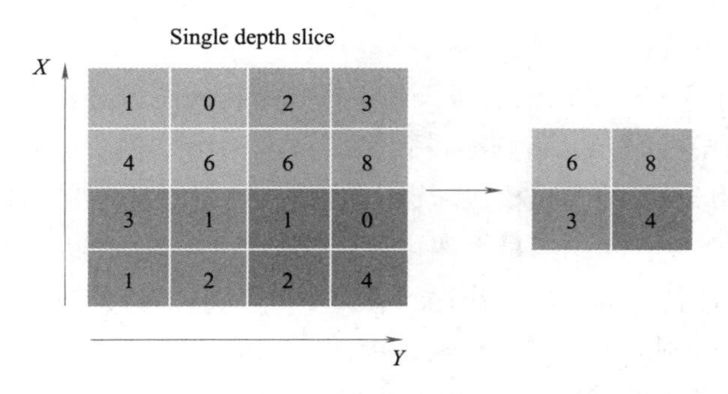

图7.5　使用2×2卷积核作最大池化

均值池化和最大池化都可以完成下采样操作，前者是线性函数，后者是非线性函数，一般情况下最大池化有更好的效果。

3）全连接层（Fully－connected Layer）

卷积神经网络中的全连接层相当于传统BP神经网络中的隐藏层。全连接层通常设置在卷积神经网络隐藏层的最后部分。特征图在全连接层中被展开成为向量，并通过激活函数传递至下一层。

3. 卷积神经网络输出层

卷积神经网络中输出层的前一层通常是全连接层，因此其结构和工作原理与传统BP神经网络中的输出层相同。对于图像分类问题，输出层使用规范化指数函数输出分类标签。

最后可得到CNN结构如图7.6所示。

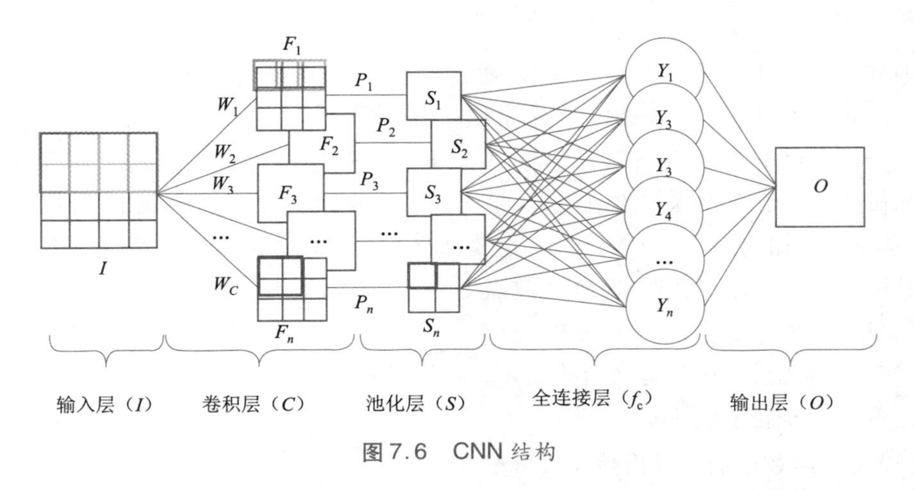

图7.6　CNN结构

图中，W_n表示卷积核，F_n为卷积层得到的特征，P_n表示池化方式，S_n为池化后得到的特征，Y_n为全连接层输出的特征值。

7.3.3　卷积神经网络结构的模型实例

由于卷积神经网络结构比较复杂，因此下面举例介绍卷积神经网络的具体结构。

图7.7所示为一个卷积神经网络的例子，由1个输入层、2个卷积层、2个池化层、1个全连接层、1个输出层组成。其结构如下：

（1）输入大小为 488×488 的图像。

（2）C1 层使用 3×3 的卷积核，步长为 1 像素对输入图像进行卷积操作，然后使用 2×2 的卷积核对结果进行最大池化，得到 32 个 162×162 的特征图。

（3）S2 层使用 3×3 的卷积核，步长为 1 像素对 C1 层的输出图像进行卷积操作，然后使用 2×2 的卷积核对结果最大池化，得到 64 个 81×81 的特征图。

（4）C3 层和 S4 使用同样的操作得到 512 个 10×10 的特征图。

（5）C5 和 F6 分别对上一层进行全连接，得到 2 048 维的向量。

（6）输出高斯映射的特征图。

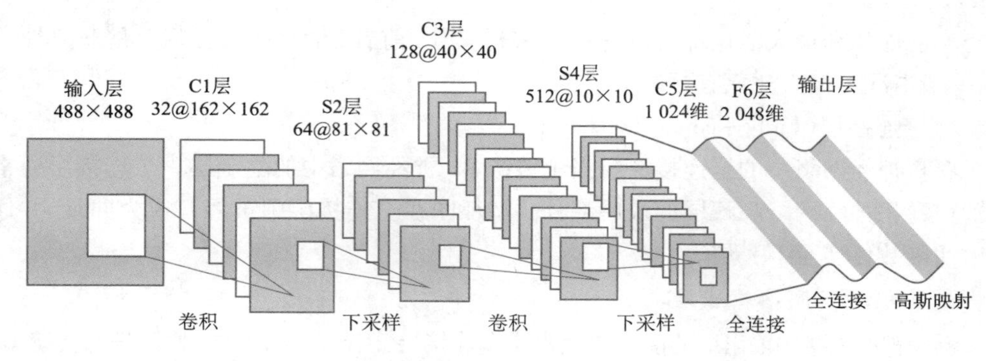

图 7.7　卷积神经网络的例子

7.3.4　卷积神经网络的训练

训练 CNN 的目的是寻找一个模型，通过学习样本，这个模型能够记忆足够多的输入与输出映射关系。模式识别中，神经网络的有监督学习是主流，无监督学习更多用于聚类分析。对于 CNN 的有监督学习，本质上是一种输入到输出的映射，在无须任何输入和输出间的数学表达式的情况下，学习大量的输入与输出间的映射关系，简而言之，就是仅用已知的模式对 CNN 训练使其具有输入到输出间的映射能力。其训练样本集是标签数据。除此之外，训练之前需要一些“不同”（保证网络具有学习能力）的“小随机数”（权值太大，网络容易进入饱和状态）对权值参数进行初始化。

CNN 的训练过程可分为前向传播和反向传播两个阶段。

1. 第一个阶段，前向传播

（1）将初始数据输入卷积神经网络中。

（2）逐层通过卷积、池化等操作，输出每一层学习到的参数，$n-1$ 层的输出作为 n 层的输入。上一层的输入 x^{l-1} 与输出 x^l 之间的关系如式（7.3）所示。

$$x^l = f(W^l x^{(l-1)} + b^l) \tag{7.3}$$

式中，l 为层数；W 为权值；b 为一个偏置；f 是激活函数。

（3）最后经过全连接层和输出层得到更显著的特征。

2. 第二个阶段，反向传播

（1）通过网络计算最后一层的偏差和激活值。

(2)将最后一层的偏差和激活值通过反向传递的方式逐层向前传递,使上一层中的神经元根据误差来进行自身权值的更新。

(3)根据偏差进一步算出权重参数的梯度,并再调整卷积神经网络参数。

(4)继续第(3)步,直到收敛或已达到最大迭代次数。

对于CNN的学习,实质上是"预训练+监督微调"的模式,预训练采用逐层训练的形式,就是利用输入/输出对每一层单独训练。其训练样本集是大量的无标号数据,它们可以较容易得到。预训练之后,再利用较少量的标号数据(它们的获得需昂贵代价),对权值参数进行微调。这种自学习方法能够通过使用大量的无标号数据来学习得到所有层的最佳初始权重,然后再用少量的标号数据对权值参数进行微调,从而得到的模型。相比于仅用有监督学习所得到的模型更好。

7.3.5　卷积神经网络的特点

CNN有着以下几个优势与特点:

(1)CNN拥有局部权值共享的特点,且布局更接近于实际生物神经网络结构。权值共享可大大减少训练参数,令神经网络结构更简单,适应性更强。

(2)可以直接从传感器输入的点阵数据自动生成相应特征值。

(3)特征提取和模式分类可以同时进行,且同时在训练中产生。

(4)CNN中使用大量的、易于获得的无标号数据作学习得到所有层的最佳初始权重,然后再用少量的、代价昂贵的标号数据对权值参数进行微调,从而得到的模型。相比于仅用有监督学习所得到的模型更好。

(5)网络的结构适合于对图像、语音处理以及文字分析和语言检测等领域应用,以及其他相似领域应用。

小　　结

(1)传统机器学习属浅层学习,它存在很多不足,使得应用进展受阻。本章是在浅层学习基础上进一步深入讨论,引入深度学习,以及深度学习的典型代表网络——卷积神经网络。本章即讨论深度学习及卷积神经网络。

(2)传统机器学习属浅层学习,其分类学习能力有限,仅适合于特征量少、分类类型不多的应用,这种通过数据学习的能力只能获得其中简单的、粗线条的、浅层次的知识而无法得到复杂的、细致的、深层次的知识,因此这种学习称为浅层学习。

(3)深度学习的目标方向是使模型权重数量增加并不很多,同时带标号的数据量也增加并不多,或者可用大量易于获得的不带标记的数据用以替换带标号的数据,其共同的观点是:

①特征提取与选择:在机器学习中如图像处理、语音处理及文字识别应用中,样本获取是极其困难的,此时它所呈现的数据形式是用点阵表示的,需要通过点阵自动取得相应的特征值以取代样本,称为特征提取与选择。

②特征的分层提取:在特征的提取中一般遵循由粗到细、由具体到抽象逐层提取的原则。

③特征的分块提取:在特征的提取中遵循由局部到全局的分块提取原则,即在点阵式表示中将其划分成若干个大小一致的点阵小方块,以小方块为单位逐个特征提取,最后将分块所提取的特征组合成整体。

④特征选择:随着特征的提取,还需要对特征作选择。在特征选择中一般遵循由多到少、由分散到聚合的选择原则。经过逐层选择,将众多个特征由多到少、由分散到聚合成少量本质性的特征。

⑤特征提取可采用不带标号数据的非监督学习方式实现。这种学习采用分层结构。

⑥整个深度学习是由不带标号数据的非监督学习完成特征提取与选择,以及带标号数据的监督学习完成分类这两个部分实现的。

⑦深度学习是由非监督学习与监督学习共同完成的,其中需大量的不带标识号数据的完成特征提取与选择,然后用较少量的带标识号数据的监督学习完成最终的分类学习。

(4)卷积神经网络 CNN 是深度学习的一种,具有深度学习的共同观点。它们在 CNN 中通过下面的方法实现:

①CNN 在功能上完成特征学习能力与分类学习能力。

②CNN 在结构上是一种多层 BP 神经网络,它由两部分组成,其中之一是通过多个隐藏层以获取特征学习能力;另一个是由一个隐藏层的 BP 网络完成分类学习能力。

③CNN 中获取特征学习能力的隐藏层是通过卷积层与池化层等实现的,在此中可使用不带标号的数据作训练。以卷积层与池化层所组成的隐藏层是有多个层次的,它们通过多层操作完成特征的提取与选择。其中,卷积层完成特征的提取,池化层完成特征的选择。

④CNN 的卷积层结构完全采用传统 BP 神经网络中的隐藏层结构形式,而池化层结构则采用对图像的某一个区域用一个值代替的结构形式。

⑤CNN 通过局部感受区域(或称为感受野)作为网络的输入,形成多个卷积核所组成的卷积层,并在后期再将其组合成全连接层。全连接层即传统 BP 神经网络中的隐藏层。它完成了由局部到全局的过程。

⑥一个 CNN 是由多个层所组织而成的,包括输入层、卷积层、池化层、全连接层、输出层。

⑦在卷积层和池化层中可以用无标号数据训练;输入层、全连接层、输出层是一个 BP 网络,需要用带标号数据训练。

⑧CNN 从输入的图像开始,每过一层都经历了"去粗取精,去伪存真"的过程,得到一个比上一层更为浓缩、特征更为明显的图,这种图称为特征映射图。

(5)一个 CNN 是由多个层所组织而成的,其结构顺序是:输入层、卷积层、池化层……卷积层、池化层、全连接层、输出层。其中,卷积层和池化层可以用无标记数据训练,输入层、全连接层、输出层是一个 BP 网络,它需要用带标号数据训练。

(6)CNN 的训练过程可分为前向传播和反向传播两个阶段:

①第一个阶段,前向传播:

a. 将初始数据输入卷积神经网络中。

b. 逐层通过卷积、池化等操作,输出每一层学习到的参数。

②第二个阶段,反向传播:

a. 通过网络计算最后一层的偏差和激活值。

b. 将最后一层的偏差和激活值通过反向传递的方式逐层向前传递,使上一层中的神经元根据误差来进行自身权值的更新。

c. 根据偏差进一步算出权重参数的梯度,并再调整卷积神经网络参数。

d. 继续第 c 步,直到收敛或已达到最大迭代次数。

(7)CNN 有着以下几个特点:

①CNN 拥有局部权值共享的特点。

②可以直接从感知器输入的点阵数据自动生成相应特征值。

③特征提取和模式分类可以同时进行,且同时在训练中产生。

④使用大量的、易于获得的无标号数据学习得到所有层的最佳初始权重,然后再用少量的、代价昂贵的标号数据对权值参数进行微调,从而得到的模型。相比于仅用有监督学习所得到的模型更好。

⑤CNN 的结构适合于对图像、语音处理以及文字分析和语言检测等领域应用以及其他相似领域应用。

习题 7

7.1 什么是浅层学习？它存在哪些不足？请具体说明。

7.2 什么是深度学习？它有哪些特性？请具体说明。

7.3 请说明卷积神经网络的原理。

7.4 请说明卷积神经网络的结构。

7.5 请说明卷积神经网络的训练过程。

7.6 卷积神经网络有哪些特点？请说明之。

7.7 请说明卷积神经网络的主要应用领域。

第8章 知识获取之知识图谱方法

8.1 知识图谱中的知识获取概述

自21世纪以来计算机网络及互联网的发展给人工智能带来了新的生机，其中之一就是利用互联网中海量数据用一种简单的表示方法将其直接改造成知识，这就是知识图谱表示的方法。2012年Google公司首先推出知识图谱表示方法，接着，在维基网站中利用它建立了维基百科（WiKipedia），自此以后，各类著名网站相继推出各自的知识图谱，如微软的Probase、百度知心、搜狗知立方等，一时之间在互联网中知识图谱遍地开花，出现了众多的基于知识图谱的知识库应用系统。同时也在知识应用中发挥了重大的作用。目前，知识图谱已成当前较为流行的知识表示方法。同时它还带动了知识工程与专家系统，使它们的发展重获新生，成为新一代人工智能的一个重要标志。

用知识图谱获取知识的方法有别于前面几种方法，其主要思想是充分利用互联网中的海量数据资源，通过注入语义信息后将其改造成为知识。这种方法可以用简单的手段，快速、自动获得大量知识，从而使得知识获取自动生成，非常方便、有效。

在本章中，分成以下四部分对用知识图谱获取知识的一些问题作较为详细的介绍。

（1）知识图谱中的知识获取方法。

（2）著名的知识图谱介绍。

（3）知识图谱中的知识存储。

（4）知识图谱的应用。

8.2 知识图谱中的知识获取方法

1. 互联网中的数据

为讨论知识图谱中的知识获取，首先得从互联网中的数据谈起。它一般有结构化数据、半结构化数据及非结构化数据等三种，在网络中它们主要表现为Web、关系数据库、文本、图像、语音的形式，其间的关系是：

1）结构化数据

在网络中结构化数据主要表现为关系数据库及部分 Web 数据。由于结构化数据的规范性，因此这种数据的知识化较为容易。

2）半结构化数据

在网络中半结构化数据主要表现为 Web 数据。由于半结构化数据的规范性不足，因此这种数据的知识化较为困难。

3）非结构化数据

在网络中非结构化数据主要表现为 Web 数据、文本、图像、语音的形式。由于非结构化数据的规范性不足，因此这种数据的知识化也较困难。

2. 互联网中数据的知识化

为实现互联网中数据的知识化，必须具备以下两个先决条件：

1）数据的语义化

计算机中的数据是没有语义的，包括互联网上的数据也是如此。例如数据“18”“代代红”即是两个没有任何意义的数据，只有赋予语义后才能成为人们所理解的知识。当18 赋予饮料价格语义后，就表示为“饮料价格为 18 元”，当代代红赋予饮料品牌语义后，就表示为“代代红饮料品牌”再进一步，当“饮料价格为 18 元”与“代代红是饮料品牌”相关联后就表示：“代代红饮料品牌价格为 18 元”。这就成为一种知识了。

因此，数据的知识化的首要条件是数据语义化。

2）语义的表示

在人工智能中语义是需要用统一、规范的形式表示的，这就是知识表示。对不同条件与不同环境中需用不同的表示方法，而面对网络数据的语义化环境，其表示的最佳方法就是知识图谱，它形式简单，表示的内涵丰富。如上面的“代代红饮料品牌价格为 18 元”中，可用知识图谱表示如下：

三个实体“18”、“代代红”及“饮料”，它们之间有三个关系（其中两个是属性）：

（品牌，饮料，代代红）；

（价格，饮料，18）；

（饮料价格，代代红，18）。

它们也可以用有向图的方法表示如图 8.1 所示。

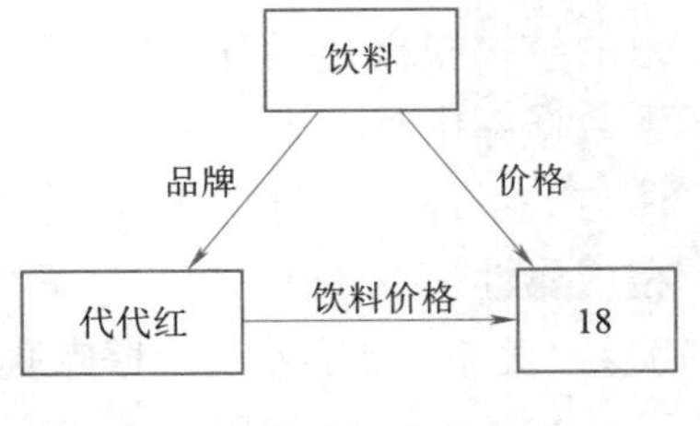

图8.1 知识图谱有向图表示

有了这两个条件后就可以将网络中的大量数据转换成用知识图谱表示的大量知识。

3. 四种数据的知识化方法

常用的数据知识化方法有以下四种：

1）人工方法

在知识图谱发展的初期，大量的数据知识化方法都是由人工标注的，即用人工手段对数据标注语义，并最终获得用知识图谱表示的知识。如维基百科的生成即是大量的由专业人士及网上志愿者群体用人工方法完成的。

2）自动方法

随着人工智能的技术发展，特别是机器学习的发展，通过对网络中网页、文本数据及数据库数据使用抽取、分类、聚类及关联等多种方法，获取数据中的语义，并用知识图谱表示。它们可以用工具方法自动完成。目前常用的就是这种方法，它们构成了知识图谱方法推理引擎的主体部分。

3）融合方法

目前尚有一种常用的方法是直接使用网络上现有的知识图谱，对它们作抽取与重组再适当增补从而可以融合成新的知识图谱。这也是一种自动完成的方法，但比较简单、有效。在这方面，维基百科起到了关键性的作用。由于它是网络上第一个系统、完整的知识图谱，因此接下来的几个知识图谱都是建立在它的基础上的，如著名的大型通用知识图谱 Freebase 和 DBpedia 都是建立在维基百科中 Infobox 之上的。目前，在网络上已有更多的知识图谱，充分利用它们已建立的知识融合已成为当前一种主要的流行方法。这种方法也构成了知识图谱方法推理引擎的一部分。

4）推理方法

除了上面这三种方法以外，还有一种辅助性的方法，就是推理方法。由于在网络上所组成的知识图谱实际上都是知识库。对知识库可以作演绎性推理，以获得更多的知识。由于知识图谱方法中并没有推理的功能，因此这种推理可使用谓词逻辑中的知识推理方法实现。这种推理方法在知识图谱方法中对知识库起到了知识补缺的作用。此外，在知识图谱的应用中，推理还可用于自动问答与自动推荐中。

上面四种方法组成了完整的基于知识图谱的知识库，而其中大量使用由计算机编程所得的软件工具，它们都是知识获取的知识引擎。

4. 自动方法的实现

在四种数据的知识化方法中，主要以自动方法为主，简单介绍其实现。

1）结构化数据

网络中的结构化数据主要是关系数据库及网页中的表格数据。这些数据都有规范的结构模板，它们都带有语义，一般称为模式（Schema）。以关系数据库为例。在关系数据库中有一个数据字典，它存放数据库中的带语义的数据模式。知识图谱中的实体与关系都可通过它获得。其中“实体”即是关系数据库实体表中的实例（Instance）及相应属性（Attribute）值。一元关系“属性”即是实例与其中的属性值间的关系，而二元关系“关系”即是关系数据库联系表中的实例。

2）非结构化数据

非结构化数据即是网页中的文本数据。这种数据的知识化较为困难，它需要使用自然语言理解中的词法分析、句法分析、语义分析等多种方法，涉及的人工智能知识包括抽取、分类及关联等多种方法。其过程分为三个步骤：

①实体识别：使用自然语言理解中的词法分析，从文本中找出实体。

②实体消歧：作实体消歧。往往相同形式的实体但有不同语义，因而实际上是两个实体。如“特种兵”既可以是一种“兵种”，也可是一种椰汁饮品的“品牌”等，因此需要通过聚类方法实现实体消歧，所得到的实体是唯一的。

③关系抽取:关系抽取。它通过实体进行分类、关联,实现了实体的一元属性抽取以及两个实体间的二元关系抽取。

3)半结构化数据

半结构化数据是存在于网页中那些较为灵活结构的数据。它介于结构化数据与非结构化数据之间,因此所用数据的知识化方法也是根据情况,对结构化较强数据采用结构化数据的知识化方法,即固定模板方法,而对文本性强的数据则采用非结构化数据的知识化方法,即机器学习方法。

5. 知识图谱的特点

从上面所获取的知识图谱表示方法具有很多特点:

(1)知识图谱是人工智能应用中最基础的知识资源。

(2)知识图谱具有语义表达能力丰富的优点。

(3)知识图谱具有表达简捷的优点。

(4)知识图谱具有表示能力统一便于不同知识间的重组与融合。

(5)知识图谱的知识来自网络,来源单一、方便,容易大量获取。

(6)知识图谱采用图结构方式,易于存储与检索,同时也有利于高效推理。

8.3　著名的知识图谱介绍

目前知识图谱已经是人工智能应用中最基础的知识资源。近几年来,互联网中已有多种不同的知识图谱,它们为人工智能应用提供了最为基本的知识资源支持。下面就知识图谱分类以及各分类中著名的知识图谱作介绍。

8.3.1　知识图谱分类

1. 按性质分类

按性质分类可以将知识图谱分为:

1)通用的百科类知识图谱

这些知识图谱如维基百科、百度百科等多种具有广泛知识内容的知识图谱。它们应用广泛,使用范围宽。

2)领域类的知识图谱

这是一些专业性强、具有一定专业领域的知识图谱,如法律知识、金融知识等。

3)场景类的知识图谱

这是一些背景性知识,如申请贷款的办理流程知识、出国申办护照的手续等。

4)语言类的知识图谱

这是一些与语言有关的知识,如“分享”的英文表示为“share”,“余与我有相同含义”等。

5)常识类的知识图谱

这是一些为人们一致公认的知识,如“人有两条腿”“天下乌鸦一般黑”等。

2. 按层次分类

按知识图谱获取技术水平的先后可分为三个层次：

(1)原始层：即第一层。它是最早期、最原始以直接的方式从互联网上得到的知识图谱。以专业人员及大量志愿者群体以手工方式获取为主。这就是维基百科(WiKipedia)及垂直站点豆瓣电影中的知识图谱等。

(2)第二层：它是建立在以原始层为主的知识图谱上通过融合重组而成的，并辅以人工/自动获取手段。著名的如DBpedia、Freebase及YAGO等。

(3)第三层：随着人工智能与机器学习的发展，自动构建知识图谱的技术也日趋成熟，因此接下来的层次就是以自动工具为主要获取手段的知识图谱。著名的如WOE、NELL、ReVerb及Knowledge Vault等。

8.3.2 著名知识图谱介绍

知识库(包括知识图谱)是人工智能应用基础，因此在人工智能应用中必须了解目前常用的包括知识图谱在内的知识库的情况。下面介绍若干个著名的知识图谱(包括少量的非知识图谱知识库)。

1. Cyc

Cyc是一个历史悠久的知识库，始建于1984年，至今已有三十余年历史，它是一种百科性的常识知识库。用谓词逻辑形式表示，以人工方式搜集整理，包含50万个实体与3万个关系。其后续的改进版Open Cyc包含24万个实体与200万个关系。同时还有用于推理的规则。近年来开始采用自动构建方法，从网络文本化数据中抽取知识，并与知识图谱资源WiKipedia及DBpedia等关联，建立了与它们之间的链接。

2. 知网(HowNet)

知网是由董振东教授主持开发的语言认知/常识知识库。经多年开发与发展，目前已拥有800个以上的义原以及11 000个以上的词语。

3. ConceptNet

ConceptNet是一个开放的、多语言的语言类的知识图谱，主要用于描述对多种语言的单词意义的理解。目前主要应用于自然语言理解的领域中。

4. YAGO

YAGO是由德国开发的大型语义知识图谱知识库。它目前已拥有超过100万个实体与500万个关系的知识。它同时与WiKipedia及WordNet挂接，大大扩充了知识库的内容

5. DBpedia

DBpedia是从WiKipedia中的结构化数据(Infobox)抽取的知识所组成的百科型知识图谱知识库。它目前共有95亿个三元组，并支持127种语言。

6. Freebase

Freebase 是基于 WiKipedia 上并再使用群体人工方式的一个百科型知识图谱知识库。它共有 5 813 万个实体及 32 亿个实体关系三元组的知识图谱。它已于 2010 年 7 月被谷歌收购，并于 2015 年整体迁移到 WiKipedia 中。但它在知识图谱发展的过程中起到重要的作用。

7. NELL

NELL 是卡耐基梅隆大学所开发的一个“永不停歇”的学习系统。它每天不断执行阅读与学习两大任务，使用机器学习方法获得知识，并用知识图谱形式表示与存储，组成一个知识不断增长的知识库。自 2010 年起开始学习，经半年后就已获得 35 万个实体关系三元组。这是一个典型的自动以机器学习方法获得知识的知识图谱知识库。目前看来，它是一个研究性质的系统，其实用性有待进一步提高。

8. Knowledge Vault

Knowledge Vault 是 Google 公司于 2014 年创建的一个大型通用知识图谱知识库。与 Freebase 一样，它也是建立在 WiKipedia 上的，但所采用的辅助知识并不用人工方式而是用基于机器学习的自动方式，对 Freebase 与 YAKO 上的结构化数据集成融合。目前它已收集了超过 16 亿个知识三元组。

8.4 知识图谱中的知识存储

目前互联网上布满了各种知识图谱，它们都存储于特定的数据库内，这种数据库都有一定的特色：

- 都是互联网上的分布式数据库。这种数据库建立在互联网的多个结点上，呈数据分布式状态。
- 都具有图结构形式的数据库。这种图结构可用两种方式表示。一种是三元组方式，另一种是图方式，即是结点、边、属性的表示方式。

目前常用的有以下三种：

1. Freebase

Freebase 是谷歌公司最早开发的一种专用图数据库，它以图结构形式存储，用三元组的数据结构方式。这种结构形式易于知识的存储，但是不适合知识的查询与检索，因此目前使用已不普遍。

2. Neo4j

Neo4j 是一个开源的专用图数据库，它改进了 Freebase 的缺点，采用六元组的数据结构具有图方式，从而使得知识的查询效率得到明显的提升，它还有一个完备的知识查询语言，非常适合知识查询与检索。但是它对知识更新的效果较差，因此它是一个适合以查询为主的知识库。

3. NoSQL

NoSQL 是一种适合大数据的通用数据库标准体系，它有多种适合人工智能应用的数据结构,其中图结构与键值结构特别适合知识图谱的存储与应用,此外它还具有三元组表结构形式。它有完整的数据定义、操纵、查询及控制的功能以及相应的语言体系,操作效率高,适应面广。预计这种数据库将成为今后发展前途较远大的具有语义内容的数据库。此类数据库既是一种数据管理组织机构同时也兼具知识管理组织机构。基于这种标准体系,目前已开发出若干个相应的数据库。著名的如 Hbase 等。

8.5 知识图谱的应用

知识图谱目前普遍应用于知识搜索、自动问答及自动推荐等多领域,并且尚有更大的发展空间,如决策支持系统等。这种应用组成了新一代专家系统。这种专家系统是新一代人工智能的重要组成部分。

1. 知识搜索

由于知识图谱是一个知识库,它存储大量知识,用户可以通过查询所需的知识,由知识图谱中的搜索引擎启动搜索,在获得答案后将它返回给用户。如用户输入"陆汝钤",此时知识图谱启动对"陆汝钤"这个实体的搜索,在获得"陆汝钤"的相关网页后即输出相应有关"陆汝钤"的信息。

2. 自动问答

自动问答是通过知识图谱中的实体及其间的关系,经过关系的推理而得到答案。如在图 8.1 所示知识图谱中,用户输入"代代红价格",此时知识图谱启动这个实体与关系的搜索,先获得实体"代代红",接着获得关系:(饮料价格,代代红,18),通过此关系推理即可获得代代红的价格为 18 元。此后即输出此知识:"代代红价格为 18 元"。

3. 自动推荐

自动推荐是利用知识图谱中实体间的关系,将指定实体通过关系向用户推荐除指定实体外的其他相关联的实体作为推荐知识。如用户输入饮料代代红,此时知识图谱启动有关饮料代代红的相关关系,通过这些关系推理,可以获得相关的饮料"可口可乐""百事可乐""椰汁""雪碧"等作为推荐饮料。

小　　结

1. 用知识图谱获取知识的方法的特色

充分利用互联网中的海量数据资源,通过注入语义信息后将其改造成为知识。用这种方法可以用简单的手段,快速、自动获得大量知识,从而使得知识获取可以自动生成,非常方便、有效。

2. 知识图谱中的知识获取方法

(1) 知识获取来源:来自互联网中的 Web、关系数据库、文本、图像等形式。其间的结构关系是:结构化数据、非结构化数据及半结构化数据。

(2)知识获取方法:数据的知识化,它们是数据的语义化及语义的表示——知识图谱。

(3)数据知识化的四种方法:人工方法、自动方法、融合方法及推理方法。

(4)自动方法的实现:固定模板方法及机器学习方法。

3. 知识图谱分类

(1)按性质分类:

①通用的百科类知识图谱。

②领域类的知识图谱。

③场景类的知识图谱。

④语言类的知识图谱。

⑤常识类的知识图谱。

(2)按层次分类

①原始层:即第一层。它是最早期、最原始以直接的方式从互联网上得到的知识图谱。以专业人员及大量志愿者群体以手工方式获取为主。这就是维基百科(WiKipedia)及垂直站点豆瓣电影中的知识图谱等。

②第二层:它是建立在以原始层为主的知识图谱上,通过融合成并辅以人工/自动获取手段。

③第三层:以自动方法为主要获取手段的知识图谱。

4. 著名的知识图谱介绍

- Cyc;
- 知网;
- ConceptNet;
- YAGO;
- DBpedia;
- Freebase;
- NELL;
- Knowledge Vault。

5. 知识图谱存储

知识图谱存储于有一定特色的数据库内,它们是一种建立在互联网上,有图结构形式的数据库。目前常用的有三种:Freebase、Neo4j、NoSQL。

6. 知识图谱应用

知识图谱目前普遍应用于如下领域:知识搜索、自动问答、自动推荐。

此外尚有更多的发展空间,如决策支持系统等。这种应用组成新一代专家系统。

习题8

8.1 试说明知识图谱获取知识的特色。

8.2 试说明知识图谱中的知识获取方法。

8.3 试介绍数据知识化方法中自动方法的实现。

8.4 试介绍知识图谱特点。

8.5 试介绍知识图谱分类。

8.6 试介绍著名的知识图谱。

8.7 试介绍知识图谱存储方法。

8.8 试介绍知识图谱三种应用。

8.9 试说明知识图谱与其他知识表示方法的异同。

8.10 为什么目前较为流行的知识表示方法是知识图谱？试说明其理由。

第 9 章

知识获取之 Agent 方法

9.1 Agent 介绍

9.1.1 Agent 的基本概念

自互联网出现后，在广阔的网络世界中计算机可以代替人类完成众多不同的独立任务，这就出现了 Agent。Agent 有代理、主体、实体等不同含义，这里用“代理”表示较为合适。它表示作为人类代理在网络世界中完成特定的任务。在多数情况下，并不翻译成中文，而直接用其原文 Agent 表示。在计算机及人工智能中，Agent 是在网络中的一个独立行为实体。

上面这种解释仅是对 Agent 的一个狭义的理解。从词义上看，Agent 是一种抽象概念，它可有很多种具体的解释，如代理人、代理机构、代理设备及代理系统等。这是 Agent 的广义解释。在此种解释下的 Agent 的典型例子就是一种设备，如恒温调节器，它的任务是将房间温度维持在用户所设定的范围之内。这是一种代理用户特定需求的设备。

接着，讨论 Agent 工作原理。由于 Agent 是人的代理，因此它具有人的基本工作能力。什么是人的基本工作能力呢？即是人通过五官及其他感知器官从外界环境中获得多种信息，经过大脑作用后，再由手、脚等执行器官向外界环境执行动作。基于此认识，可以认为：Agent 是一种能代理人的某种特定目标任务的主体。Agent 工作原理可以解释如下：

(1) Agent 有一个外部世界，称为环境。

(2) Agent 有一个内部世界，它由三个部分组成：

①感知器：从环境获取信息。

②处理器：对感知器获取到的信息按代理的特定要求进行处理。

③执行器：在处理结果后向环境施加动作，对环境产生影响。

Agent 的工作原理是在环境与内部世界间不断的相互作用下，推动 Agent 不断工作，最终达到完成代理的任务。

Agent 工作原理可用图 9.1 表示之。

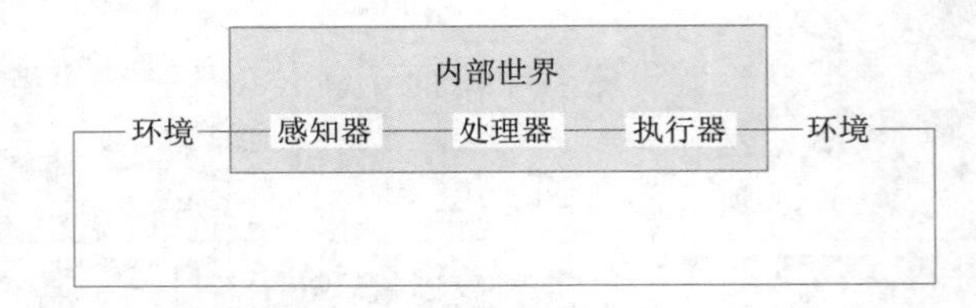

图 9.1　Agent 工作原理

以恒温调节器为例,介绍 Agent 工作原理。

例 9.1　恒温调节器作为 Agent 的工作原理介绍。

恒温调节器的目标是将房间温度维持在用户所设定的范围之内。其工作原理是:

(1) 环境:恒温调节器的环境就是该设备所处的物理空间,即它是一个带有一定室温的房间。

(2) 感知器:恒温调节器的感知器即空调内的温度传感器,它能够感知房间中的室内温度。

(3) 处理器:恒温调节器的处理器即空调内的处理芯片,它从传感器中接收到温度信息后进行分析,根据分析结果向压缩机发出信号。

(4) 执行器:恒温调节器的执行器即空调压缩机,它根据处理结果所发出的信号,向环境释放出冷/热空气,对环境产生影响,从而达到室内恒温的目标。

如此反复,不断循环工作最后达到保持室内恒温的目标。

到此为止读者对 Agent 有一个初步的认识。接下来,对 Agent 的概念作一个总结性的提升,包括 Agent 的定义及 Agent 的特性。

Agent 定义:Agent 是一个驻留于某个环境下,能够自主、灵活地执行动作以满足设计目标要求的行为实体。

该定义是一个抽象的、广义的定义,使读者对它的了解更符合客观实际(不仅是计算机)及更为深刻。同时该定义较为简洁,它仅从外部行为特征对其进行描述,而对其内在结构与众多细节不作具体的限制,这样就使得定义更具广泛性。

仍以恒温调节器为例,介绍 Agent 定义。

例 9.2　恒温调节器是一个 Agent。

首先,它是一个行为实体。其次,它是驻留于某个环境下的。再次,它能满足设计目标要求。最后,它执行动作具有自主性与灵活性。因此它是一个 Agent。

对这个定义做一个注解:在目前应用中,Agent 主要用于计算机领域以及人工智能领域中。这些应用中的 Agent 是建立在互联网上满足 Agent 定义的一种计算机应用实体(包括软件、硬件等组合体)。

Agent 的特性如下:

(1) 自主性:Agent 能够控制自身行为,其行为是主动的、自发的以及有目标的,并能根据目标和环境要求的行为作出规划。

(2)灵活性:Agent 在一定环境下,在为实现目标要求中有相当大的灵活性与机动性,即采用多种方法与手段的权力。

(3)交互性:Agent 能够与环境交互,能感知所处环境,并借助自己的行为对环境作出反应。

(4)协调性:Agent 存在于一定的环境中,能感知环境状态,并通过行为影响环境,与环境保持协调。Agent 与环境是对立与统一体的两方面,相互作用、相互依存。

(5)面向目标性:Agent 能够在目标指导下,为实现目标要求作出主动行动。这一性质为面向 Agent 的行为设计提供重要基础。

从方法论观点看,Agent 提供了一种求解问题的思想与方法。从人工智能研究方法看,Agent 属行为主义的研究方法,它为从事行为主义研究从方法论上提供了一种研究的模型。即它是通过其内部世界与外部环境不断交互的过程构造一个行为模型以达到获取知识的目标。特别是在互联网上的分布式、并行环境中为求解问题从方法论及获取知识的观点上提供了方向性的指导。它的应用范围不仅限于计算机及人工智能领域。

9.1.2 Agent 的分类

1. 反应式 Agent

反应式 Agent 是一种最简单的 Agent,它在接受外部环境刺激后,立即能对环境作出反应。其具体表现为仅直接在内部使用:条件—作用规则。其中,“条件”即为所接受的环境刺激,“作用”即是对环境所作出的反应。

2. 认知式 Agent

认知式 Agent 的内部是由多个知识组成的知识库模型,其环境是预先知道的。在执行时必须从环境不断获得更多知识后,才能在目标指引下,形成动态执行序列,从而对环境产生影响。

3. 跟踪式 Agent

跟踪式 Agent 是一个复杂的 Agent,它除了有上面两种所具有的知识外,还需另外两种信息,即 Agent 自身作用影响外部环境的信息以及外部环境变化对 Agent 的影响。

4. 基于目标式 Agent

基于目标式 Agent 是在跟踪式 Agent 基础之上还需更加关注于目标信息,使 Agent 在工作时仅可能与目标信息相结合。这种基于目标式 Agent 使得在实现目标方面更具灵活性,只要指定了新的目标后就能产生新的作用。

5. 基于效果式 Agent

基于目标式 Agent 尚不足以产生更好效果的 Agent,因此还需在基于目标式 Agent 之上增加一个效果函数。在 Agent 工作过程中充分与效果函数相结合,从而能产生效果更好的执行结果,这就是基于效果式 Agent。

6. 复合式 Agent

复合式 Agent 指的是在 Agent 内组合多种相对独立和并行执行的结构模块,它包括感知、动作、反应、建模、规划、通信等多种处理。这种复合式 Agent 可以达到速度更快、效率更高、更为方便、更为灵活的目的,同时也能更为适应互联网上的分布式、并行执行操作平台的效果。

9.1.3 Agent 应用

由于 Agent 的概念比较抽象,除了在理论上给予解释外,下面用若干个实际应用例子说明 Agent 的概念。由于 Agent 中大量行为需计算机软件参与其中,因此除少量是属广义 Agent,大多数介绍的均是以软件为主的 Agent。

例 9.3 机器人是 Agent。

机器人是人工智能中的一门应用性技术学科,从原理上看,它属 Agent 范畴,在理论上受 Agent 指导。之所以如此,就是因为机器人是一种 Agent。

众所周知,机器人是一种机电装置,它能独立执行赋予的特定任务。它能感知设备与执行设备,能根据感知设备所接受的信号,进行处理后,使用执行设备以完成特定的任务。例如一个自动灭火装置是一个机器人。该装置有温度传感器用以感知火源,履带式滚动设备用以在火场自由移动,它还有一个可作360°旋转的自动喷水设备,以对准火源喷水灭火。在该装置的内部有一个处理芯片,它能利用温度传感器,自动寻找火源,然后控制滚动设备与喷水设备接近火源并自动对准火源进行喷水以达到灭火的目标。分析如下:

(1)该装置的环境是起火现场。

(2)该装置的感知器是温度传感器。

(3)该装置的处理器是其内部的处理芯片。

(4)该装置的执行器是履带式滚动设备与自动喷水设备。

这个装置是驻留于火灾环境下,具有自主、灵活的执行灭火动作的行为实体,因此它是一个 Agent。

例 9.4 计算机中杀毒软件是 Agent。

计算机中杀毒软件是驻留于计算机中能自主、灵活的执行杀毒动作的行为实体,因此它是一个 Agent。

具体地说如杀毒软件中的文件防护系统,它具有保护文件防止病毒伤害。该系统不断地与计算机中的其他软件交互(如操作系统、文件管理、应用程序等)感知到文件中的结构及数据变化,此时该系统对这些变化进行分析,找出其可疑变化,并作出行动,如病毒扫描、病毒清除、文件隔离、文件删除、文件复制等操作,从而达到杀毒的目标。分析如下:

(1)该系统环境是计算机(包括其中的各类软件)。

(2)该系统的感知器是系统与计算机中的各类软件的交互程序。

(3)该系统的处理器是其内部的分析程序。

(4)该系统的执行器是病毒扫描、病毒清除、文件隔离、文件删除、文件复制等操作程序等。

由此可知,这个杀毒软件中的文件防护系统是一个 Agent。

例9.5 微软所提供的 Office 助手是 Agent。

微软 Office 中提供了一个专用软件 Office 助手。当用户使用 Office 编写文档、编制报表时在屏幕上就会出现该助手身影，为用户提供及时帮助。这种帮助往往是主动的、及时的。这表示该助手在密切监视用户的各种操作，在认为有必要时能主动给出说明并提供多种建议。

这个助手是一个软件，它驻留于 Windows 的 Office 环境下，它是一个 Windows 中独立运行进程，具有自主、灵活地执行 Office 助手动作的行为实体，因此它是一个 Agent。

分析如下：

(1)该助手的环境是 Windows 中的 Office。

(2)该助手的感知器是其内部的感知模块，它能感知用户使用 Office 中的所有操作。

(3)该助手的处理器是其内部的处理模块，用于对用户使用 Office 的操作进行及时分析并发布处理结果。

(4)该助手的执行器是在屏幕上显示的各种说明、建议等。

由此可知，这个 Office 助手是一个 Agent。

9.2 多 Agent

9.2.1 多 Agent 的基本概念

上节中介绍了 Agent 的基本概念，这是一种单 Agent 的概念。但是在现实世界以及实际应用中往往是多个 Agent 的世界，特别是在互联网的分布式、并行环境中有多个 Agent 在独立、自主地执行任务，为完成目标而工作，它们分别为互联网用户提供多种类型服务，这就是多 Agent。

在由多 Agent 所组成的 Agent 社会中，它们可以相互协助共同完成单 Agent 所无法完成的任务，这称为协作。但同时它们在各自工作中也会产生矛盾与冲突，如资源冲突、目标冲突等，为此须进行协商、调和以求得矛盾与冲突的解决，这称为协调。协作与协调构成了多 Agent 的主要特征。

为实现多 Agent 的协作与协调，首先需要建立多 Agent 社会中的统一行为规范，这称为协议，还需要建立在协议基础上的相互信息交流的方式，这称为 Agent 通信。

下面将详细介绍多 Agent 中的协作与协调、Agent 通信，以及多 Agent 的应用。

9.2.2 多 Agent 的通信

为进行多 Agent 协作与协调，其内部各 Agent 间必须进行相互通信。目前常用的通信方式有两种：黑板与消息/对话。

1. 通信方式之一——黑板方式

在多 Agent 系统中设置一个公共数据工作区，该区域可为各 Agent 书写消息给其他 Agent 查阅使用。每个 Agent 都有在该区域书写与查阅消息的权利,通过它以实现各 Agent 间通信的目的。而这个公共数据工作区称为黑板。这是一种共享式的通信方式,为实现快速查阅,各 Agent 一般都采用过滤器的方法,它仅阅取与它当前工作有关的消息。

用黑板方式通信具有快速、方便的优点,但也存在着针对性不强及工作区信息量堆积过多等弊端。

2. 通信方式之二——消息/对话方式

消息/对话方式是一种点对点的对话方式,即是一个 Agent 对另一个 Agent 间的通信方式。它的工作原理是一个发送 Agent,另一个接收 Agent,它们按一定协议,规范通信流程,规范收发地址、消息格式等,进行规范化通信。同时还需标准的通信语言,目前常用的语言是 KQML 与 SACL 等。

消息/对话通信方式是一种较为规范化的通信方式,因此目前在多 Agent 系统中大都采用此种方式。

9.2.3 多 Agent 的协作与协调

多 Agent 中的协作与协调是它的两大特征,其中协作是正向特征,而协调则是反向特征。

1. 多 Agent 中协作

在多 Agent 中,单个 Agent 所起的作用有限,而通过多个 Agent 间的协作可以形成整体行为性能,增强 Agent 解决问题的能力,解决更多的应用问题。此外,还能增强其灵活性与机动性,提高解决问题的效率。

在多 Agent 协作中,单个 Agent 不是孤立存在的,它必须遵守多 Agent 所形成的系统中的公共规则,而不能逾越或破坏这些规则。这是一种既各自独立又相互依存的关系才能使协作成为可能的基础。

2. 多 Agent 中协调

在多 Agent 系统中,协作起着正向与增强的作用,但与此同时也会带来反向与负面的作用,这需要通过协调来解决。因此协调是解决多 Agent 系统中所出现的反向与负面作用的解决手段。典型的例子有:计算机网络中的多 Agent 系统内各 Agent 间的资源使用冲突的协调,否则就会产生死锁从而造成整个系统崩塌;又如:各 Agent 间的共享数据区域不合理的操作使用冲突的协调,否则就会产生数据故障且无法得到恢复等。

目前在多 Agent 系统中有很多冲突与矛盾,一般也有很多的协调方法,常用的有下面几种:

(1)采用合同网方法。

(2)采用协作规划方法。

(3)采用协商方法。

(4)采用组织结构化方法。

其中,合同网方法即是建立一个多 Agent 系统中的统一协议的方法;协作规划方法即是在协作中统一规划分配多 Agent 系统中各 Agent 的角色与任务;协商方法即是多 Agent 系统中各 Agent 相互协商的方法;组织结构化方法即是通过统一的组织结构方式以实现协调。

9.2.4 多 Agent 的应用

例 9.6 在互联网中的电子商务系统是一个多 Agent。

在互联网中的电子商务活动是由多个 Agent 组成,包括:供应 Agent、销售 Agent、支付 Agent、管理 Agent、客户 Agent、物流 Agent 等。它们间通过协商一致的交易标准,使用消息/对话通信方式进行协作共同完成网络上的商务活动,组成一个电子商务多 Agent 系统。

例 9.7 空中交通管制系统是一个多 Agent 系统。

空中交通管制系统是一个管理空中飞行器的系统。在该系统中每个空中飞行器都是一个 Agent,它们依据一定飞行规则,按一定航路飞行,它们间通过黑板进行通信,该系统可以保证空中交通安全、畅通。它们组成一个多 Agent 系统。

例 9.8 网络订票系统是一个多 Agent 系统。

在网络上订购火车票是建立在互联网上的一个计算机系统,从抽象观点看,它由多个 Agent 组成,包括旅客 Agent、订票 Agent、支付 Agent、取票 Agent 等若干个 Agent 组成。它们间按规定方式与流程操作,并使用消息/对话通信方式进行联络,从而完成订票任务。它们组成一个多 Agent 系统。

9.3 移动 Agent

9.3.1 移动 Agent 的基本概念

移动 Agent(Mobile Agent)指的是具有移动性能的 Agent。这种移动性能指的是在网络环境下 Agent 能从一个结点移动到另一个结点,并代表用户执行任务。移动 Agent 可以在异构的软、硬件环境中自由移动。即能在网络的一个环境中移动到另一个环境中。一般而言,环境中的计算机仅限于客户机,而服务器中的 Agent 是不能移动的,它为与其关联的客户移动 Agent 提供环境中的各种服务,如安全服务、文件服务、接口访问服务等。这种性能的移动 Agent 具有灵活性与便利性等多种优点,因此在互联网中应用特别广泛。

同样,由移动 Agent 所组成的多 Agent 称为移动多 Agent,它既具移动 Agent 的优势又有多 Agent 的优势,同样在互联网中有广泛应用。

移动 Agent 主要应用于计算机网络中,并在技术上及应用中发挥很多优势,主要有:

(1)能减轻网络负担,节省网络带宽。

(2)能实时支持远程交互。

(3)在移动 Agent 中能封装网络协议。

(4)移动 Agent 能支持异步自主执行。

(5)移动 Agent 能支持离线计算。

(6)移动 Agent 能支持平台无关性。

9.3.2 移动 Agent 的应用

在互联网上的移动 Agent 应用。

例 9.9 基于移动 Agent 的电子商务。

在例 9.6 中已介绍了基于多 Agent 的电子商务。现在此基础上作进一步功能扩展,从而实现基于移动 Agent 的电子商务。在原多 Agent 中客户 Agent 具有移动功能,它可以主动移动到多个电子商场,为客户寻找所需商品。供应 Agent 代表生产厂商,可以向各电子商场发布产品信息,也可直接移动至多个客户 Agent 直接推销产品。所有这些 Agent 在成为移动 Agent 后使电子商务的功能大为增强。

例 9.10 网络上的个人助理是移动 Agent。

在网络上的移动 Agent 可以代表用户处理远程业务,如一个会议召开前,移动 Agent 可以代表与会者交互协商一个共同认可的会议日程安排表。

9.4 智 能 Agent

9.4.1 智能 Agent 的基本概念

Agent 是人工智能三大研究方向之一——行为主义的一种方法,它通过 Agent 内外间不断交互以获取知识为其特色。因此它本身就属人工智能研究内容,故而 Agent 有时也可翻译成智能体或智能主体。即便如此,Agent 不是智能 Agent,这是两个不同的概念。所谓"智能 Agent"是 Agent 中的一种,其处理部分是基于知识的处理。再说得清楚点,就是 Agent 中的处理部分是应用了基于知识的演绎推理、归纳推理等方法,如专家系统、机器学习等方法进行处理。目前人工智能中大多 Agent 都是这种智能 Agent。

同样,多 Agent 中如出现智能 Agent,则可称为多智能 Agent;而具有智能功能的移动 Agent 称为智能移动 Agent。最后,多移动 Agent 中如出现智能移动 Agent,则可称为多智能移动 Agent 等。

9.4.2 智能 Agent 的应用

在互联网上的智能 Agent 应用。

例 9.11 基于智能 Agent 的电子商务。

在例 9.6 中已介绍了基于多 Agent 的电子商务。现在此基础上再作进一步功能扩展,从而实现基于智能 Agent 的电子商务。

如在原多 Agent 的基础上可以增加用户需求 Agent，该 Agent 可以通过机器学习了解客户购买商品的兴趣、爱好、习惯等。也可以增加商品流通规划 Agent，该 Agent 可以通过专家系统以规划商品流通优化线路。

例 9.12　基于智能 Agent 的图书管理。

一个数字图书馆系统可由多个 Agent 组成，它们构成一个多 Agent，如图书选购 Agent、图书服务 Agent、多媒体制作与传输 Agent、数字版权保护 Agent、图书自动标引 Agent、图书自动推荐 Agent 等，其中图书自动标引 Agent、图书自动推荐 Agent 均为智能 Agent。图书自动标引 Agent 可通过机器学习自动抽取并生成标引词；而图书自动推荐 Agent 则可以通过机器学可中的关联规则向用户推荐书文。从而这个多 Agent 是一个智能多 Agent。

小　　结

1. Agent 概念

Agent 是一种抽象概念，表示作为人类代理在网络世界中完成特定的任务。Agent 狭义的理解是在网络中的一个独立计算机实体。

2. Agent 定义

Agent 是一个驻留于某个环境下，能够自主、灵活地执行动作以满足设计目标要求的行为实体。

3. Agent 工作原理

(1) Agent 有一个外部世界，称为环境。

(2) Agent 有一个内部世界，由三部分组成：

①感知器：从环境获取信息。

②处理器：对感知器获取的信息按代理的特定要求进行处理。

③执行器：在处理结果后向环境施加动作，对环境产生影响。

Agent 的工作原理是在其环境与内部世界间不断的相互作用下，推动 Agent 不断工作，最终达到完成代理的任务。

4. Agent 特性

(1) 自主性。

(2) 灵活性。

(3) 交互性。

(4) 协调性。

(5) 面向目标性。

5. 行为主义的研究方法

Agent 提供了一种求解问题的思想与方法。从人工智能研究方法看，属行为主义的研究方法，它为从事行为主义研究从方法论上提供了一种研究的模型，即它是通过其内部世界与外部环境不断交互的过程构造一个行为模型以达到获取知识的目标。特别是在互联网上的分布式、并行环境中为求解问题从方法论及获取知识的观点上提供了方向性的指导。

6. Agent 分类

(1)反应式 Agent。

(2)认知式 Agent。

(3)跟踪式 Agent

(4)基于目标式 Agent。

(5)基于效果式 Agent。

(6)复合式 Agent。

7. 多 Agent

在现实世界以及实际应用中往往是多个 Agent 的世界,称为多 Agent。它们可以相互帮助共同完成单个 Agent 所无法完成的任务,这称为协作。同时它们在各自工作中也会产生矛盾与冲突,为此需进行协商、调和以求得矛盾与冲突的解决,这称为协调。协作与协调构成了多 Agent 的主要特征。为实现多 Agent 的协作与协调,需要建立多 Agent 中的统一行为规范,称为协议,还需要建立在协议基础上的相互信息交流的方式,称为 Agent 通信。

8. 移动 Agent

移动 Agent 指的是具有移动性能的 Agent。这种移动性能指的是在网络环境下 Agent 能从一个结点移动到另一个结点,并代表用户执行任务。

9. 智能 Agent

智能 Agent 是 Agent 中的一种,其处理部分是基于知识的处理。再说得清楚点,就是 Agent 中的处理部分是应用基于知识的演绎推理、归纳推理方法,如专家系统、机器学习、数据挖掘等方法进行处理。

习题 9

9.1 请说明 Agent 的概念及其定义,并举例说明。

9.2 请说明 Agent 的工作原理,并举例说明。

9.3 为什么说 Agent 是行为主义的研究方法,试说明。

9.4 试说明 Agent 的六种分类。

9.5 试说明多 Agent 的概念及其特性,并举例说明。

9.6 试说明移动 Agent 的概念,并举例说明。

9.7 试说明智能 Agent 的概念,并举例说明。

第二篇

应用技术篇

在人工智能理论中仅有基础理论是不够的，还需要多种分支技术以细化基础理论，为进一步开拓应用提供更深层的理论支撑。它是人工智能基础理论与相关分支领域融合所产生新的技术，是人工智能中新的分支学科。它们在人工智能直接应用中有重要理论指导作用的技术，因此这些分支学科统称为"人工智能应用技术"。这些技术包括模拟人类视觉、听觉、语言等能力，以及融合大脑、五官、四肢等器官综合处理的能力。

第二篇介绍人工智能应用技术的内容，它共有四章（第10～13章）。第10章知识工程与专家系统：它模拟人类大脑的综合思维能力；第11章计算机视觉：它模拟人类的视觉能力；第12章自然语言处理：它模拟人类的听觉及语言能力；第13章机器人：它模拟人类大脑、五官、四肢的综合能力。

第 10 章

知识工程与专家系统

10.1 知识工程与专家系统概述

知识工程与专家系统是人工智能发展中具有划时代影响的一种应用技术,它们联合开启了人工智能发展的第二个时期。本章介绍知识工程与专家系统的基本思想、方法与内容。其中,知识工程是应用技术,专家系统是在知识工程这种技术指导下的一种应用系统。

10.1.1 知识工程的基本概念

知识工程是人工智能真正进入实用性阶段的应用型分支学科,1977 年由美国著名人工智能专家费根鲍姆(E. Feigenbaum)在"第五届国际人工智能大会"上提出。在这次会议中,他做了题为"人工智能的艺术:知识工程的课题及实例研究"报告,在这个报告中首次提出了"知识工程"的概念及相应方法。

知识工程(Knowledge Engineering)具有两方面含义:

(1)知识:费根鲍姆提出,人工智能学科的研究对象与中心是"知识"。

在这之前,有关人工智能的研究对象与中心一直存在不同的认识,有一些人认为是"推理"也有一些人认为是"控制",众说纷纭,莫衷一是。这是人工智能作为一门学科的一个根本性的问题,而费根鲍姆的这一科学论断为人工智能学科的发展指出了根本性道路。自此以后整个人工智能研究都以知识为中心进行发展。

(2)工程化方法:费根鲍姆提出,人工智能学科的出路是用工程化方法开发应用。

在这之前,有关人工智能的研究多侧重于思想、理论、体系的讨论,而实际应用也有众多的例子,但总体说来仅限于小型、局部的应用,一旦形成大型、全域性应用后,它们都成为失败的作品,当时有人就戏称人工智能是"只能做玩具"的技术。而费根鲍姆提出的以工程化方法开发的思想为人工智能的实际应用指明了道路。工程化方法的具体含义指的是将人工智能中的知识信息用计算机中的工程化方法进行处理。

费根鲍姆所提出的知识工程告诉当时的人工智能界人士:我们在研究人工智能的思想、理论、体系的同时,还要研究人工智能中知识信息在计算机中处理的方法论研究,以促进人工智能应用的发展。

知识工程的思想一经提出,在人工智能界掀起了应用的高潮,为人工智能继续发展开辟了新的方向。使当时正处低潮的人工智能获得了新生,从此人工智能走入第二次发展阶段,由知识工程带动的应用代表即是专家系统。为表彰费根鲍姆(见图10.1)这个划时代的贡献,他在1995年获得了计算机界的最高奖——图灵奖。

图10.1 费根鲍姆(E. Feigenbaum)

10.1.2 专家系统的基本概念

专家系统(Expert System)是知识工程中的一种应用系统,由于它在知识工程中的重要性,使得目前人们只记得专家系统,反而忘了指导与引领它发展的知识工程。

实际上在知识工程出现前专家系统就早已存在,第一个著名的专家系统出现于1965年,即是由费根鲍姆所领导实现的专家系统DENDRAL。它是一个用于化学领域中进行质谱分析推断化学分子结构的专家系统,其在此方面的水平已达化学专家程度。另一个有名的专家系统是由美国斯坦福大学肖特利夫(Shortlift)为首的团队于1976年所开发的血液病诊断的专家系统,该系统后来被知识工程界一致认为是:“专家系统的设计典范”。就是因为在1977年以前就有了开发成功的专家系统,费根鲍姆总结了它们的开发经验并将其上升到一定理论高度,从而提出了知识工程这一著名的理论思想。

反过来,知识工程又从理论上给专家系统以明确的指导,从此专家系统开发就有了方向,自此以后,在国际上掀起了专家系统开发的高潮,人工智能从此进入了第二次发展新的时期。

费根鲍姆认为:“专家系统即是一个使用知识和推理过程来解决那些需要杰出专业人员才能解决的智能程序”。

1. 专家

专家即是专业人员,掌握一定的专业技能,能运用专业技能解决各类问题,如医生能治病、棋手能下棋、译员能翻译、咨询师能解答各类疑问、培训师能从事专门领域的培训等。所有这一切都表示,专家所掌握的专业技能实际上就是不同的领域知识,同时还能运用这些知识进行推理以获得领域内所需的知识或技能。

2. 系统

系统指的是计算机系统,特别指的是建立在一定计算机平台上的软件系统。这种系统能够存储足够多的知识且能进行推理,从而达到替代专家的工作。

经过解释后,对专家系统有一个全面与完整的了解与认识。专家系统是一个计算机系统,它通过知识与推理实现或替代人类专业技术人员的工作。

按照这种理解,人工智能中有大量问题均属专家系统范畴,它们都可以用专家系统解决,因此从专家系统出现后众多人工智能应用领域,如自然语言理解、语音识别、人机博弈、无人驾驶等都出现了新的研究高潮,并持续不断取得的成果。20 世纪 80 年代日本所研发的"第五代计算机"即是一个专门用于专家系统开发的计算机系统,利用它在青光眼诊治及预防多种疾病发生等方面都取得了巨大成果。

在此时期,我国在专家系统的发展也取得了重大进展,为国际人工智能发展做出了贡献。20 世纪 70 年代末期由中科院自动化所研发的关幼波中医肝病诊治专家系统,是在国际上首个利用中医理论为指导开发的医学诊治专家系统。20 世纪 80 年代中期由西安交通大学研制出了人工智能语言 LISP 的专用计算机,用它可以开发专家系统。20 世纪 90 年代,以我国知名的人工智能专家、中国科学院应用数学研究所陆汝钤院士为首开发与研制成功首个系统、完整的专家系统开发工具"天马"。

之后专家系统仍继续发力,1996 年与 1997 年 IBM 公司所开发的计算机"深蓝"(Deep Blue)连续两年战胜了国际象棋大师、世界冠军卡斯帕罗夫,从而轰动了世界,而这个深蓝就是一个专家系统,图 10.2 所示即是"深蓝"计算机。

图 10.2　Deep Blue 在计算机历史博物馆

总体看来,20 世纪 90 年代后专家系统进入衰退期。直至近年,人工智能进入第三个发展时期,得益于机器学习等新技术的支持,使得专家系统又恢复活力,它目前仍是人工智能应用中一颗不老的常青树。

10.2　专家系统组成

从专家系统的概念中可以看出,专家系统一般由下面五部分内容组成。

1. 知识库

专家系统中有多个领域知识,如肝病诊治专家系统即由多个有关诊断与治疗肝病的知识。它们以事实与规则表示,并采用一定的知识表示形式,如逻辑表示形式、产生式表示形式等,而目前以知识图谱表示形式为多见。在专家系统中将这些众多领域知识集合于一起组成一个知识库以便于系统对知识的访问、使用与管理,如知识查询、增加、删除、修改等操作以及知识推理等。

知识库是一个组织、存储与管理知识的软件,它向用户提供若干操作语句,为用户使用知识库提供方便。知识则是存储于知识库内的知识实体。对不同专家系统,它们可以有相同的知识库,但是有不同的知识实体。

2. 知识获取接口

知识库中知识是由专门从事采集知识的工作人员从专家处经分析、处理并总结而得,这些人员称为知识工程师。在传统的专家系统中,原始知识获取即是通过这种人工方法获得的。在现代专家系统中可通过机器学习、大数据等多种自动方法获得。由于自动方法所获得知识涉及当今人工智能中的多种学科,因此这里仅介绍人工方法所获得的知识作为专家系统的知识来源。

在获得知识后需要有一个接口将它们从外部输入知识库,这就是知识获取接口。知识库一旦获得了知识后,就能在专家系统中发挥作用。

3. 推理引擎

在专家系统中知识是基础,但是仅有知识是不够的,它还需要对知识作推理,才能得到所需的结果,如肝病诊治专家系统中除了有诊断与治疗肝病的知识外还需运用专家的思维对它们作推理,最后才能得到正确的诊断结果与治疗方案。在专家系统中实现推理的软件称为推理引擎(Inference Engine),这是一种演绎性的自动推理软件,一般它可因知识表示方法不同而有所不同。

4. 系统输入/输出接口

专家系统是为用户服务的,因此需要有一个系统与用户间的输入/输出接口,以建立专家系统与用户间的关联。

(1)输入:用户对专家系统的需求以一定形式通过输入端接口进入系统。

(2)输出:专家系统响应该需求进行运行推理,最终将结果以一定形式通过输出端接口通知用户。

在系统输入/输出接口中还要有一定形式的人机交互界面,以方便人机间交互。

5. 应用程序

需要有一个专家系统的应用程序,该程序协调输入/输出接口、知识库、推理引擎间的关系以及监督推理引擎运行。

在传统专家系统中,由于流程简单,监督极少,因此应用程序往往可以省略。但在现代专家系统中流程复杂,监督烦琐,因此应用程序是不可缺少的。

图 10.3 所示是专家系统组织示意图。

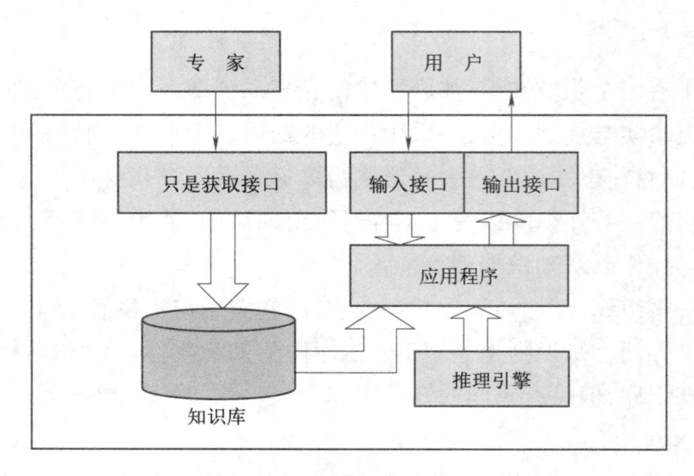

图 10.3 专家系统组织示意图

10.3 专家系统分类

专家系统是人工智能中的一种应用系统,它的应用领域与范围很广,以下几个领域较为常见:

(1)诊断型专家系统:根据输入的知识找出处理对象的故障及故障产生原因并给出排除故障的建议。典型的应用有医疗诊断、机电设备故障诊断等。

(2)预测型专家系统:主要对处理对象的过去与现在所产生的数据进行分析并由此推断出未来的演变与发展。典型的应用有人口预测、天气预测、经济发展预测、农作物收成预测以及交通流量预测等。

(3)解释型专家系统:对处理对象中已知的数据进行分析,解释它们实际含义。典型的应用有卫星图像分析、石油钻井数据分析、染色体分类以及集成电路分析等。

(4)教学型专家系统:根据学生的特点和学习背景,以适当的教学方法和教案将知识点组织起来,用于对学生进行教学和辅导,调整学生在学习过程中的行为。典型的应用有计算机辅助教学系统 CAD、聋哑人语言训练系统等。

(5)咨询型专家系统:不同领域的专业咨询。典型的应用有智能旅游咨询、高考填报志愿自动咨询等。

除此之外,还有设计型专家系统、调试型专家系统、规划型专家系统、监管型专家系统、控制型专家系统等多种类型专家系统。

10.4 专家系统开发

在全面了解了专家系统原理和组织结构后介绍如何开发专家系统。

10.4.1 专家系统的开发工具

目前用于专家系统的开发工具一般分为两种：

1. 用计算机程序设计语言开发

可以用多种不同语言开发专家系统，如：

(1)通用的程序设计语言：C、C++、C#、Java、Python 等。

(2)专用的程序设计语言：Lisp、Prolog、Clipt 等。

(3)其他的语言与工具。

当开发大型、复杂的专家系统时需要用多种类型的计算机程序设计语言开发，以期取得较好的开发效果。

2. 用专用开发工具开发

在一般情况下，专家系统开发使用专用的专家系统开发工具，目前有多种这方面的专家系统开发工具。早期典型的有 EMYCIN、KAS、EXPERT 等。这些开发工具通常是利用一些已成熟的用计算机程序设计语言开发的专家系统抽取知识库中的具体知识演化而成的。和具体的专家系统相比，它保留了原系统的基础框架(知识库、接口与推理引擎)而对用户输入/输出接口中的人机界面由专用的扩充成通用的。

如 EMYCIN 是将诊断治疗细菌感染的专家系统 MYCIN 抽取其知识库中的知识而获得，它是一个可以开发一般医疗诊治的开发工具。而 KAS 则是地质专家系统 PROSPECTOR 的骨架系统。用于诊治青光眼的专家系统 CASENT 抽取了其具体知识后就是专门用于医学诊治的开发工具 EXPERT。

利用专家系统开发工具只要将不同领域知识填充至知识库中，并编写一个应用程序即可使用已有的推理引擎，通过输入/输出接口即可构成一个新的专家系统。

专家系统开发工具目前因不同类型及不同知识表示方法而有很多种类。这是由于不同的知识表示方法，有不同知识推理引擎与知识获取接口，同时因不同专家系统类型，输入/输出接口也有所不同。不同的专家系统应根据不同类型与知识表示而选用不同专家系统开发工具。

10.4.2 专家系统的开发人员

由于专家系统是一个人工智能应用，同时它又是一个计算机应用系统，因此在专家系统开发中需要两方面人员参与：

(1)人工智能专家系统专业人员，具体来说即是知识工程师。

(2)计算机应用系统开发人员，具体来说即是系统及软件分析员、编码员、测试员及运行维护员等四类人员。

只有这两部分人员的分工合作才能完成专家系统的开发。

10.4.3 专家系统的开发步骤

专家系统的开发总体来说是一种计算机软件开发，因此一般需遵从软件工程开发原则,并适当变通。以常用的专家系统开发工具的方法以及人工获取知识的手段为前提,对开发步骤作介绍。

开发一个专家系统一般可分为下面六个开发步骤:

1. 需求分析

在需求分析中需做下面三件事:

(1)确定专家系统的目标,即专家系统类型。

(2)确定专家系统知识来源以及确定所用知识的表示方法。

(3)确定应用程序工作流程。

需编写需求分析说明书,作为文档保存。

参与此步骤的开发人员应是知识工程师及软件分析员。

2. 系统设计

在完成需求分析后即进入系统设计阶段,在此阶段中需完成下面三件事:

(1)根据专家系统类型以及知识的表示方法确定所选用的开发工具。

(2)由知识工程师根据知识来源,通过总结、整理、归纳最终得到该专家系统的知识。

(3)由应用程序工作流程组织软件程序模块。

需编写系统设计说明书,作为文档保存。

参与此步骤的开发人员应是知识工程师及软件分析员。

3. 系统平台设置

根据系统设计设置系统平台,包括:

(1)系统硬件平台:如计算机平台、计算机网络平台等。

(2)系统软件平台:如计算机平台中的操作系统、开发工具及知识库工具等;计算机网络平台中的开发工具及知识库工具等。

需编写系统平台设置说明书,作为文档保存。

参与此步骤的开发人员应是系统及软件分析员。

4. 系统编码

系统编码分为两个部分内容:

(1)知识编码。按开发工具提供的编码方式对知识编码,并在编码后通过知识获取接口将它们依次录入开发工具的知识库中。

(2)应用程序编码。按开发工具提供的编码方式对软件程序模块编码,并在编码后将它们放入开发工具相应的应用程序中。

需编写知识列表清单及源代码清单,作为文档保存。

在完成系统编码后,一个具有实用价值的专家系统就初步完成。

参与此步骤的开发人员应是知识工程师及编码员。

5. 系统测试

对编码完成的专家系统作测试。测试的主要内容是针对专家系统中的知识与应用程序进行的,包括:

(1)局部测试:它包括对知识库中的知识作测试以及对应用程序作测试。

(2)全局测试:在做完局部测试后即进入全局测试,包括开发工具与应用程序以及安装有知识的知识库这三者间的联合测试。

在完成测试后需编写测试报告,作为文档保存。

编码员需根据测试报告要求对专家系统调整与修改,使其能达到需求分析的要求。

参与此步骤的开发人员应是测试员及编码员。

6. 运行与维护

经过测试后的专家系统可以正式投入运行。在运行过程中还需不断对系统作一定的维护。这种维护包括两方面:

(1)知识库的维护:对知识库作增、删、改等不断维护。

(2)应用程序的维护:对应用程序作不断调整与修改。

在运行过程中需每日填报运行记录。在每次维护后需填报维护记录作为文档保存。

参与此步骤的开发人员应是知识工程师及运行维护员。

10.5 传统专家系统与新一代专家系统

专家系统在人工智能发展的第二个时期中起到了关键性的作用,特别是20世纪70年代末至90年代初,在人工智能学科发展中独领风骚十余年。但是随着应用需求的上升及系统规模的增大,专家系统的发展进入了死胡同,它的最后光辉出现于1995年的“深蓝”,从此以后再也见不到发光的专家系统产品,从现在看来,这种专家系统可称为“传统专家系统”。究其原因主要有以下三方面:

(1)专家系统的知识获取中的知识大都来源于知识工程师对专家的人工总结,在较为简单的情况下,这种手工操作还是可行的。但当专家知识较为复杂的情况下,这种获取手段就显得太过原始,获取的正确性与完整性就得不到保证,这就使得专家系统的实际应用受到严重影响。

(2)在专家系统中使用自动推理机制,即用推理引擎作推理。推理引擎是一个软件,其算法复杂性均为指数级,因此当推理简单时,这种推理是可行的,但当推理复杂时,这种推理就不可行了,即便是采用极高能力的计算机也是无济于事的。

(3)专家系统中的人机交互接口较为简单,在复杂的情况下,与用户交互较为困难,这直接影响到专家系统作用的发挥。

这三方面的致命缺点成为专家系统继续发展的瓶颈,它告诉我们两件事:

(1)专家系统无法适用于复杂的应用;

(2)对于简单的应用,专家系统仍有其应用价值。

在人工智能发展进入第三个时期后,对专家系统的研究也出现了新的发展,这主要表现为传统专家系统与第三时期的新技术的结合，表现如下：

(1)采用了机器学习等新技术，实现了自动或半自动知识获取的手段。

(2)采用了新的知识表示方法，如本体、知识图谱等方法及新的推理机制，组成了新的知识库及推理引擎。

(3)充分利用自然语言理解新技术，实现了新的人机交互界面。

以上三种新技术与专家系统的结合，产生了新型的专家系统，可称为“新一代专家系统”，它的出现标志人工智能发展第三个时期的又一个新的里程碑。目前此类著名的专家系统很多，如咨询类专家系统 Siri 即是其中之一。

小 结

(1)知识工程的概念：

①知识：人工智能学科的研究对象与中心是“知识”。

②工程化方法：人工智能学科的出路是用工程化方法开发应用。

在研究人工智能的思想、理论、体系的同时，当前还要研究人工智能中知识信息在计算机中处理的方法论研究，以促进人工智能应用的发展。

(2)由知识工程带动的应用的代表即是专家系统，从此人工智能开始走入第二次发展阶段。

(3)专家系统即是一个使用知识和推理过程来解决那些需要杰出专业人员才能解决的智能应用系统。即专家系统是一个计算机系统，它通过知识与推理实现或替代人类专业技术人员的工作。

(4)专家系统组成：

①知识库。知识库是一个存储与管理知识的软件，它向用户提供若干操作语句，为用户使用知识库提供方便。

②知识获取接口。知识库中知识是由专门从事采集知识的工作人员(知识工程师)从专家处经分析、处理并总结而得，知识获取是通过人工方法所获得的。在获得知识后需要有一个接口将它们从外部输入知识库，这就是知识获取接口。

③推理引擎。在专家系统中实现推理的软件称为推理引擎(Inference Engine)，这是一种演绎性的自动推理的软件。

④系统输入/输出接口。专家系统是为用户服务的，因此需要有一个系统与用户间的输入/输出接口，以建立专家系统与用户间的关联。

⑤应用程序。应用程序协调输入/输出接口、知识库、推理引擎间的关系以及监督推理引擎运行。

(5)专家系统分类：

①诊断型专家系统；

②预测型专家系统；

③解释型专家系统；

④教学型专家系统;

⑤咨询型专家系统。

(6)专家系统开发的工具:

①用计算机程序设计语言开发。

当开发大型、复杂的专家系统时需要用多种类型的计算机程序设计语言开发,以期取得较好的开发效果。

②用专用开发工具开发。

(7)专家系统开发中需要有两方面人员参与:

①知识工程师。

②计算机应用系统开发人员。

(8)专家系统开发中的六个步骤:

①需求分析。

②系统设计。

③系统平台设置。

④系统编码。

⑤系统测试。

⑥运行与维护。

(9)传统专家系统与新一代专家系统。

传统专家系统的不足:

①传统专家系统中获取的知识大都来源于知识工程师对专家的人工总结,这种获取手段的正确性与完整性得不到保证。

②传统专家系统中使用推理引擎作推理。推理引擎是一个软件,其算法复杂性均为指数级。

③传统专家系统中的人机交互接口较为简单。

新一代专家系统的表现:

①采用了机器学习等新技术,实现了自动或半自动知识获取的手段。

②采用了新的知识表示方法及新的推理机制,组成了新的知识库及推理引擎。

③充分利用自然语言理解新技术,实现了新的人机交互界面。

习题10

10.1 什么是知识工程?请给出它的基本概念。

10.2 什么是专家系统?请给出它的基本概念。

10.3 请给出知识工程与专家系统间的关系。

10.4 请给出专家系统组成的六个部分。

10.5 请给出专家系统的六个分类。

10.6 请给出专家系统开发中的六个步骤。

10.7 请说明传统专家系统的不足之处。

10.8 请说明传统专家系统所适用的应用。

10.9 请说明新一代专家系统的特点。

10.10 举例说明新一代专家系统应用。

第 11 章 计算机视觉

计算机视觉(Computer Vision)是人工智能的一个重要学科分支,它是用人工智能的方法模拟人类视觉的能力。本章介绍计算机视觉的概念、基本原理及其应用。

11.1 计算机视觉概述

在人工智能中,语音识别模拟了人类"听"的能力,自然语言处理模拟了人类"说"的能力,而计算机视觉则是模拟了人类"看"的能力。据统计,人类获取外界信息有80% 以上是通过"看"所获得的。由此可见计算机视觉的重要性。

既然,计算机视觉模拟人类"看"的能力,这种能力包括了对外界图像、视频的获取、处理、分析、理解和应用等多种一系列能力的综合。其中包含多种学科技术,如脑视觉结构理论、图像处理技术、人工智能技术以及与领域相结合的多种应用学科技术,如图像、视频的获取、处理属于图像处理技术;图像、视频的分析、理解属于人工智能技术;而图像、视频的应用则属于与领域相结合的多种应用学科技术等。所有这些技术都是以人工智能技术为核心与其他一些学科有机组合而成的。除此之外,计算机视觉还包括基于脑科学、认知科学以及心理学等基础性的支撑学科。

在计算机视觉的整个模拟过程中,一般可分为下面几个层次,它们组成了一个视觉处理的整体。

1. 图像的获取——外界景物的数字化

在外部世界中存在动态、静态等多种景物,它们可以通过摄像设备为代表的图像传感器转化成计算机内的数字化图像,这是一个 $n \times m$ 点阵结构,可用矩阵 $A_{n \times m}$ 表示。点阵中的每个点称像素,可用数字表示,它反映图像的灰度。这种图像是一种最基本的 2D 黑白图像。如果点阵中的每个点用矢量表示,矢量中的分量分别可表示颜色,颜色是由三个分量表示,分别反映红、黄、蓝三色,其分量的值则反映了对应颜色的浓度。这就组成了 3D 彩色的 4D 点阵图像。

外界景物的数字化就是将外界景物转化成计算机内的用数字表示的图像,可称为数字化图像,它是由摄像设备为代表的图像传感器所完成的,这种设备可以获取外界图像(而视频则是一组有序的图像序列,它的基础是图像,因此仅介绍图像),它一般可以起到人类"眼睛"的作用。

除了摄像设备外,目前还有很多相应的图像传感器以实现外界景物的数字化,如热成像相机,高光谱成像仪雷达设备、激光设备、X 射线仪、红外线仪器、磁共振仪器、超声仪器等多种接口设备与仪器,它们不仅具有人类“眼睛”的功能,还具有很多“眼睛”所无法观察到的能力。从这个观点看,计算机视觉的能力可以部分超过人类视觉的能力。

2. 数字化图像的处理

数字化后的图像可在计算机内用数字计算完成图像处理。常用的图像处理有:

1)图像增强和复原

图像增强和复原可改善图像的视觉效果和提高图像的质量。

2)图像数据的变换和压缩

为以便于图像的存储和传输,可对图像数据作变换和编码压缩。图像处理时由于图像阵列很大,计算量也很大。因此,往往通过各种图像变换的方法,将空间域的处理转换为变换域处理,如傅里叶变换、沃尔什变换、离散余弦变换、小波变换等,以减少计算量,或者获得在空间域中很难甚至是无法获取的特性。图像编码压缩技术可减少图像数据量,节省图像传输、处理时间,减少所占用的存储器容量。压缩可以在不失真的前提下获得,也可以在允许的失真条件下进行。

3)图像分割

图像分割是根据几何特性或图像灰度选定的特征,将图像中有意义的特征部分提取出来,包括图像中的边缘、区域等,这是进一步进行图像识别、分析和理解的基础。

4)图像分解与拼接

可以将图像中的一个部分从整体中抽取出来,称为图像分解。也可以将若干幅图像组合成一幅图像,称为图像拼接。

5)图像重建

通过物体外部测量的数据,主要是摄像设备与物体间的距离,经数字处理将 2D 平面物体转换成 3D 立体物体的技术称为图像重建。

6)图像管理

图像管理也属于图像处理,它包括图像的有组织的存储,称为图像库,同时也包括对图像库的操作管理,如图像的调用、图像的增、删、改操作以及图像库的安全性保护和故障恢复等功能。

3. 图像的分析和理解

图像的分析和理解是从现实世界中的景物提取高维数据以便产生数字或符号信息,并可以转换为与其他思维过程交互且可引出适当行动的描述。

图像的分析和理解包括图像描述、目标检测、特征提取、目标跟踪、物体识别与分类等,此外还包括高层次的信息分析,如动作分析、行为分析、场景语义分析等。

图像处理是由一种图像到另一种图像的操作,其目的是使图像达到某种要求的一种图像。图像的分析和理解是由图像到模型、数据或抽象符号表示的语义信息,是人类大脑视觉的一种模拟。它一般需人工智能参与操作,因此又称智能图像处理,它也是计算机视觉的关键技术。其中,涉及图像分析与图像理解两个部分。

涉及图像分析的有:

1)图像特征提取

提取图像中包含的某些特征或特殊信息,为分析图像提供便利。提取的特征包括很多方面,如频域特征、灰度或颜色特征、边界特征、区域特征、纹理特征、形状特征、拓扑特征和关系结构等。

2)图像描述

图像描述是图像分析和理解的必要前提。最简单的图像描述可采用几何特性描述物体,描述的方法采用二维形态描述,它可分为边界描述和区域描述等两类。图像描述主要是对图像中感兴趣的目标进行检测和测量以获得它们的客观信息,为图像分析提供基础。

3)图像分类、识别

图像分类、识别属于机器学习的范畴,主要内容是对图像作判别分类以识别图像。图像分类常采用浅层机器学习分类和深层机器学习分类等方法。

图像分析是一个从图像到数据的过程,这里数据可以是对目标特征测量的结果,或是基于测量的符号表示。图像分析涉及图像表达、特征提取、目标检测、目标跟踪和目标识别等多项技术内容。其过程是将原来以像素描述的数字化图像通过多个步骤最终转换成简单的非图像的符号描述,如得到图像中目标的类型。

更高级的图像分析是图像理解,包括:

(1)图像目标动作分析。

(2)图像目标行为分析。

(3)图像场景语义分析

这个层次的目标是使计算机具有通过二维图像认知三维环境信息的能力,这种能力将不仅使计算机感知三维环境中物体的几何信息,包括它们的形状、位置、姿态、运动等。对它的分析也是属人工智能范畴,并大量使用机器学习方法。

4. 计算机视觉应用

经过上面三个步骤后,外界景物即可用计算机视觉模拟人类视觉能力,并实现其应用能力。目前主要应用领域范围是模式识别、机器视觉以及动态行为分析等。

到此为止,就完成了计算机视觉四个层次的全部,图11.1所示是计算机视觉流程四个全示意图。

由于计算机视觉四个层次中起主要作用的是1、2两个层次,它们与人工智能有紧密关系,因此下面将重点介绍这两个层次的内容。

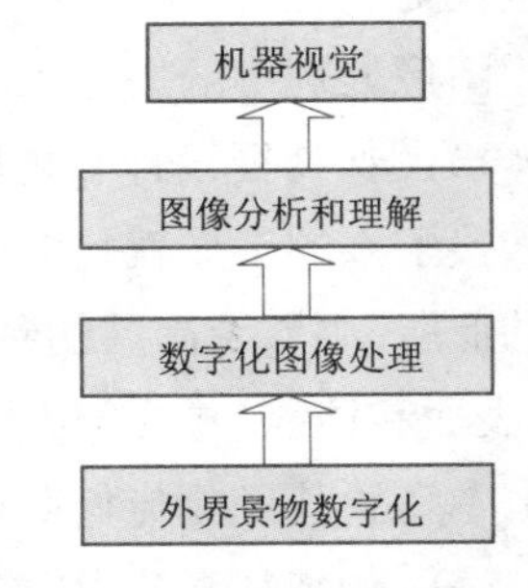

图11.1 计算机视觉流程全示意图

11.2 计算机视觉中的图像分析和理解

图像分析和理解是计算机视觉的核心内容，主要使用人工智能中的机器学习方法。由于其中涉及的讨论问题很多，在此仅选择讨论图像分析中的图像识别，作为代表。图11.2所示图像中的物体分别是一辆车和两个人。

（a）

（b）

图11.2 图像识别示例

在图像识别中目前一般使用机器学习中的浅层学习与深层学习两种方法。

1. 图像识别中的浅层学习方法

图像识别中的浅层学习方法是一种传统的方法，它一般采用监督学习的分类方法。在学习过程中需要人工或专家大量参与，在这种学习方法中将复杂问题分解成若干个简单子问题的序列，通过人工/自动相结合的混合方式解决之。

同时在学习前需搜集大量的相关的图像数据（带标号的）供识别训练之用。这些图像可统一存储于训练图像库中；同时还需选择一个供测试用的测评图像库。接下来以训练图像库为基础开始学习。

这种学习方法的实施可由以下四个步骤有序组成：

1）图像预处理

在进入分析前，为保证其一致性，对所有参与训练的图像目标对齐。即进行统一规范化处理，如位置、大小尺寸、灰度颜色等均归一化处置。这种处理一般由操作人员使用图像处理中的操作手工完成。

2）图像特征设计和提取

接下来的工作就是提取描述图像内容的特征。它能全面反映图像的特性，包括图像的低层、中层及高层的特性，如图像的边缘，纹理元素或区域（低层）、图像的部件，边界，表面和体积（中层）以及图像的对象，场景或事件（高层）等。所有这些特征的设计都由专家凭其经验与长期积累的知识人工设计。

3）图像特征汇集、变换

对所提取具有向量结构的特征进行统计汇集，并作降维处理，从而可使维度更低，它有利于分类的实现。这种降维可用线性变换实现，也可用非线性变换——核函数实现。这部分工作模型都是由专家设计完成的。

4)分类器的实现

这是图像识别的关键部分。分类器选用浅层学习中的分类算法,常用的是支持向量机、人工神经网络等方法。使用选定的算法经大量图像数据训练学习后即可得到相应的学习模型,称为分类器,接着经过测评集的测试后方可成为一个具有真正实用价值且能分类的分类器。在分类器的实现中,分类算法的选择与相应参数设置是至关重要的,它由经验丰富的专家负责完成。

图11.3所示是图像识别浅层学习四个步骤。

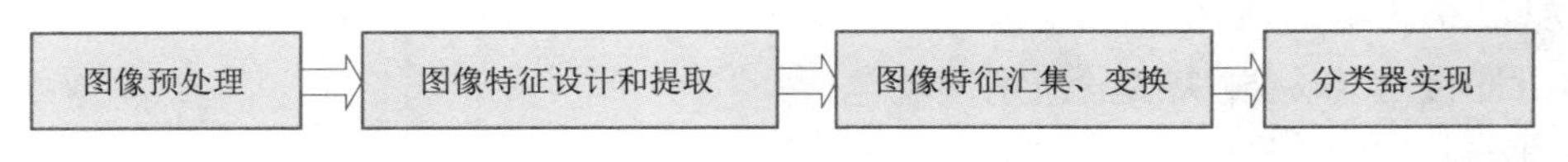

图11.3 图像识别浅层学习四个步骤

2. 图像识别中的深层学习方法

浅层学习适用于识别相对简单的图像,对复杂与细腻图像的识别效果不佳,因此近年来深度学习方法已逐渐成为主要的方法。使用的算法以卷积神经网络方法为主。

图像识别中的深层学习方法是一种新的方法,它一般采用无监督/监督学习相结合的分类方法。在学习过程中仅需少量专家参与,大量是由系统自动完成。

在这种学习方法中也将复杂问题分解成若干个简单子问题的序列,通过少量步骤以解决之。

同时在学习前需搜集大量的相关的图像数据(不带标号/带标号)供识别训练之用。这些图像可统一存储于训练图像库中;同时还需选择一个供测试用的测评图像库。接下来以训练图像库为基础开始学习。

这种学习方法的实施由以下两个简单步骤组成。

1)图像预处理

深度学习图像预处理与浅层学习图像预处理基本类似,这种处理一般都由操作人员使用图像处理中的操作手工完成。

2)分类器的设计与实现

与浅层学习不同,在深度学习中,原有的图像特征设计和提取以及图像特征汇集、变换都是自动的,作为分类器的一部分融入其中。在浅层学习中的三个步骤功能分别由深度学习中卷积神经网络的三个隐藏层——卷积层、池化层、全连接层统一、自动完成。其中仅有少量卷积神经网络中的参数及函数设置由专家设计完成。

图11.4所示是图像识别深层学习两个步骤。

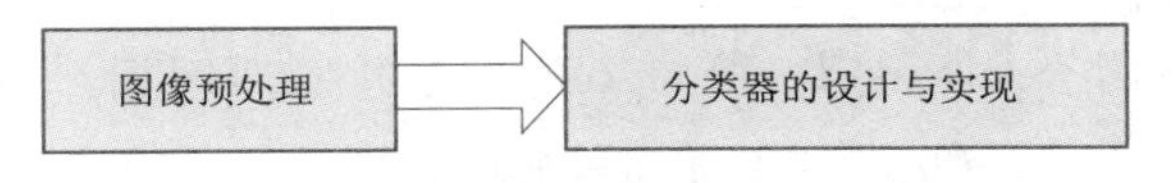

图11.4 图像识别深层学习两个步骤

在目前的应用中,浅层学习适用于简单图像的识别,所采用的训练数据必须是大量带标号数据，在实施时需有大量专家型人才的广泛参与；而深层学习则适用于复杂图像的识别，所采用的训练数据可以是部分带标号数据与部分不带标号数据，在实施时专家型人才参与的环节不多。

11.3 计算机视觉应用

计算机视觉的应用范围与规模是目前人工智能应用中最为广泛与普遍的，且早已深入日常生活与工作的多方面，以至于人们并未感觉到现代人工智能时时刻刻存在着，如二维码识别、联机手写输入等。

目前计算机视觉大致的应用领域包括：

1. 模式识别

模式识别（Pattern Recognition）是通过计算机数字技术方法研究模式的自动处理和判别。客观世界中的客体统称为“模式”，随着计算机技术及人工智能的发展，有可能对客体作出识别，它主要是视觉和听觉的识别，这就是模式识别的两个重要方面。其中主要是用于视觉识别的计算机视觉识别。与视觉有关的模式识别有：

1）二维码识别与联机手写输入

它是目前使用最为普遍的模式识别应用。

2）掌纹、指纹识别

人类手掌及其手指、脚、脚趾内侧表面的皮肤凹凸不平产生的纹路会形成各种各样的图像。这些皮肤的纹路的图像是各不相同，且是唯一的。依靠这种唯一性，就可以将一个人同他的掌纹、指纹对应起来，通过比较他的掌纹、指纹和预先保存的掌纹、指纹进行比较便可以验证他的真实身份。图 11.5 所示是掌纹、指纹的识别。图 11.5（a）所示是掌纹的识别，图 11.5（b）所示是指纹的识别。

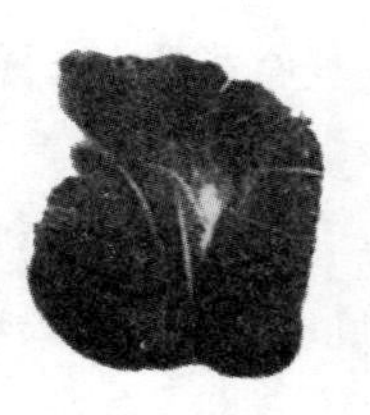

（a）掌纹的识别

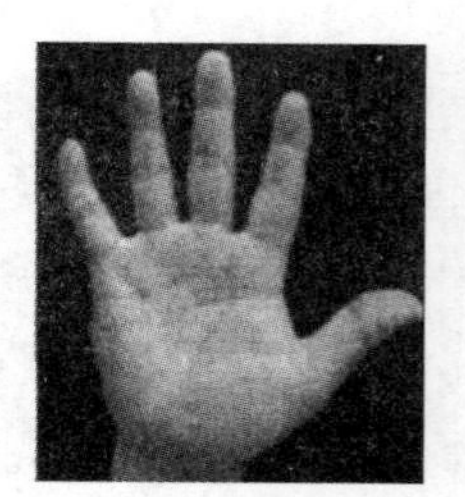

（b）指纹的识别

图 11.5　掌纹、指纹的识别

此外，人体中具有唯一性的尚有手背静脉、指静脉、虹膜特征的生物识别等其他多种生物体特征，它们也可用于人体识别。图 11.6 所示是虹膜、手背静脉的识别。图 11.6（a）所示是虹膜的识别，图 11.6（b）所示是手背静脉的识别。

3）光学字符识别

光学字符识别（Optical Character Recognition，OCR）也是目前应用最为普遍的模式识别。其主要功能是将文字表示的书刊作为图像进行识别,将其分解成字符,从而可将这些文字图像转换成字符处理。

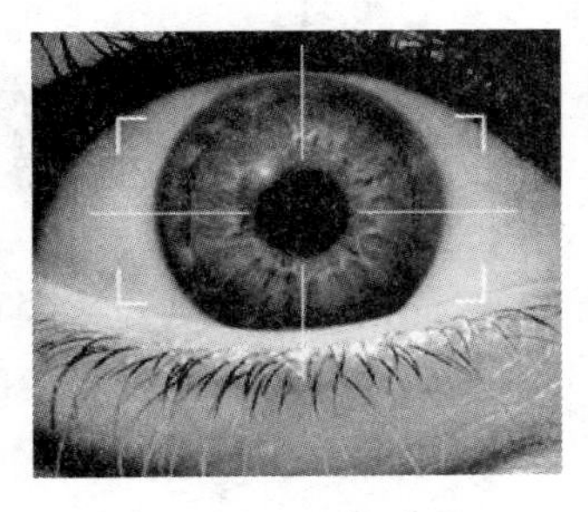

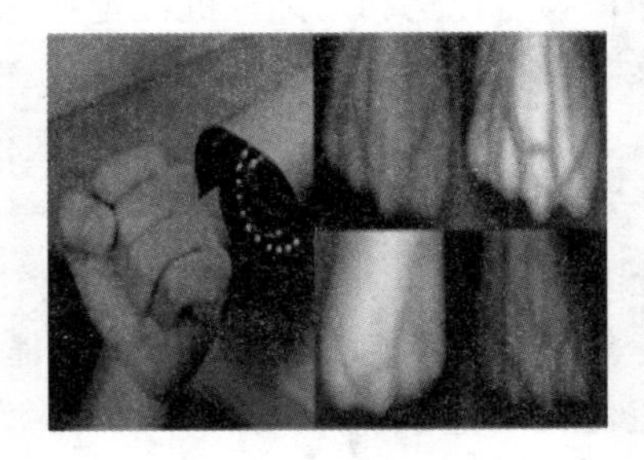

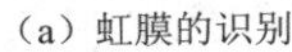

(a)虹膜的识别

(b)手背静脉的识别

图 11.6 虹膜、手背静脉的识别

4)遥感

通过遥感技术所获取的图像作识别,它已广泛应用于农作物估产、资源勘察、气象预报和军事侦察等多方面。

5)医学诊断

模式识别在癌细胞检测、X 射线照片分析、血液化验、染色体分析、心电图诊断和脑电图诊断等方面已取得了成效。有关详情将在第 16 章中介绍。

2. 动态行为分析

图像目标跟踪及目标行为分析是计算机视觉的动态应用,它包括的内容有:

1)运动目标跟踪

运动目标跟踪是计算机视觉中的一个重要问题。在由图像所组成的视频中跟踪某一个或多个特定的感兴趣对象,通过目标跟踪可以获得目标图像的参数信息及运动轨迹等。跟踪的主要任务是从当前帧中匹配上一帧出现的感兴趣目标的位置、形状等信息,在连续的视频序列中通过建立合适的运动模型确定跟踪对象的位置、尺度和角度等状态,并根据实际应用需求画出并保存目标运动轨迹。

运动目标跟踪为其行为分析提供了基础。

2)运动目标分析

在对运动目标跟踪后,即可对其作分析,并最终可获得具体语义的结果。

运动目标分析是对视频上的运动物体进行跟踪后,获得相应的数据,通过机器学习分析,判断出物体的行为轨迹、目标形态变化,最终获得行为的语义信息。如人体点头行为在设定环境中表示认同对方的意见;而人体摇头行为在设定环境中表示不认同对方的意见。又如:人体手势、人体脸部表情等人体行为分析最终都可得到其相应的语义信息。同时通过设置一定的条件和规则,判定物体的异常行为,如车辆逆行分析、人体翻越围墙分析、人体异常行为分析(如行人违规穿越马路分析、行人跌跤分析等)、军事防区遭受入侵分析等。

图像目标行为分析的典型应用领域有：

1)智能视频监控领域

智能视频监控是利用计算机视觉技术对视频信号进行处理、分析和理解，并对视频监控系统进行控制，从而使视频监控系统具有像人一样的智能。智能视频监控在民用和军事上都有着广泛的应用，可用于银行、机场、政府机构等公共场所的无人值守。

2)人机交互领域

传统的人机交互是通过计算机键盘和鼠标进行的，然而人们期望通过人类的动作，即人的姿态、表情、手势等行为，计算机即能“理解”其意图，从而达到人机交互目的。

3)机器人视觉导航

为了能够自主运动，智能机器人需要能够认识进和跟踪环境中的物体。在机器人手眼应用中，通过跟踪技术使用安装在机器人身上的摄像机跟踪拍摄的物体，计算其运动轨迹，并进行分析，选择最佳姿态，最终抓取物体。

4)医学诊断

超声波和核磁共振技术已被广泛应用于病情诊断。例如跟踪超声波序列图像中心脏的跳动，分析得到心脏病变的规律从而诊断得出正确的医学结论；跟踪核磁共振视频序列中每一帧扫描图像的脑半球，可将跟踪结果用于脑半球的重建，再通过分析获得脑部病变的结果。

5)自动驾驶领域

在道路交通视频图像序列中对车辆、行人图像进行跟踪与分析，可以预测车辆、行人的活动规律，为汽车无人驾驶提供基本保证。

图 11.7 所示是安装有计算机视觉功能的谷歌 Waymo 无人驾驶汽车。

图 11.7　安装有计算机视觉功能的谷歌 Waymo 无人驾驶汽车

3. 机器视觉

机器视觉(Machine Vision)是计算机视觉在工业领域中的应用。亦即是说，可将计算机视觉系统安装于任何具有一定智能的机器上，该机器即有类似于人类视觉的能力。

例如在机器人中安装计算机视觉系统后，该机器人即具类似人类的视觉能力；又如某种智能汽车中安装计算机视觉系统后，该汽车即具人类的视觉能力等。这种应用往往与某些专业领域相结合，是“计算机视觉 + 专业领域”型的应用。图 11.8 所示是一个安装于特殊机器人上的视觉识别装置。

图11.8 一个安装于特殊机器人上的视觉识别装置

小 结

(1)计算机视觉(Computer Vision)是用人工智能的方法模拟人类视觉能力的学科。

(2)计算机视觉模拟人类“看”的能力,这种能力包括对外界图像、视频的获取、处理、分析、理解和应用等多种一系列能力的综合。

(3)在计算机视觉的整个模拟过程中,一般分为以下几个层次:

①图像的获取——外界景物的数字化。

外界景物的数字化就是将外界景物转化成计算机内的用数字表示的图像,称为数字化图像,它是由摄像设备为代表的图像传感器所完成的,这种设备可以获取外界图像。

除了摄像设备外,还有很多相应的图像传感器以实现外界景物的数字化,如热成像相机,高光谱成像仪雷达设备、激光设备、X射线仪、红外线仪器、磁共振仪器、超声仪器等多种接口设备与仪器,不仅具有人类“眼睛”的功能,还具有很多“眼睛”所无法观察到的能力。从这个观点看,计算机视觉的能力可以部分超过人类视觉的能力。

②数字化图像的处理:

- 图像增强和复原;
- 图像数据的变换和压缩;
- 图像分割;
- 图像分解与拼接;
- 图像重建;
- 图像管理。

③图像的分析和理解。

图像的分析和理解是从现实世界中的景物提取高维数据以便产生数字或符号信息,并可以转换为与其他思维过程交互且可引出适当行动的描述。

图像的分析和理解包括图像描述、目标检测、特征提取、目标跟踪、物体识别与分类等。此外还包括高层次的信息分析,如动作分析、行为分析、场景语义分析等。

涉及图像分析的有：

- 图像特征提取；
- 图像描述；
- 图像分类、识别。

涉及是图像理解的有：

- 图像目标动作分析；
- 图像目标行为分析；
- 图像场景语义分析。

(4)计算机视觉应用。

目前主要应用领域是：

- 模式识别；
- 机器视觉；
- 动态行为分析。

(5)图像分析和理解。图像分析和理解是计算机视觉的核心内容，主要使用人工智能中的机器学习方法。在此仅选择讨论图像分析中的图像识别作为代表。

在图像识别中使用机器学习中的浅层学习与深层学习两种方法。

①图像识别中的浅层学习方法。这是一种传统的方法，一般采用监督学习的分类方法。在学习过程中需要人工或专家大量参与，在这种学习方法中将复杂问题分解成若干个简单子问题的序列，通过人工/自动相结合的混合方式解决之。常用的算法是支持向量机、人工神经网络等方法。

②图像识别中的深层学习方法。这是一种新的方法，它一般采用无监督/监督学习相结合的分类方法。在学习过程中仅需专家少量参与，大量是由系统自动完成。所使用的算法以卷积神经网络方法为主。

(6)计算机视觉的应用。

①模式识别：

- 二维码识别与联机手写输入；
- 掌纹、指纹识别；
- 光学字符识别；
- 遥感；
- 医学诊断。

②动态行为分析：

- 智能视频监控领域：
- 人机交互领域；
- 机器人视觉导航；
- 医学诊断；
- 自动驾驶领域。

③机器视觉。机器视觉(Machine Vision)是计算机视觉在工业领域中的应用。可将计算机视觉系统安装于任何具有一定智能的机器上,该机器即有类似于人类视觉的能力。

习题11

11.1 什么是计算机视觉？请说明之。

11.2 请说明计算机视觉模拟过程的四个层次。

11.3 请说明计算机视觉图像识别所使用的浅层学习与深层学习这两种方法。

11.4 请比较计算机视觉图像识别所使用的浅层学习与深层学习的两种方法的优缺点。

11.5 什么是机器视觉？请说明之。

11.6 请介绍计算机视觉的应用。

11.7 请举一个机器视觉的例子。

第 12 章 自然语言处理

人类所使用的语言称为自然语言(Natural Language),这是相对于人工语言而言的。人工语言即计算机语言(如 C 语言、Java)、世界语等。自然语言是人类智能中思维活动的主要表现形式,是人工智能中模拟人类智能的一种重要应用,称为自然语言处理(Natural Language Processing,NLP)。

自然语言处理研究能实现人与计算机之间用自然语言进行相互通信的理论和方法。具体来说,它的研究分为两个内容:首先是人类智能中思维活动通过自然语言表示后能被计算机理解(可构造成一种人工智能中的知识模型),称为自然语言理解(Natural Language Understanding,NLU);其次是计算机中的思维意图可用人工智能中的知识模型表示,再转换生成自然语言并被人类所了解,称为自然语言生成(Natural Language Generating,NLG),如图 12.1 所示。

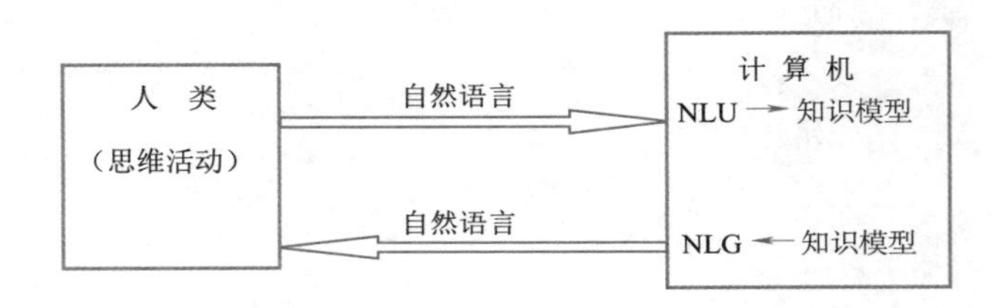

图 12.1 自然语言处理

自然语言表示形式有两种:一种是文字形式;另一种是语音形式,其中文字形式是基础。因此,在讨论时也将其分为两部分,以文字形式为主,即基于文字形式的自然语言理解与自然语言生成,以及基于语音形式的自然语言理解与自然语言生成。

在自然语言处理的实际应用方面,主要介绍自然语言人机交互界面及自动文摘等。

本章按照这些内容分为三部分(共 4 节)讨论,分别是:

- 自然语言处理——自然语言理解与自然语言生成。
- 语音处理——语音识别、语音合成及语音自然语言生成。
- 自然语言处理应用实例——自然语言人机交互界面及自动文摘。

12.1 自然语言处理之自然语言理解

12.1.1 自然语言理解之基本原理

这里的自然语言主要指的是汉语。汉字中的自然语言理解的研究对象是:汉字串,即汉字文本。其研究的目标是:最终被计算机所理解的具有语法结构与语义内涵的知识模型。

面对一个汉字串,使用自然语言理解的方法最终可以得到计算机中的多个知识模型,这主要是汉语言的歧义性所造成的。在对汉字串理解的过程中,与上下文有关,与不同的场景或不同的语境有关。另外,在理解自然语言时还需运用大量的有关知识,需要多种知识,以及基于知识上的推理。有的知识是人们已经知道的,而有的知识则需要通过专门学习而获取。这些都属于人工智能技术。因此在自然语言理解过程中必须使用人工智能技术才能消除歧义性,使最终获得的理解结果与自然语言的原意是一致的。在具体使用中需要用到的人工智能技术是知识与知识表示、知识库、知识获取等内容。重点使用的是知识推理、机器学习及深度学习等方法。

综上,在汉字中自然语言理解的研究对象是汉字串,研究的结果是计算机中具有语法结构与语义内涵的知识模型,研究所采用的技术是人工智能技术。

从其研究的对象汉字串,即汉字文本开始。在自然语言理解中的基本理解单位是:词,由词或词组所组成的句子,以及由句子所组成的段、节、章、篇等。关键的是:词与句。对词与句的理解中分为语法结构与语义内涵等两种,按序可分为词法分析、句法分析及语义分析三部分内容。

★12.1.2 自然语言理解之具体实施

1. 词法分析

词法分析(Lexical Analysis)包括分词和词性标注两部分。

1)分词

在汉语中词是最基本的理解单位,与其他种类语言不同,如英语等,词间是有空隔符分开的。在汉语中词间是无任何标识符区分的,因此词是需要切分的。故而,一个汉字串在自然语言理解中的第一步是将它顺序切分成若干个词。这样就是将汉字串经切分后成为词串。

词的定义是非常灵活的,它不仅仅和词法、语义相关,也和应用场景、使用频率等其他因素相关。

中文分词的方法有很多,常用的有下面几种:

①基于词典的分词方法:这是一种最原始的分词方法,首先要建立一个词典,然后按照词典逐个匹配机械切分,此种方法适用涉及专业领域小,汉字串简单情况下的切分。

②基于字序列标注的方法：对句子中的每个字进行标记，如四符号标记{B,I,E,S}，分别表示当前字是一个词的开始、中间、结尾，以及独立成词。

③基于深度学习的分词方法：深度学习方法为分词技术带来了新的思路，直接以最基本的向量化原子特征作为输入，经过多层非线性变换，输出层就可以很好地预测当前字的标记或下一个动作。在深度学习的框架下，仍然可以采用基于字序列标注的方式。深度学习主要优势是可以通过优化最终目标，有效学习原子特征和上下文的表示，同时深度学习可以更有效地刻画长距离句子信息。

2）词性标注

对切分后的每个词作词性标注。词性标注是为每个词赋予一个类别，这个类别称为词性标记，如名词、动词、形容词等。一般来说，属于相同词性的词，在句法中承担类似的角色。

词性标注极为重要，它为后续的句法分析及语义分析提供必要的信息。

中文词性标注难度较大，主要是词缺乏形态变化，不能直接从词的形态变化上来判别词的类别，并且大多数词具有多义、兼类现象。中文词性标注要更多的依赖语义，相同词在表达不同义项时，其词性往往是不一致的。因此通过查词典等简单的词性标注方法效果较差。

目前，有效的中文词性标注方法可以分为基于规则的方法和基于统计学习的方法两大类。

①基于规则的方法：通过建立规则库以规则推理方式实现的一种方法。此方法需要大量的专家知识和很高的人工成本，因此仅适用于简单情况下的应用。

②基于统计学习的方法：词性标注是一个非常典型的序列标注问题，由于人们可以通过较低成本获得高质量的数据集，因此，基于统计学习的词性标注方法取得了较好的效果，并成为主流方法。常用的学习算法有隐马尔科夫模型、最大熵模型、条件随机场等。

随着深度学习技术的发展，出现了基于深层神经网络的词性标注方法。传统词性标注方法的特征抽取过程主要是将固定上下文窗口的词进行人工组合，而深度学习方法能够自动利用非线性激活函数完成这一目标。

2. 句法分析

在经过词法分析后，汉字串就成了词串，句法分析就是在词串中顺序组织起句子或短语，并对句子或短语结构进行分析，以确定组织句子的各个词、短语之间的关系，以及各自在句子中的作用，将这些关系用一种层次结构形式表示，并进行规范化处理。在句法分析过程中常用的结构方法是树结构形式，此种树称为句法分析树。

句法分析是由专门的句法分析器进行的，该分析器的输入端是一个句子，输出端是一个句法分析树。

句法分析的方法有两种：一种是基于规则的方法；另一种是基于学习的方法。

1）基于规则的句法分析方法

这是早期的句法分析方法，最常用的是短语结构文法及乔姆斯基（Chomsky）文法。

它们是建立在固定规则基础上并通过推理进行句子分析的方法。这种方法因规则的固定性与句子结构的歧义性,产生的效果并不理想。

2)基于学习的句法分析方法

从20世纪80年代末开始,随着语言处理的机器学习算法的引入,以及大数据量"词料库"的出现,自然语言处理发生了革命性变化。最早使用的机器学习算法,如决策树、隐马尔可夫模型在句法分析得到应用。早期许多值得注意的成功发生在机器翻译领域。特别是IBM公司开发的基于统计机器学习模型。该系统利用加拿大议会和欧洲联盟制作的"多语言文本语料库"将所有政府诉讼程序翻译成相应政府系统的官方语言。最近的研究越来越多地关注无监督和半监督学习算法。这样的算法能够从手工注释(没有答案)的数据中学习,并使用深度学习技术在句法分析中实现最有效的结果。

3. 语义分析

语义分析指运用机器学习方法,学习与理解一段文本所表示的语义内容,通常由词、句子和段落构成,根据理解对象的语言单位不同,又可进一步分解为词汇级语义分析、句子级语义分析以及篇章级语义分析。词汇级语义分析关注的是如何获取或区别单词的语义,句子级语义分析则试图分析整个句子所表达的语义,而篇章语义分析旨在研究自然语言文本的内在结构并理解文本单元(可以是句子从句或段落)间的语义关系。

目前,语义分析技术主流的方法是基于统计的方法,它以信息论和数理统计为理论基础,以大规模语料库为驱动,通过机器学习技术自动获取语义知识。下面首先介绍语言表示的相关知识,然后从词汇级、句子级语义分析两个层次做介绍。

1)语言表示

人类语言具有一定的语法结构,也蕴涵其所表达的语义信息。在语法和语义上都充满了歧义性,需要结合一定的上下文和知识才能理解。这使得如何理解、表示以及生成自然语言变得极具挑战性。

语言表示是自然语言处理以及语义计算的基础。语言具有一定的层次结构,具体表现为词、短语、句子、段落以及篇章等不同的语言粒度。为了让计算机可以理解语言,需要将不同粒度的语言都转换成计算机可以处理的数据结构。

早期的语言表示方法是符号化的离散表示。为了方便计算机进行计算,一般将符号或符号序列转换为高维的稀疏向量。比如词可以表示为One - Hot向量(一维为1、其余维为0的向量),句子或篇章可以通过词袋模型、TF - IDF模型、N元模型等方法进行转换。离散表示的缺点是词与词之间没有距离的概念,如"电脑"和"计算机"被看成是两个不同的词,这和语言的特性并不相符。因此,离散的语言表示需要引入知识库,如同义词词典、上下位词典等,才能有效地进行后续的语义计算。一种改进的方法是基于聚类的词表示,如Brown聚类算法,通过聚类得到词的类别簇来改进词的表示;对于句子或篇章可以通过K - Means等方法进行转换表示。

离散表示无法解决"多词一义"问题,为了解决这一问题,可以将语言单位表示为连续语义空间中的一个点，这样的表示方法称为连续表示。基于连续表示，词与词之间就可以通过欧字距离或余弦距离等方式来计算相似度。常用的连续表示有两种：

①一种是应用比较广泛的分布式表示。分布式表示是基于 Harris 的分布式假设，即如果两个词的上下文相似，那么这两个词也是相似的。上下文的类型称为相邻词（句子或篇章也有相应的表示），这样就可以通过词与其上下文的共现矩阵来进行词的表示，即把共现矩阵的每一行看作对应词、句子或篇章的向量表示。基于共现矩阵，有很多方法可得到连续的词表示，如潜在语义分析模型、潜在狄利克雷分配模型、随机索引等。如果取上下文为词所在的句子或篇章，那么共现矩阵的每一列是该句子或篇章的向量表示。结合不同的模型，很自然就得到句子或篇章的向量表示。

②另外一种是近年来在深度学习中使用的表示，即分散式表示。分散式表示是将语言的潜在语法或语义特征分散式地存储在一组神经元中，可以用稠密、低维的向量来表示，又称嵌入。不同的深度学习技术通过不同的神经网络模型对字、词、短语、句子以及篇章进行建模。除了可以更有效地进行语义计算之外，分散式表示也可以使特征表示和模型变得更加紧凑。

2）词汇级语义分析

词汇层面上的语义分析主要体现在如何理解某个词汇的含义，主要包含两方面：一是在自然语言中，一个词具有多个含义的现象非常普遍，如何根据上下文确定其含义，这是词汇级语义研究的内容，称为词义消歧；二是如何表示并学习一个词的语义，以便计算机能够有效地计算两个词之间的相似度。

（1）词义消歧。词义消歧根据一个多义词在文本中出现的上下文环境来确定其词义，是自然语言处理的基础步骤。词义消歧包含两个内容：在词典中描述词语的意义；在语料中进行词义自动消歧。

例如“苹果”在词典中的描述有两个不同的意义：一种常见的水果；美国一家科技公司。对于两个句子：“她的脸红得像苹果”“最近几个月苹果营收出现下滑”。词义消歧的任务是自动将第一个苹果归为“水果”，将第二个苹果归为“公司”。

①语义词典的支持。词义消歧的研究通常需要语义词典的支持，因为词典描述了词语的义项区分。在英语的词义消歧研究中使用的词典主要是 WordNet，中文使用的词典有 HowNet，以及北京大学的“现代汉语语义词典”等。除词典外，词义标注语料库标注了词的不同义项在真实文本中的使用状况，为开展有监督的词义消歧研究提供了数据支持。常见的英文词义标注语料库包括普林斯顿大学标注的 Semcor 语料、新加坡国立大学标注的 DSO 语料以及用于 Senseval 评测的语料库等。在中文方面，哈尔滨工业大学和北京大学分别基于 HowNet 和“现代汉语语义词典”标注了词义消歧语料库。

②词义自动消歧。词义自动消歧方法分为以下三类：

a. 基于词典的词义消歧。基于词典的词义消歧方法研究的早期代表是 Lesk 于 1986 年提出的。给定某个待消解词及其上下文，该方法的思想是计算语义词典中各个词义的定义与上下文之间的覆盖度，选择覆盖度最大的作为待消解词在其上下文中的正确词义。由于词典中词义的定义通常比较简洁，这使得消歧性能不高。

b. 有监督词义消歧。有监督的消歧方法使用机器学习方法，用词义标注语料来建立消歧模型，研究的重点在于特征的表示。常见的上下文特征可以归纳为三个类型：

- 词汇特征通常指待消解词上下窗口内出现的词及其词性。
- 句法特征利用待消解词在上下文中的句法关系特征，如动—宾关系、是否带主/宾语、主/宾语组块类型、主/宾语中心词等。
- 语义特征在句法关系的基础上添加了语义类信息，如主/宾语中心词的语义类，甚至还可以是语义角色标注类信息。

随着深度学习在自然语言处理领域的应用，基于深度学习方法的词义消歧成为这一领域的一大热点。深度学习算法自动地提取分类需要的低层次或者高层次特征，避免了很多特征工程方面的工作量。

c. 无监督和半监督词义消歧。虽然有监督的消歧方法能够取得较好的消歧性能，但需要大量的人工标注语料，费时费力。为了克服对大规模语料的需要，半监督或无监督方法仅需要少量或不需要人工标注语料，如 Yarowsky、Resnik 等。一般来说，虽然半监督或无监督方法不需要大量的人工标注数据，但依赖于一个大规模数量的未标注语料，以及在该语料上的句法分析结果。另一方面，待消解词的覆盖度可能会受影响。例如：Resnik 仅考察某部分特殊结构的句法，只能对动词、动词的主/宾语、形容词修饰的名词等少数特定句位置上的词进行消歧，而不能覆盖所有歧义词。

（2）词义表示和学习。随着机器学习算法的发展，目前更流行的词义表示方式是词嵌入。其基本思想是通过训练将某种语言中的每一个词映射成一个固定维数的向量，将所有这些向量放在一起形成一个词向量空间，每一向量可视为该空间中的一个点，在这个空间上引入“距离”的概念，根据词之间的距离来判断它们之间的（词法、语义上的）相似性。

自然语言由词构成，深度学习模型首先需要将词表示为词嵌入。词嵌入向量的每一维都表示词的某种潜在的语法或语义特征。一个好的词嵌入模型应该是对于相似的词，它们对应的词嵌入也相近。

3）句子级语义分析

句子级的语义分析试图根据句子的句法结构和句中词的词义等信息，推导出能够反映这个句子意义的某种形式化表示。根据句子级语义分析的深浅，可以进一步划分为浅层语义分析和深层语义分析。

类似于词义表示和学习，句子也有其表示和学习方法。

（1）句子表示和学习。在自然语言处理中，很多任务的输入是变长的文本序列，传统分类器的输入需要固定大小。因此，需要将变长的文本序列表示成固定长度的向量。

以句子为例，一个句子的表示可以看成是句子中所有词的语义组合。因此，句子编码方法近两年也受到广泛关注。句子编码主要研究如何有效地从词嵌入通过不同方式的组合得到句子表示。其中，比较有代表性的方法有四种。

①神经词袋模型。神经词袋模型是简单对文本序列中每个词嵌入进行平均，作为

整个序列的表示。这种方法的缺点是丢失了词序信息。对于长文本,神经词袋模型比较有效。但是对于短文本,神经词袋模型很难捕获语义组合信息。

②递归神经网络。递归神经网络是按照一个给定的外部拓扑结构(如成分句法树),不断递归得到整个序列的表示。递归神经网络的一个缺点是需要给定一个拓扑结构来确定词和词之间的依赖关系,因此限制其使用范围。

③循环神经网络。循环神经网络是将文本序列看作时间序列,不断更新,最后得到整个序列的表示。

④卷积神经网络。卷积神经网络是通过多个卷积层和下采样层,最终得到一个固定长度的向量。

在上述四种基本方法的基础上,很多研究者综合这些方法的优点,结合具体的任务,已经提出了一些更复杂的组合模型,如双向循环神经网络、长短时记忆模型等。

(2)浅层语义分析。语义角色标注是一种浅层的语义分析。给定一个句子,它的任务是找出句子中谓词的相应语义角色成分,包括核心语义角色(如施事者、受事者等)和附属语义角色(如地点、时间、方式、原因等)。根据谓词类别的不同,可以将现有的浅层的语义分析分为动词性谓词浅层的语义分析和名词性谓词浅层的语义分析。

目前浅层的语义分析的实现通常都是基于句法分析结果,即对于某个给定的句子,首先得到其句法分析结果,然后基于该句法分析结果,再实现浅层的语义分析。这使得浅层的语义分析的性能严重依赖于句法分析的结果。

同时,在同样的句法分析结果上,名词性谓词浅层的语义分析的性能要低于动词性谓词浅层的语义分析。因此,提高名词性谓词浅层的语义分析性能也是研究的一个关键问题。

语义角色标注的任务明确,即给定一个谓词及其所在的句子,找出句子中该谓词的相应语义角色成分。语义角色标注的研究内容包括基于成分句法树的语义角色标注和基于依存句法树的语义角色标注。同时,根据谓词的词性不同,可进一步分为动词性谓词和名词性谓词语义角色标注。尽管各任务之间存在着差异性,但标注框架类似。以下以基于成分句法树的语义角色标注为例,任务的解决思路是以句法树的成分为单元,判断其是否担当给定谓词的语义角色。系统通常可以由三部分构成:

①角色剪枝:通过制定一些启发式规则,过滤掉那些不可能担当角色的成分。

②角色识别:在角色剪枝的基础上,构建一个二元分类器,即识别其是或不是给定谓词的语义角色。

③角色分类:对那些是语义角色的成分,进一步采用多元分类器,判断其角色类别。

在以上的框架下,语义角色标注的研究内容是如何构建角色识别和角色分类的分类器。常用的方法有基于特征向量的方法和基于树核的方法。

在基于特征向量的方法中,最具有代表性的七个特征是成分类型、谓词子类框架、成分与谓词之间的路径、成分与谓词的位置关系、谓词语态、成分中心词和谓词本身。这七个特征随后被作为基本特征广泛应用于各类基于特征向量的语义角色标注系统中,同时后续研究也提出了其他有效的特征。

作为对基于特征向量方法的有益补充，核函数的方法挖掘隐藏于句法结构中的特征。例如：可以利用核函数 PAK 来抓取谓词与角色成分之间的各种结构化信息。此外，传统树核函数只允许“硬”匹配，不利于计算相似成分或近义的语法标记，相关研究提出了一种基于语法驱动的卷积树核用于语义角色标注。

在角色识别和角色分类过程中，无论是采用基于特征向量的方法，还是基于树核的方法，其目的都是尽可能准确地计算两个对象之间的相似度。基于特征向量的方法将结构化信息转化为平面信息，方法简单有效；缺点是在制定特征模板的同时，丢弃了一些结构化信息。同样，基于树核的方法有效解决了特征维数过大的问题，缺点是在利用结构化信息的同时会包含噪声信息，计算开销远大于基于特征向量的方法。

12.2 自然语言处理之自然语言生成

计算机中的思维意图用人工智能中的知识模型表示后，再转换生成自然语言被人类所理解，称为自然语言生成。在自然语言生成中也大量用到人工智能技术。一般而言，自然语言生成结构可以由三个部分构成：内容规划、句子规划和句子实现。

1. 内容规划

内容规划是生成的首要工作，其主要任务是将计算机中的思维意图用人工智能中的知识模型表示，包括内容确定和结构构造两部分。

1）内容确定

内容确定的功能是决定生成的文本应该表示什么样的问题，即计算机中的思维意图的表示。

2）结构构造

结构构造则是完成对已确定内容的结构描述，即建立知识模型。具体来说，就是用一定的结构将所要表达的内容按块组织，并决定这些内容块是怎样按照修辞方法互相联系起来，以便更加符合阅读和理解的习惯。

2. 句子规划

在内容规划基础上进行句子规划。句子规划的任务就是进一步明确定义规划文本的细节，具体包括选词、优化聚合、指代表达式生成等。

1）选词

在规划文本的细节中，必须根据上下文环境、交互目标和实际因素用词或短语来表示。选择特定的词、短语及语法结构以表示规划文本的信息。这意味着对规划文本进行消息映射。有时只用一种选词方法来表示信息或信息片段，在多数系统中允许多种选词方法。

2）优化聚合

在选词后，对词按一定规则进行聚合，从而组成句子初步形态。优化后使句子更为符合相关要求。

3）指代表达式生成

指代表达式生成决定什么样的表达式。句子或词汇应该被用来指代特定的实体或对象。在实现选词和聚合之后,对指代表达式生成的工作来说,就是让句子的表达更具语言色彩,对已经描述的对象进行指代以增加文本的可读性。

句子规划的基本任务是确定句子边界,组织材料内部的每一句话,规划句子交叉引用和其他的回指情况,选择合适的词汇或段落来表达内容,确定时态、模式,以及其他的句法参数等,即通过句子规划,输出的应该是一个子句集列表,且每一个子句都应该有较为完善的句法规则。事实上,自然语言是有很多歧义性和多义性的,各个对象之间大范围的交叉联系等情况,造成完成理想化句子规划是一个很难的任务。

3. 句子实现

在完成句子规划后,即进入最后阶段——句子实现。它包括语言实现和结构实现两部分,具体地讲就是将经句子规划后的文本描述映射至由文字、标点符号和结构注解信息组成的表层文本。句子实现生成算法首先按主谓宾的形式进行语法分析,并决定动词的时态和形态,再完成遍历输出。其中,结构实现完成结构注解信息至文本实际段落、章节等结构的映射;语言实现完成将短语描述映射到实际表层的句子或句子片段。

12.3 语音处理

12.3.1 语音处理之原理

语音处理包括语音识别、语音合成及语音的自然语言处理等三部分内容。所讨论的自然语言主要指的是汉语。其中,语音识别是从汉语语音到汉字文本的识别过程,语音合成是从汉字文本到汉语语音的合成过程。图12.2所示是语音识别与语音合成过程。图的上部由汉语语音经语音识别到汉字文本后被人类大脑所理解的过程。图的下部由人类大脑所理解的汉字文本经语音合成后到汉语语音的过程。在语音识别与语音合成的基础上,基于文本的自然语言处理相结合从而完成语音形式的自然语言处理,简称语音处理。

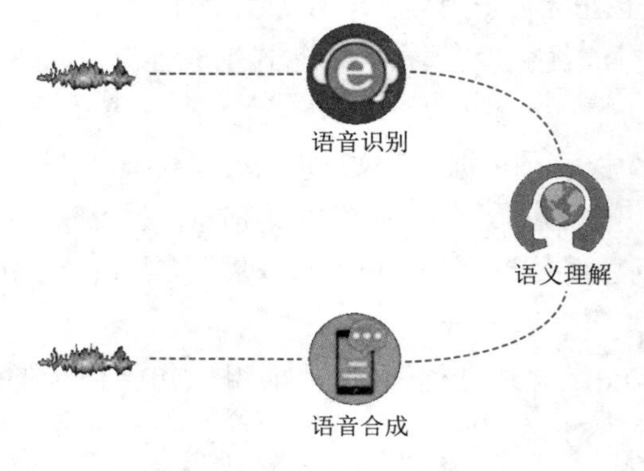

图12.2 语音识别与语音合成过程

在语音处理中需要用到大量的人工智能技术,包括知识与知识表示、知识库、知识获取等内容。重点使用的是知识推理、机器学习及深度学习等方法,特别是其中的深度人工神经网络中的多种算法。此外,还与大数据技术紧密关联。

12.3.2 语音识别

1. 语音识别基本方法

语音识别(Automatic Speech Recognition,ASR)是指利用计算机实现从语音到文字自动转换的任务。在实际应用中,语音识别通常与自然语言理解和语音合成等技术结合在一起,提供一个基于语音的自然流畅的人机交互过程。

早期的语音识别技术多基于信号处理和模式识别方法。随着技术的进步,机器学习方法越来越多地应用到语音识别研究中,特别是深度学习技术,它给语音识别研究带来了深刻变革。同时,语音识别通常需要集成语法和语义等高层知识来提高识别精度,和自然语言处理技术息息相关。另外,随着数据量的增大和计算能力的提高,语音识别越来越依赖数据资源和各种数据优化方法,这使得语音识别与大数据、高性能计算等新技术广泛结合。语音识别是一门综合性应用技术,集成了包括信号处理、模式识别、机器学习、数值分析、自然语言处理、高性能计算等一系列基础学科的优秀成果,是一门跨领域、跨学科的应用型研究。

语音识别是让机器通过语音识别方法把语音信号转换为相应的文本的技术。语音识别方法一般采用模式匹配法,包括特征提取、模式匹配及模型训练三方面。

(1)对语音的特性作提取,形成一个特征向量。

(2)在训练阶段,用户将词汇表中的每一词依次读一遍,并且将其特征向量作为模式存入模式库。

(3)在识别阶段,采用模式匹配,将输入语音的特征向量依次与模板库中的每个模板进行相似度比较,将相似度最高者作为识别结果输出。

图 12.3 所示是语音识别的原理。

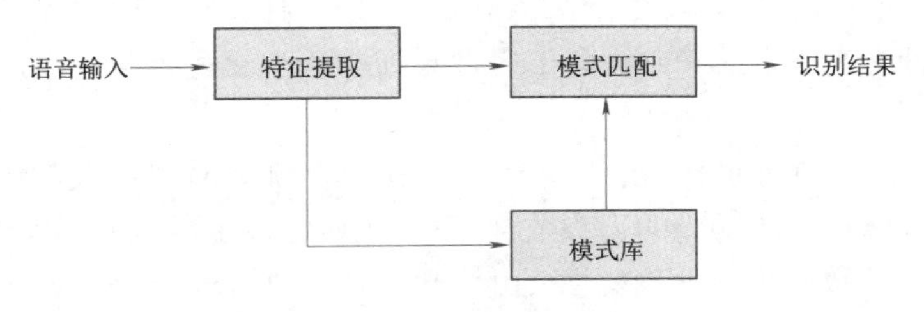

图 12.3 语音识别的原理

2. 语音识别中的难题

语音识别是一个很复杂的问题,主要有五个难题:

(1)对自然语言的识别和理解。首先必须将连续讲话的语音分解成为词、音素等单位,其次要建立一个理解这些单位的语义规则,它们为后续语音识别建立基础。

(2)语音信息量大。语音模式不仅对不同的说话人不同,对同一说话人也是不同的,如一个说话人在随意说话和认真说话时的语音信息是不同的。同时,一个人的说话方式可因时间不同产生不同变化,也可因地理位置不同而产生不同变化等。

(3)语音的模糊性。说话者在讲话时,不同的词可能听起来是相似的。这在汉语中是常见的。

(4)单个字母或词、字的语音特性受上下文的影响,以致改变了重音、音调、音量和发音速度等。

(5)环境噪声和干扰对语音识别有严重影响,致使识别率低。

3. 语音识别步骤

语音识别方法在操作时可分以下五个步骤:

1)前端处理

前端处理是指在特征提取之前,对原始语音进行处理。一般,处理后的信号更能反映语音的本质特征。最常用的前端处理有端点检测和语音增强。端点检测是指在语音信号中将语音和非语音信号时段区分开来,准确地确定语音信号的起始点。经过端点检测后,后续处理就可以只对语音信号进行,这对提高模型的精确度和识别正确率有重要作用。语音增强的主要任务就是消除环境噪声对语音的影响。目前通用的方法是采用维纳滤波,该方法在噪声较大的情况下效果好于其他滤波器。

2)特征提取

语音识别的一个主要困难在于语音信号的复杂性和多变性。一段看似简单的语音信号,其实包含说话人、发音内容、信道特征、口音方言等大量信息。不仅如此,这些底层信息互相合在一起,又表达了情绪变化、语法语义、暗示内涵等丰富的高层信息。如此众多的信息中,仅有少量是和语音识别相关的,这些信息被淹没在大量其他信息中,充满了变动性。语音特征抽取即是在原始语音信号中提取与语音识别最相关的信息,滤除其他无关信息。

语音特征抽取的原则是:尽量保留对发音内容的区分性,同时提高对其他信息变量的健壮性。近年来的研究倾向于通过数据驱动学习适合某一应用场景的语音特征。

在语音特征参数方面,目前比较有效的有 Mel 频率倒谱系数(Mel - Frequency Cestrum Coefficients,MFCC),MFCC 参数符合人耳的听觉特性,在有信道噪声和频谱失真情况下,MFCC 参数表现得比较稳性。由线性预测系数(Linear Prediction Coefficients,LPC)导出倒谱系数也是一种常用的特征参数,在安静的环境下,线性预测倒谱系数与 MFCC 系数的性能相差不多。近来研究表明采用感觉加权的线性预测(Perceptual Linear Prediction,PLP)系数有更好的识别稳健性。在语音信号特征提取过程中,通常作了一个很不准确的假设,即不同帧间的语音是不相关的。实际上由于发音的物理条件限制,语音的变化是连续的,不同帧间语音一定是相关的。因此一阶差分系数和二阶差分系数通常用来近似描述语音帧间的相关性。通常把语音信号的倒谱特征称为语音的静态特征,把静态特征的差分谱称为语音信号的动态特征,这些动态信息和静态信息相互补充,能很大程度提高系统的识别性能。汉语是有调语言,通常将归一化基因频率和它的差分作为代表音调信息的参数加入 MFCC 或 PLP 参数中。

3)声学模型建立

语音识别的模型通常由声学模型和语言模型两部分组成。声学模型对应于语音到音节概率的计算,亦即对声音信号(语音特征)的特性进行抽象化。自 20 世纪 80 年代以来,声学模型基本上以概率统计模型为主,特别是隐马尔可夫模型/高斯混合模型(HMM/GMM)结构。近几年,深度神经网络和卷积神经网络模型以及 LSTM 长短时记忆模型成为声学模型的主流结构。

4)语言模型建立

语言模型对应于音节到字概率的计算,亦即对语言中的词语搭配关系进行归纳,抽象成概率模型。这一模型在解码过程中对解码空间形成约束,不仅减少计算量,而且可以提高解码精度。

传统的语言模型多采用统计语言模型,即用概率统计的方法来揭示语言单位内在的统计规律,其中基于 N 元文法的 N – Gram 简单有效,被广泛使用。近年来深度神经网络的语言模型发展很快,在某些识别任务中取得了比 N – Gram 模型更好的结果,但它不论训练和推理都显著慢于 N – Gram,所以在很多实际应用场景中,很大一部分语言模型仍然采用 N 元文法的方式。N – Gram 会计算词典中每个词对应的词频以及不同的词组合在一起的概率,用 N – Gram 可以很方便地得到语义得分。

将 N – Gram 模型用加权有限状态转换机(Weighted Finite State Transducer,WFST)的形式加以定义,获得了规范的、可操作的语义网络。在 WFST 概念出现以后,对语义网络的优化、组合等操作都建立起了严格的数学定义,可以非常方便地将两个语义网络进行组合、串联、组合后再进行裁剪等。将 N – Gram 词汇模型、发音词典串联后展开,得到了基本发音音素的语义搜索网络。

5)解码搜索

解码是利用语音模型和语言模型中积累的知识,对语音信号序列进行推理,从而得到相应语音内容的过程。

早期的解码器一般为动态解码,即在开始解码前,将各种知识源以独立模块形式加载到内存中,动态构造解码图。

现代的解码器多采用静态解码,即将各种知识源统一表达成有限状态转换机 FST,并将各层次的 FST 嵌套组合在一起,形成解码图。解码时,一般采用 Viterbi 算法在解码图中进行路径搜索。为加快搜索速度,一般对搜索路径进行剪枝,保留最有希望的路径。

一般的解码过程是通过统计分析大量的文字语料构建语言模型,得到音素到词、词与词之间的概率分布。语言解码过程综合声学打分及语言模型概率打分,寻找一组或若干组最优词模型序列以描述输入信号,从而得到词的解码序列。

语音的解码搜索是一个启发式一局部最优搜索问题。早期的语音识别在处理十多个命令词识别这样的有限词汇简单任务时,往往可以采用全局搜索。

整个语音识别的大致过程总结如下:

根据前端声学模型给出的发音序列,结合大规模语料训练得到的 N - Gram 模型,在 WFST 网络上展开,从 N - Gram 输出的词网络中通过 Viterbi 算法寻找最优结果,将音素序列转换成文本。

12.3.3 语音合成

语音合成(Speech Synthesis)又称文语转换(Text to Speech),它的功能是将文字实时转换为语音。为了合成高质量的语音,除了依赖于各种规则,包括语义学规则、词汇规则、语音学规则外,还必须对文字的内容有很好理解,这也涉及自然语言理解的问题。

人在发出声音前,经过一段大脑的高级神经活动,先有一个说话的意向,然后根据这个意向组织成若干语句,接着可通过发音输出。目前语音合成主要是以文本所表示的语句形式到语音的合成,实现这个功能的系统称为 TTS 系统。

语音合成的过程是先将文字序列转换成音韵序列,再由系统根据音韵序列生成语音波形。第一步涉及语言学处理,如分词、字音转换等,以及一整套有效的韵律控制规则;第二步需要使用语音合成技术,能按要求实时合成高质量的语音流。因此,文语转换有一个复杂的、由文字序列到音素序列的转换过程,包含文本处理、语言分析、音素处理、韵律处理和平滑处理等五个步骤。

1. 文本处理和语言分析

语音合成首先是处理文字,也就是文本处理和语言分析。它的主要功能是模拟人对自然语言的理解过程——文本规范化、词的切分、语法分析和语义分析,使计算机能从这些文本中认识文字,进而知道要发什么音、怎么发音,并将发音的方式告诉计算机。另外,还要让计算机知道,在文本中,哪些是词,哪些是短语或句子,发音时应该到哪里停顿及停顿多长时间等。工作过程分为以下三个主要步骤:

(1)将输入的文本规范化。在这个过程中,要查找拼写错误,并将文本中出现的一些不规范或无法发音的字符过滤掉。

(2)分析文本中词或短语的边界,确定文字的读音,同时分析文本中出现的数字、姓氏、特殊字符、专有词语以及各种多音字的读音方式。

(3)根据文本的结构、组成和不同位置上出现的标点符号,确定发音时语气的变换以及发音的轻重方式。最终,文本分析模式将输入的文字转换成计算机能够处理的内部数据形式,便于后续模块进一步处理并生成相应的信息。

传统的文本分析主要是基于规则的实现方法,主要思路是尽可能地将文字中的分词规范、发音方式罗列起来,总结出规则,依靠这些规则进行文本处理。这些方法的优点在于结构较为简单、直观,易于实现;缺点是需要时间去总结规则,且模块性能的好坏严重依赖于设计人员的经验以及他们的背景知识。由于这些方法能取得较好的分析效果，因此，依然被广泛使用。

近几年来，统计学方法以及人工神经网络技术在计算机多个领域中获得了成功的应用，计算机从大量数据中自动提取规律已完全成为现实。因此出现了基于数据驱动的文本分析方法，二元语义法、三元语义法、隐马尔可夫模型法和神经网络法等方法成为主流。

2. 音素处理

语音合成是一个分析—存储—合成的过程，一般是选择合适的基元，将基元用数据编码方式或波形编码方式进行存储，形成一个语音库。合成时，根据待合成的语音信息，从语音库中取出相应的基元进行拼接，并将其还原成语音信号。语音合成中，为了便于存储，必须先将语音信号进行分析或变换，在合成前必须进行相应的反变换。其中，基元是语音合成中所处理的最小的语音学基本单元，待合成词语的语音库就是所有合成基元的集合。根据基元的选择方式以及其存储形式的不同，可以将合成方式笼统地分成波形合成方法和参数合成方法。常用的是波形合成方法。

波形合成方法是一种相对简单的语音合成技术。把人的发音波形直接存储或者进行简单波形编码后存储，组合成一个合成语音库；合成时，根据待合成的信息，在语音库中取出相应单元的波形数据，拼接或编辑到一起，经过解码还原成语音。这种语音合成器的主要任务是完成语音的存储和回放任务。波形合成法一般以语句、短句、词，或者音节为合成基元。

3. 韵律处理

人类的自然发音具有韵律节奏，主要通过韵律短语和韵律词来体现。与语法词相似，语音合成中存在着韵律词，多个韵律词又组成韵律短语，多个韵律短语可以构成语调短语。韵律处理就是要进行韵律结构划分，判断韵律节奏，以及划分韵律特性，从而为合成语音规划出重音、语调等音段特征，使合成语音能正确表达语意，听起来更加自然。

语言分析、文本处理和音素处理的结果是得到了分词、注音和词性等基本信息，以及一定的语法结构。然而这些基本信息通常不能直接用来进行韵律处理，需要在前者的基础上引入韵律节奏的预测机制，从而实现文本处理和韵律处理的融合，并从更深层次上分析韵律特性。韵律节奏主要通过重音组合和韵律短语等综合体现，可以利用规则或韵律模型对韵律短语便捷位置进行预测。

1）基于规则的韵律短语预测

利用韵律结构与语法结构的相似性研究韵律结构，使用人工的标注方法实现对汉语韵律短语的识别。从文本分析中获得分词信息并进行韵律组词，然后利用获得的句法信息，构建韵律结构预测树来预测文本的停顿位置分布和停顿等级，最后输出韵律结构。

利用规则的方法便于理解、实现简单,但是存在着缺陷。首先,规则的确定往往是由专家从少量的文本中总结归纳的,不能够代表整个文本;其次,由于人的个人意识和偏好,难免会受到经验及能力的限制,且规则的复用度低,可移植性差。因此,目前有关于韵律短语预测主要集中在基于机器学习的预测模型上。

2)基于机器学习的韵律短语预测

利用统计韵律模型计算概率出现的频度实现对韵律词边界的预测和韵律短语边界的识别。韵律模型可以从韵律的声学参数上直接建模,如基频模型、音长模型、停顿模型等。

通常情况下可以利用文本分析得到分词、注音和词性等结果,建立语法结构到韵律节奏的模型,包括韵律短语预测和重音预测等,然后进一步通过重音和韵律短语信息和韵律短语信息结合成统一的语境信息,最终实现韵律声学参数的预测和进行选音的步骤。

4. 平滑处理

如果直接将挑选得到的合成单元拼接容易导致语音的不连续,因此必须对拼接单元进行平滑处理。

在得到拼接单元后,如果将它们单纯地拼接起来,则在拼接的边界处会由于数据的"突变"而产生一些高频噪声,因此,在拼接时还需要在各个单元的衔接处进行平滑处理,提高合成语音的自然度。

一般相邻的语音基元之间会存在一定数量和程度的重叠部分,这样就会进行过渡性的平滑,使得不会产生边界处的咔嗒声,而对于不相邻的两段语音基元之间,要想将它们拼接起来,可以在要拼接的两个基元之间人为地插入经过韵律参数调整过的语音过渡段,这样就可以保证前后音节拼接点处的基频或是幅度不会出现大的突变,使得它们之间可以平滑连接起来。音节与音节之间可以分为两部分:一是来自同一音频文件的单元;二是来自不同音频文件的单元。第一种情况下拼接单元谱能量基本不变,所以只需重点处理第二种情况即可。

12.3.4 语音处理

语音处理即语音形式的自然语言理解与语音形式的自然语言生成。

1. 语音形式的自然语言理解

语音形式的自然语言理解又称语音理解,它是由语音到计算机中的知识模型的转换过程。这个过程实际上就是由语音识别与文本理解两部分组成。其步骤是:

(1)用语音识别将语音转换成文本。

(2)用文本理解将文本转换成计算机中的知识模型。

经这两个步骤后,就可完成从语音到计算机中的知识模型的转换过程。图12.4所示是其整个过程。

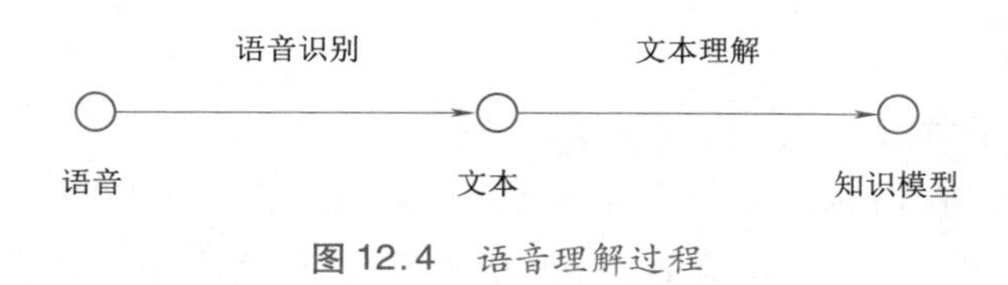

图12.4 语音理解过程

2. 语音形式的自然语言生成

语音形式的自然语言生成又称语音自然语言生成,它是由计算机中的知识模型到语音的转换过程。这个过程实际上就是由文本生成与语音合成两部分组成。其步骤是:

(1)用语音生成将计算机中的知识模型转换成文本。

(2)用文本合成将文本转换成语音。

经这两个步骤后,就可完成从计算机中的知识模型到语音的转换过程。图12.5所示是其整个过程。

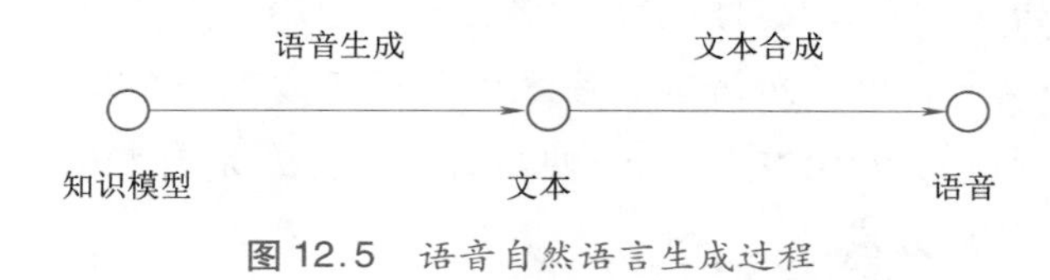

图12.5 语音自然语言生成过程

12.4 自然语言处理应用实例

自然语言处理应用很多,知名的如机器翻译、人机交互、军事指挥、机器人等领域应用,其范围已进入工业、家电、通信、汽车电子、医疗、家庭服务、消费电子产品等各个方面。

12.4.1 自然语言人机交互界面

1. 计算机应用系统与融媒体接口平台

在传统的计算机应用系统中(一般都含有数据库或知识库)都有固定格式的人机交互界面,目前大都用HTML编写而成。这种界面内容固定,形式单一,操作复杂,不适合用户对系统多方面、多层次、多形式的需求。为解决此问题,出现统一的融合多种媒体、多种方式所组成的融媒体接口平台。这种平台与计算机应用系统的结合为应用系统的使用提供了方便、灵活与实用的界面。其结构形式如图12.6所示。

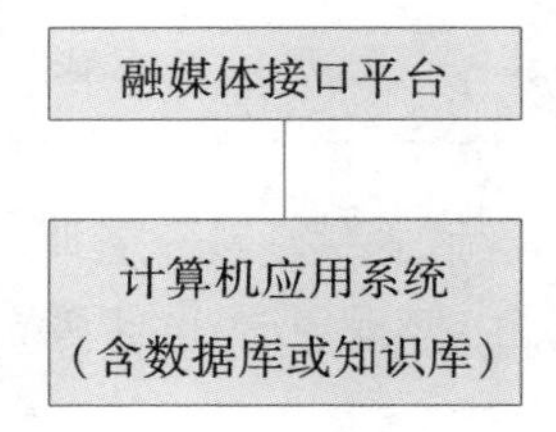

图12.6 建立在计算机应用系统上的融媒体接口平台

2. 融媒体接口平台介绍

融媒体接口平台由三部分内容组成,分别是:

(1)多种通信方式:包括过去的电话、传真等通信方式等,以及现代网络终端上的传统固定方式、邮件方式、微博方式、App 方式等;移动终端上的微信方式、QQ 方式、App 方式等。

(2)多种媒体方式:包括固定参数方式、数字方式、自然语言文字方式、自然语言语音方式以及图像方式等。目前以自然语言文字方式及自然语言语音方式最为流行与方便。

(3)统一接口:融媒体接口平台是一个独立的软件,它可以与任何计算机应用系统接口。这种接口是该平台中的一个模块,通过固定操作方式可与任意计算机应用系统接口。在完成接口后,计算机应用系统即可使用它建立起方便的人机交互界面,特别是可使用自然语言文字方式及自然语言语音方式与应用系统对话。

3. 融媒体接口平台中自然语言文字方式与语音方式的实现

由于目前融媒体接口平台中最为方便与有效的方式是自然语言文字方式及语音方式,下面介绍其实现方式。

1)自然语言文字方式的实现

自然语言文字方式的实现是通过自然语言理解与自然语言生成而实现的。其原理是:

通过自然语言理解将用户查询文本转换成计算机中知识模型,以此为依据转换成数据库中的查询语句,同时以获得查询结果。以查询结果为准构造自然语言生成中的知识模型,通过自然语言生成转换成查询结果文本输出。其实现过程如图 12.7 所示。

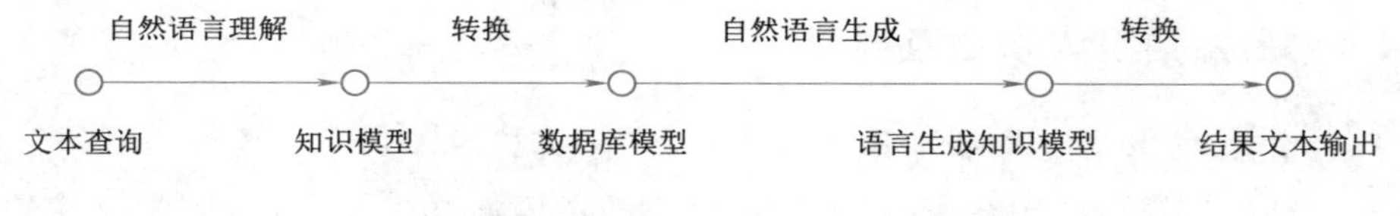

图 12.7 自然语言文字方式的实现过程

2)自然语言语音方式的实现

与上述类似的方法,通过语音识别与语音合成实现从语音查询为输入,最终得到语音的查询结果输出。其实现过程如图 12.8 所示。

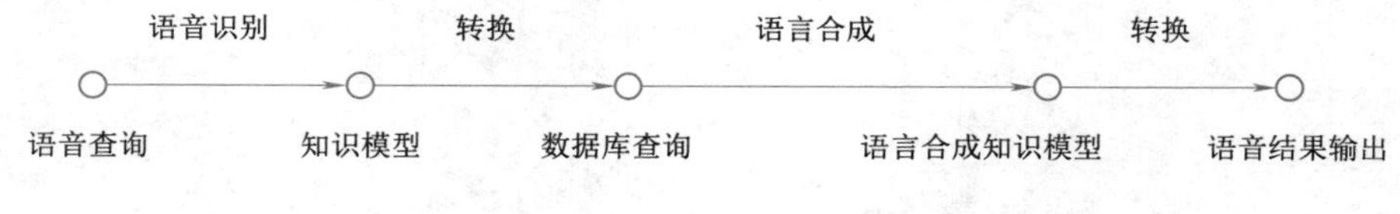

图 12.8 自然语言语音方式的实现过程

自然语言人机交互界面的应用很多,如苹果手机中著名的 Siri 即是以语音作为系统交互界面。又如：中国移动有多个省与市的客户服务平台也都以汉语文字及语音作为交互界面。

12.4.2 自动文摘

利用自然语言理解技术可以对浩如烟海中的文本作出摘录，以方便查找、搜索所需的文档，这就是自动文摘。

自动文摘目前常用的方法是基于理解的自动文摘，其原理即通过自然语言理解获得文本的内在语法、语义、语用、语境的信息，在此基础上进行知识推理，以获得文本提取信息，再据此进行适当归整，文摘生成，最终得到的是文本的文摘。

自动文摘的操作原则是：对每篇文章从句子开始，到段落、节、章、篇等顺序进行。

自动文摘的步骤是：从文本开始依次进行语法分析、词法分析、语义分析等自然语言理解等几个过程，最终得到相应文本的知识模型，接着据此进行知识推理及文摘生成，最终得到文本的文摘。

文本文摘在图书、情报、资料等单位广泛应用，在现代网络信息查阅中也有不可估量的实际应用价值。目前有很多自动文摘工具可供使用，著名的如 IBM 公司的沃森系统等。

小　　结

(1) 自然语言是人类智能中思维活动的主要表现形式，是人工智能中模拟人类智能的一种重要应用，称为自然语言处理 NLP。

自然语言处理研究能实现人与计算机之间用自然语言进行相互通信的理论和方法。它的研究分为两个内容，首先是人类智能中思维活动通过自然语言表示后能被计算机理解(可构造成一种人工智能中的知识模型)，称为自然语言理解 NLU；其次是计算机中的思维意图可用人工智能中的知识模型表示，再转换生成自然语言并被人类所了解，称为自然语言生成 NLG。

在自然语言处理使用中需要用到人工智能技术，包括知识与知识表示、知识库、知识获取等内容。重点使用的是知识推理、机器学习及深度学习等方法。此外还包括大数据技术等内容。

(2) 自然语言理解的研究对象是汉字串，研究的结果是计算机中具有语法结构与语义内涵的知识模型，研究所采用的技术是人工智能技术。从其研究的对象汉字串，即汉字文本开始。自然语言理解中的基本理解单位是：词，由词或词组所组成的句子，以及由句子所组成的段、节、章、篇等。关键的是：词与句。对词与句的理解分为语法结构与语义内涵等两种，按序可分为词法分析、句法分析及语义分析三部分内容。

(3) 词法分析包括分词和词性标注两部分。

(4)句法分析是由专门的句法分析器进行的,该分析器的输入端是一个句子,输出端是一棵句法分析树。句法分析的方法有两种:一种是基于规则的方法;另一种是基于学习的方法。

(5)语义分析指运用机器学习方法,学习与理解一段文本所表示的语义内容,通常由词、句子和段落构成,根据理解对象的语言单位不同,可进一步分解为词汇级语义分析、句子级语义分析以及篇章级语义分析。词汇级语义分析关注的是如何获取或区别单词的语义,句子级语义分析则试图分析整个句子所表达的语义,篇章语义分析旨在研究自然语言文本的内在结构并理解文本单元(可以是句子从句或段落)间的语义关系。目前,语义分析技术主流的方法是基于统计的方法,它以信息论和数理统计为理论基础,以大规模语料库为驱动,通过机器学习技术自动获取语义知识。

(6)自然语言生成:计算机中的思维意图用人工智能中的知识模型表示后,再转换生成自然语言被人类所理解,称为自然语言生成。自然语言生成结构可以由三个部分构成:内容规划、句子规划和句子实现。

(7)内容规划是生成的首要工作,其主要任务是将计算机中的思维意图用人工智能中的知识模型表示,包括内容确定和结构构造两部分。

(8)句子规划的任务就是进一步明确定义规划文本的细节,具体包括选词、优化聚合、指代表达式生成等。

(9)句子实现包括语言实现和结构实现两部分,具体地讲就是将经句子规划后的文本描述映射至由文字、标点符号和结构注解信息组成的表层文本。句子实现生成算法首先按主谓宾的形式进行语法分析,并决定动词的时态和形态,再完成遍历输出。其中,结构实现完成结构注解信息至文本实际段落、章节等结构的映射;语言实现完成将短语描述映射到实际表层的句子或句子片段。

(10)语音处理:语音处理包括语音识别与语音合成两部分,在此基础上是语音形式的自然语言处理。所讨论的自然语言主要指的是汉语。其中,语音识别是从汉语语音到汉字文本的识别过程,语音合成是从汉字文本到汉语语音的合成过程。

(11)语音识别 ASR 是指利用计算机实现从语音到文字自动转换的任务。在实际应用中,语音识别通常与自然语言理解和语音合成等技术结合在一起,提供一个基于语音的自然流畅的人机交互过程。语音识别方法采用模式匹配法,包括特征提取、模式匹配及模型训练三方面。

(12)语音识别五个步骤。

①前端处理。

②特征提取。

③声学模型建立。

④语言模型建立。

⑤解码搜索。

整个语音识别的过程总结如下：

根据前端声学模型给出的发音序列，结合大规模语料训练得到的 N－Gram 模型，在 WFST 网络上展开，从 N－Gram 输出的词网络中通过 Viterbi 算法寻找最优结果，将音素序列转换成文本。

(13)语音合成的功能是将文字实时转换为语音。为了合成高质量的语音，除了依赖于各种规则，包括语义学规则、词汇规则、语音学规则外，还必须对文字的内容有很好理解，这也涉及自然语言理解的问题。语音合成的过程是先将文字序列转换成音韵序列，再由系统根据音韵序列生成语音波形。第一步涉及语言学处理，如分词、字音转换等，以及一整套有效的韵律控制规则；第二步需要使用语音合成技术，能按要求实时合成高质量的语音流。因此，文语转换有一个复杂的、由文字序列到音素序列的转换过程，包含语言分析、文本处理、音素处理、韵律处理和平滑处理等五个步骤。

(14)语音处理即是语音形式的自然语言理解与语音形式的自然语言生成。

(15)语音形式的自然语言理解又称语音理解，它是由语音到计算机中的知识模型的转换过程。这个过程实际上就是由语音识别与文本理解两部分组成。其步骤是：

①用语音识别将语音转换成文本。

②用文本理解将文本转换成计算机中的知识模型。

(16)语音形式的自然语言生成又称语音自然语言生成，它是由计算机中的知识模型到语音的转换过程。这个过程实际上就是由文本生成与语音合成两部分组成。其步骤是：

①用语音生成将计算机中的知识模型转换成文本。

②用文本合成将文本转换成语音。

(17)自然语言处理应用实例：

①自然语言人机交互界面。

②自动文摘。

习题 12

12.1 什么是自然语言处理？什么是自然语言理解？什么是自然语言生成？请详细说明。

12.2 自然语言理解的研究分哪几个部分？请详细说明。

12.3 语义分析可进一步分解成哪几个部分？请详细说明。

12.4 自然语言生成由哪几个部分组成？请详细说明。

12.5 语音形式的自然语言处理由哪几个部分组成？请详细说明。

12.6 语音识别采用什么方法？语音识别有哪几个步骤？

12.7 请介绍语音合成的功能。

12.8 请解释什么是语音处理?

12.9 请介绍自然语言处理中所用到的人工智能技术的基础理论内容。

12.10 请介绍自然语言处理应用实例之自然语言人机交互界面。

12.11 请介绍自然语言处理应用实例之自动文摘。

第 13 章

机 器 人

自古以来人们一直追求着能有一种像人一样的机器以替代人的工作，这是一种理想化与神奇化的追求。20 世纪以来，这种追求屡屡出现在小说、剧本及影视节目中，机器人一词出现于 1920 年捷克剧作家查培克所创作的剧本《罗莎姆万能机器人公司》中，一家公司制造了一种外貌像人又能从事人的工作的人造人，包括秘书工作、劳役工作，称为 Robota，这就是机器人最原始的名称，现在的机器人一词 Robot 即由此而来。人们对人工智能可能不一定知道，但是对机器人，很少有人不知道的。究竟什么是机器人？它与人工智能有什么关系？对这些知道的人就更少了。本章将介绍机器人的基本概念、基本结构与基本技术，以及机器人的应用。

13.1 机器人概述

13.1.1 机器人定义

机器人是人工智能的一种应用，它综合应用了人工智能中的多种技术，并且与现代机械化手段相结合组合而成的一种机电设备。那么机器人的定义是什么呢？从浅显的角度讲，机器人是一种在一定环境中具有独立自主行为的个体。它有类人的功能，但不一定有类人的外貌的机电相结合的机器。

从抽象意义上来说，机器人有以下特点：

1. 机器人是具有独立自主行为的个体

首先，机器人是一个独立个体，不是外界另外个体的附属物，或外界个体的一个部分。其次，它具有自主行为，在接受外部刺激后能独立自主作出反映。

2. 机器人与环境有关

机器人是处于一定环境中的，并与环境有关。它接受环境对其的作用，并作出反映对环境产生影响。

从这两点看，机器人是 Agent 的一个具体表现，因此可以用 Agent 技术指导机器人的研究与应用。

从功能上来说，机器人具有以下特点：

1. 类人的功能

类人的功能表示机器人具有类似于人的功能，主要有三种：

(1)人的智能(Intelligent)功能：能控制、管理、协调整个机器人的工作，并能从事演绎推理与归纳推理等思维活动，这是人工智能的主要能力。

(2)人的感知(Apperceive)功能：具有人对外部环境的感知能力，包括人的视觉能力、听觉能力、触觉能力、嗅觉能力、味觉能力等，此外还有人虽无法直接感知，但可通过仪器、设备间接感知的能力，如血压、血糖、血脂、紫外线、红外线等感知能力。

(3)人的行动(Action)功能：具有人的自主动作能力，以实现预定目标，包括人的行走能力、人的操作能力、人与外部物件交互能力等，以实现手和脚的动态活动功能。

2. 不一定有类人的外貌

目前所见到的机器人，有时会有类人的外貌，但是在很多情况下，它们不一定具有人的外貌，这与它本身所承担的功能有关，如消防灭火机器人的主要功能是灭火，因此与灭火有关的外部形式均需加强，而与灭火无关的外部形式均可取消，为方便在高低不平的火场自由行动，采用履带式滚动装置替代人的双脚更为方便，而直接使用可控的喷水装置取代人的双手也更为合适。机器人的一个原则就是：功能决定外貌。

3. 机电相结合

机器人是一种机械与电子设备相结合的机器，其中机械设备的占比较大。这主要是它的行动功能所致。行动功能是需要机械装置配合的，大多是精密机械装置，如机械手中能灵活自由转动上、下、左、右、前、后 360°的机械腕，能感觉所取物件重量与几何外形并能精确定位将物件取走或放下的机械手指。它们均属精密机械装置，同时在操作时均受相应电子设备控制，并相互协调从而完成目标动作。因此这种能做动作的设备是一种机电结合的设备。

此外，感知功能与外貌配置也需要机电相结合的装置，如感知功能中的传感器、感知设备以及机器人人脸动态表情的表示中需有精密机械装置并配有电子设备控制协调。

综上所述，机器人(Robot)是一种具有人类的一定智能能力，能感知外部世界的动态变化能力，并且通过这种感知作出反映，以一定动作行为对外部世界产生作用。机器人是一种具独立行为能力的个体，有类人的功能，根据功能可以决定其外貌，可具类人外貌，也可不具类人外貌。从其机器结构角度看，它是一种机械与电子相结合的机器。

从学科研究角度看，机器人的研究方向与环境有关联，因此它属于行为主义或控制论主义研究领域，理论上属于 Agent 范畴，可用 Agent 理论指导它的研究。

图 13.1 所示是一个典型的机器人形象。

图13.1 2005年世博会上的一个双足类人机器人

13.1.2 机器人分类

从发展历史看,在计算机出现以前就有了机器人的原型,而计算机出现以后人工智能出现之前,以及在人工智能发展的若干年中,机器人有一定的计算处理能力,能管理、控制与协调机器人各部件协同工作,但仅限于固定程式的处理能力,有时还会依赖于人工协助,同时没有以推理与归纳为核心的智能处理能力,这种机器人大量应用于工业应用领域,因此称为工业机器人。工业机器人应用普遍,到目前为止在工业领域占有量达90%以上。由于此类机器人的智能处理能力差,称为弱智能机器人;具有完整智能处理能力的机器人称为强智能机器人,又称智能机器人,一般都用此称谓。

因此,从机器人的智能能力可以对其分为两类:

(1)弱智能机器人:智能处理能力差的机器人,如工业机器人。

(2)智能机器人(Intelligent Robot):具有完整智能处理能力的机器人,又称强智能机器人。

在人工智能中以及本书中,一般所称的机器人即是包括上面两类机器人的总称。因此在本书中若不作特别说明,凡所提到的机器人均指为此种机器人。

13.1.3 机器人三原则

由于机器人具有某些人的特性,为此,20世纪40年代,美国人阿西莫夫为机器人制定了三项基本原则,为机器人的制作与开发划定了三条基本红线:

(1)机器人不可伤害人类,或眼看人将受伤害而袖手旁观。

(2)机器人应遵守人类的命令,但违背第一条命令者除外。

(3)机器人应能保护自己,但与第一条命令、第二条命令相抵触者除外。

这三项基本原则直至目前仍为机器人研究者、规划者及开发者所遵守。

13.1.4 机器人特性

由机器人定义可知,机器人有以下特性:

(1)从机器角度看,一般机器能取代人类的部分体力劳动,而机器人能取代更多的工作,特别是具有脑/体结合性工作,可提高生产效率、产品质量。

(2)从人类角度看,机器人可不受工作环境影响,可在危险、恶劣环境下工作;不受内在心理因素影响,能始终如一保持工作的正确性、精确度。

(3)从机器人自身角度看,机器人在某些能力方面可以超过人的能力,主要是感知能力与行动能力中的某些方面,如人类无法在夜间黑暗环境下像白天一样正常工作,而机器人可借助红外线感知能力,使其在夜间像白天一样工作。又如在行动能力中,机器人的手可比正常人小,它的手腕能 360° 自由转动,因此可以用它替代外科医生作人体手术,具有比人更纤巧、更灵活、更方便的优点。目前在国内外普遍应用于腹腔手术的“达芬奇机器人”就是一个典型的实例。

13.1.5 群体机器人

机器人是人工智能中一个独立行为主体,在很多情况下,单个个体往往很难胜任复杂工作,这就需要多个机器人在统一的目标引导下,通过相互通信的方式以达到相互协调一致以完成统一的目标。用这种方式组成的多个机器人就称为群体机器人(Robot Group),群体机器人可以协调各个体机器人之间关系,以完成统一目标。

群体机器人的理论基础是多 Agent 技术,它的应用实现可用多 Agent 技术指导以完成其工作。

13.2 机器人组织结构

从机器人定义可以看出,机器人可由三个部分装置组成,分别是中央处理装置、感知装置以及行动装置。图 13.2 所示是了机器人的结构。

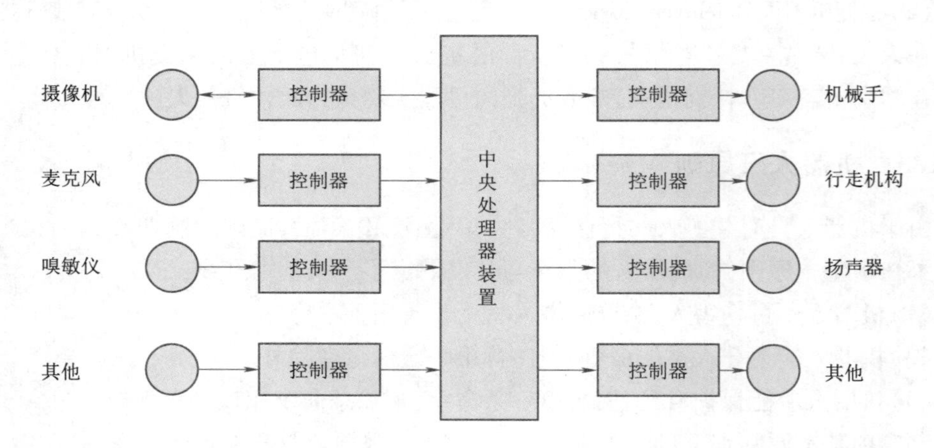

图 13.2 机器人的结构

1. 中央处理装置

它即是安装于机器人中的计算机,能对机器人中的所有部件进行统一控制与协调,以完成机器人的行动目标。同时,它能完成机器人中的智能活动。

2. 感知装置

机器人中可以有多个感知器,用以接受外部环境的信息,它相当于人的眼、耳、鼻等接受器官。所有这些感知器通过相应的控制器组成机器人感知装置。感知装置与中央处理装置相连接,由感知器收集到的外部信息后经相应控制器连接进入中央处理装置进行处理。感知装置中的感知器负责捕获环境中的特定信息,相应的控制器是控制感知器,并将其进行模/数转换,最后传送至中央处理装置指定部件。

目前常用的感知器有:摄像机(机器人眼)、麦克风(机器人耳)、嗅敏仪(机器人鼻),以及多种传感器,如温度传感器、压力传感器、湿度传感器、光敏传感器等,它们都表示机器人对外部环境的多种感知能力,并能将其传递至中央处理装置。

3. 行动装置

机器人中可以有多个执行器,用以完成机器人对外部环境的执行动作,它相当于人的手、脚、嘴等行动器管。所有这些执行器,通过相应的控制器组成机器人行动装置。

行动装置与中央处理装置相连接,由中央处理装置发布动作命令后经相应控制器连接进入执行器进行处理。行动装置中的执行器负责执行机器人中央处理装置的命令,相应的控制器解释、控制、协调执行器的执行。

目前常用的执行器有:机械手(机器人手)、行走机构(机器人脚)、扬声器(机器人嘴),以及其他的一些执行器,如救援机器人中的报警器、消防灭火机器人中的自动喷水器等。

13.3 机器人工作原理

机器人的工作原理遵从行为主义的感知—动作模型表示,根据这种工作模型,机器人按以下规则活动:

(1)机器人是一个独立活动个体,它生活在外部世界环境中,机器人的活动过程是与外部环境不断交互的过程。

(2)机器人的工作步骤是:

①机器人通过感知装置从外部接获信息触发机器人进入正式处理工作状态。

②机器人的中央处理装置负责接获信息处理,在处理后向行动装置不断发布命令,以控制、协调行为装置的工作。

③行动装置在接获命令后,通过控制器的解释并分解成若干个执行命令到执行器,最终由执行器负责执行,以达到改变外部环境的目标。这种目标应与中央处理装置下达命令的目标一致。

(3)机器人的工作步骤经常是反复不断循环的,直到最终目标完成为止。

下面以消防灭火机器人为例说明机器人的工作原理。

例 13.1 消防灭火机器人灭火工作原理。

消防灭火机器人是一个机电结合的机器人,它能代替消防员及相关消防设备完成火场灭火任务。

消防灭火机器人的外部环境是火灾现场。

消防灭火机器人由以下几个部分组成:

①机器人的中央处理装置:这是内嵌于机器人中的电脑板,能对机器人火场灭火起到现场指挥、控制、调度灭火的作用,还具有一定的智能作用。

②机器人的感知装置:可以有多种感知器供选择,如光敏传感器、热敏传感器、红外摄像机以及短距离雷达设备等。所有这些设备可根据需要搭配使用。

③机器人的行动装置:行动装置中可以有多种执行器供选择,主要有履带式滚动行走设备、自动喷水设备等。

消防灭火机器人的工作原理是:

①在火灾现场通过感知装置寻找起火点,寻找的过程是一个反复不断的过程(即感知装置与中央处理装置不断交互的过程)。

②一旦找到起火点后,中央处理装置即启动滚动设备并接近火源,然后开启自动喷水设备,动态调整方位、喷水的水压与水量等。

③滚动设备、喷水设备的不断调整也是一个反复不断的过程(即行动装置与中央处理装置不断交互的过程),达到灭火目标为止。

在整个灭火工作中,中央处理装置起到整体控制与协调的作用,同时使用了智能性的活动,如动态调整滚动设备、喷水设备的动作过程是一个不断实施智能推理的过程。因此,消防灭火机器人是一个智能机器人。

13.4 机器人的应用

在人工智能的应用中,机器人应用是较为普遍的一种,其效果也被广泛认同。目前,人工智能整体还处于高投入低产出的时期,只有少数几个领域能产生经济效益,其中机器人产业占了主要部分。据统计,2018 年全球机器人产品销售总额 300 亿美元,我国达 87 亿美元。

机器人在以下几个领域应用较为广泛。

1. 机器人工业领域应用——工业机器人及智能工业机器人

机器人工业领域应用是普通的工业机器人及智能工业机器人,主要应用于自动化流水线作业中以及危险行业中,如有辐射威胁行业、水下作业、管道作业以及严寒、酷热环境下的露天作业环境下的工作。

工业机器人在 20 世纪 40 年代就已有应用,而在 20 世纪 50 年代已开始广泛应用,特别是在日本应用尤为普遍。20 世纪 80 年代开始,具有专家性质的智能工业机器人逐渐流行,它可以替代工业领域中的高级技工及部分工程师的工作。目前,普通的工业机器人及全面的智能工业机器人均已有普遍应用,它们在提高劳动生产率、提高工业产品质量以及替代人类危险性工作方面起到极为重要的作用。

图 13.3 所示是一种工业机器人——工厂中使用的焊接机器人。

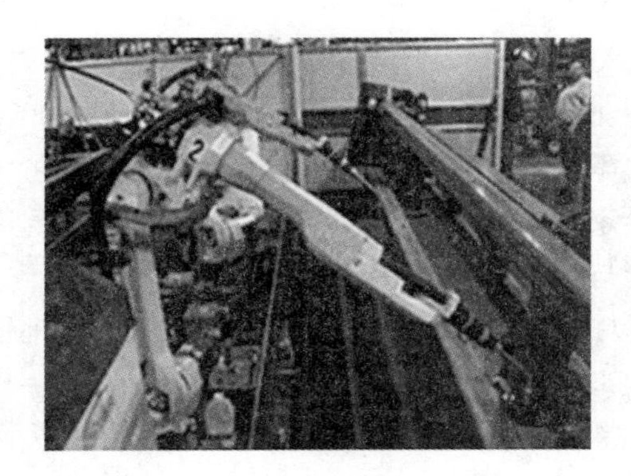

图 13.3　一种工业机器人——工厂中使用的焊接机器人

2. 机器人服务领域应用——服务机器人

服务机器人主要使用于保障人类身心健康、生活便利的服务工作，它的应用面广，可为多类人群提供服务。其服务类别有：咨询、修理、维护、保养、清洗、运输、救援、监护等工作。

图 13.4　自动导引车

例如家用机器人可从事家庭保洁工作，如扫地、拖地板、搬物等工作，也可看护老人，监视老人健康情况，一旦有事能自动报警。

例如导盲机器人能协助盲人行走。它能不断检测路标，确定路线，绕过障碍物，指引盲人，自主行走。图 13.4 所示是一个自动导引车。

例如助残机器人能协助残疾人正常生活，帮助足残人行走、爬楼；帮助手残人取物、进食、书写、洗漱等工作。图 13.5 所示是一个助残机器人。

例如聊天机器人帮助老年聊天、读报等。又如咨询、向导服务机器人，可以提供多种服务性咨询及向导服务等。图 13.6 所示是一个用于咨询的服务机器人。

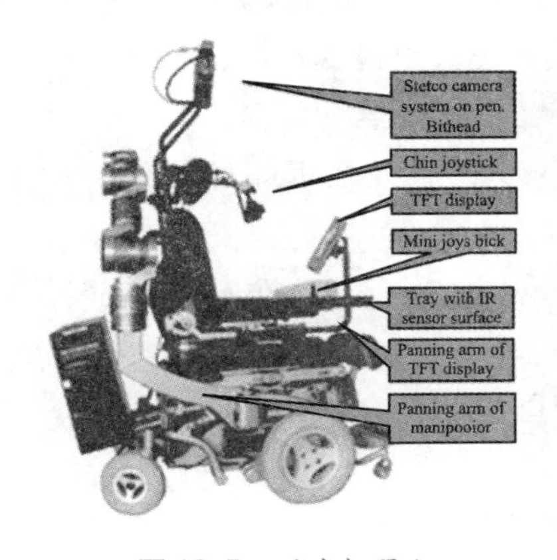

图 13.5　助残机器人

图3.6　咨询服务机器人

3. 机器人娱乐领域应用——娱乐机器人

娱乐机器人是供人们娱乐的一类机器人,目前它的应用前景也很好。它能为人们表演各种节目,进行比赛,还能作为宠物供人娱乐。

例如机器人"演奏家"是一个表演机器人,它能演唱与演奏多种歌曲,其中如"帕瓦罗蒂"机器人的歌声能与帕瓦罗蒂本人媲美。

例如机器人比赛包括机器人足球赛、机器人相扑赛等目前已成为世界潮流,吸引了大量的年轻人参与。

又如机器人宠物,包括机器猫、机器狗等为众多老人、儿童所专宠。此外还有众多机器人玩具及机器人玩偶等。图 13.7 所示即是一对玩偶机器人。

图 13.7 玩偶机器人

这里需特别介绍的是机器人足球赛。由于足球比赛是世界上最受欢迎的赛事之一,这也直接影响了机器人领域,自 20 世纪末开始机器人足球赛就开始走红,并越来越多地吸引了众多年轻人。此项比赛目前已进入了规范化与标准化。当前世界上有两大正规赛事,分别是:国际机器人足球联合会(FIRA)组织的比赛 FIRACup 杯,它分为多种类型的赛事;另一个是国际人工智能协会组织的机器人足球队世界杯比赛 RoboCup 杯。它们都有自己的比赛规则与分组方法,如 RoboCup 杯比赛分为四个不同组:小型组、中型组、四脚组及类人组。其中类人组最受欢迎,它的比赛规则基本上与人类足球赛一致,其奋斗目标是到 2050 年能战胜人类足球队。

我国的机器人足球队正式组建于 1998 年,并在近年国际比赛中屡屡获得好成绩。

机器人足球的发展不但起到娱乐作用,同时还有力地推进了人工智能理论到应用的发展,也促进了机器人的发展。

图 13.8 展示了 2009 年 RoboCup 德国公开赛 RoboCupSoccer 中型联赛中的一场赛事。

4. 机器人军事领域应用——军用机器人

军用机器人一直受各国军方的关注,并有充足经费的投入。近年来军用机器人发展很快,并在多方面、多领域有突破性发展。

图 13.8 2009 年 RoboCup 德国公开赛
RoboCupSoccer 中型联赛中的一场赛事

军用机器人大多具有人形，具有一定的作战智能，有多种传感器作为耳目，有机械脚用以行走，有机械手用以执行战斗任务。军用机器人可以用于作战、侦察、排雷、后勤保障等方面应用。

例如美国研制的军用机器人“哨兵”是一个作战机器人，它能辨别战场上的各种声音、烟、火、雾及风等外部环境，还能识别敌人，并根据情况作出判断，及时准确地开枪射击。它的改进版“激战哨兵”还具有反坦克的能力，当发现敌方装甲目标时，能自动占领有利地形利用反坦克武器进行射击。

图 13.9 展示了美国海军陆战队的一个遥控机器人，它能引爆爆炸装置。

图 13.9 美国海军陆战队的遥控机器人能引爆爆炸装置

5. 机器人医疗手术领域应用——医疗机器人及手术机器人

机器人在医疗、手术领域的应用具有诱人的发展前景，它在方便病人就诊、提高诊治效率、减少病人痛苦及缩短手术时间等方面具有重要的应用价值。目前在此领域应用的机器人主要是手术机器人及医疗机器人。

在手术领域，手术机器人的应用已成常态，如达芬奇机器人已普遍应用于国内各大医院的腹腔镜手术中，目前已致力于更为小型化与灵活性的发展。在 2018 年的世界机器人大会展览中展出的骨科手术机器人的手术切口仅一厘米，而传统切口有数十厘米至数百厘米不等，其切口缩小数百倍之多。

美国 McKesson 公司所开发的 Robot RX 是一种医疗机器人产品，它可帮助药房每天分发数千种药物,几乎没有错误。机器人有机械手可以抓取病人处方中的药物,药物传输通过传送带输送到患者的特定箱中,从而自动完成药品的分发。

图13.10展示了腹腔镜手术机器人“达芬奇”。

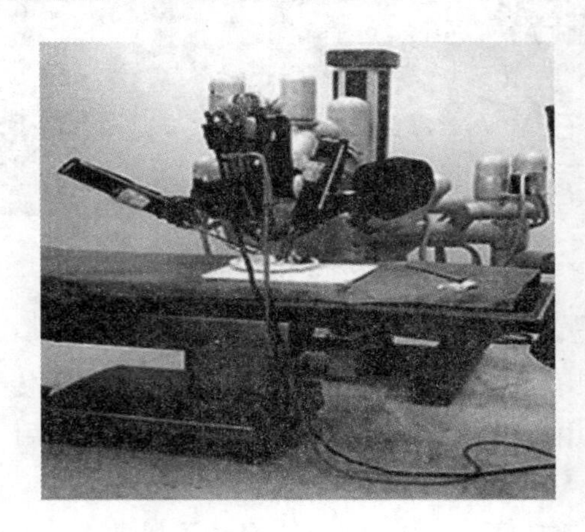

图13.10　腹腔镜手术机器人“达芬奇”

6. 群体机器人应用

群体机器人应用是最近兴起的一种机器人应用,最著名的应用是2017年韩国平昌冬奥会开幕式上的多机器人表演。在表演中多个机器人配合默契、姿态优美,赢得了一致好评。

另外,群体机器人在军事领域中也有良好的应用。任何一种军事行动都是由多个个体所组成的集体行动,这种行动都要相互配合、协同一致。因此在机器人的军事行动中大都采用群体机器人技术,用此种技术以达到最好的集体协作效果。

又如在无人机群的军事行动中,每个无人机是一个空中机器人,在这个群体中为达到统一军事目标,必须相互合作、各司其职,最终才能完成任务。基于此,也需采用群体机器人技术,用此种技术以达到无人机群的最好行动效果。

图13.11展示了群体机器人。

图13.11　群体机器人

小　　结

本章介绍了机器人的基本概念、基本结构与基本技术,以及机器人的应用。

(1)机器人定义:机器人是一种在一定环境中具有独立自主行为的个体,有类人的功能,但不一定有类人的外貌的机电相结合的机器。

(2)机器人研究基础:从学科研究方向看,机器人是一种与环境有关联的研究方向,因此它属于行为主义或控制论主义研究领域,其理论上属于Agent范畴,可用Agent理论指导它的研究。

(3)机器人分类:

①弱智能机器人:智能处理能力差的机器人,如工业机器人。

②智能机器人:具有完整智能处理能力的机器人,又称强智能机器人。

(4)机器人三原则:

①机器人不可伤害人类,或眼看人将受伤害而袖手旁观。

②机器人应遵守人类的命令,但违背第一条命令者除外。

③机器人应能保护自己,但与第一条命令、第二条命令相抵触者除外。

(5)机器人特性:

①从机器角度看,一般机器能取代人类的部分体力劳动,而机器人能取代更多的工作,特别是具有脑/体结合性工作,可提高生产效率、产品质量。

②从人类角度看,机器人可不受工作环境影响,可在危险、恶劣环境下工作;不受内在心理因素影响,能始终如一保持工作的正确性、精确度。

③从机器人自身角度看,机器人在某些能力方面可以超过人的能力,主要是感知能力与行动能力中的某些方面。

(6)单体机器人与群体机器人:机器人是人工智能中一个独立行为主体。单个个体称为单体机器人,往往很难胜任复杂工作,这就需要多个机器人在统一的目标的引导下,通过相互通信的方式以达到相互协调一致以完成统一的目标。用这种方式组成的多个机器人就称为群体机器人。

(7)机器人的组织结构:

①中央处理装。

②感知装置。

③行动装置。

(8)机器人的工作原理:

遵从行为主义的感知—动作模型表示,按一定规则活动。工作步骤如下:

①机器人通过感知装置从外部接获信息触发机器人进入正式处理工作状态。

②机器人的中央处理装置负责接获信息处理,在处理后向行动装置不断发布命令,以控制、协调行为装置的工作。

③行动装置在接获命令后,通过控制器的解释并分解成若干个执行命令到执行

器，最终由执行器负责执行，以达到改变外部环境的目标。

机器人的工作步骤经常是反复不断循环的，直到最终目标完成为止。

(9)机器人的应用：

①机器人工业领域应用——工业机器人及智能工业机器人。

②机器人服务领域应用——服务机器人。

③机器人娱乐领域应用——娱乐机器人。

④机器人军事领域应用——军用机器人。

⑤机器人医疗手术领域应用——医疗机器人及手术机器人。

⑥群体机器人应用。

习题 13

13.1 请简述机器人的定义。

13.2 请简述机器人的分类。

13.3 什么是机器人三原则？请说明。

13.4 请说明机器人三个特性。

13.5 请解释单体机器人与群体机器人。

13.6 请简述机器人的组织结构与机器人的工作原理。

13.7 请举例说明机器人的工作原理。

13.8 请详细说明机器人的一种应用。

第三篇

应 用 篇

本篇介绍人工智能的应用。人工智能应用是其生存与发展的根本,在2018—2019年间习近平总书记多次指出:人工智能必须“以产业应用为目标”,其方法是“要促进人工智能和实体经济深度融合”及“跨界融合”等重要指示。这说明了应用在人工智能发展中的重要性。从技术角度看,人工智能的应用即是以计算机系统为核心的电子、机械等现代化技术手段替代人类智能的应用,这是计算机发展历史上最顶端的应用。这种应用的实现最终必须落地于计算机系统中,因此本篇重点介绍人工智能的理论、思想、方法如何最终体现于计算机系统中的方法。

1. 从科学技术发展观点看人工智能的应用

从科学技术发展观点看,人类文明从农耕(游牧)时代开始,经历了工业时代、电气时代及信息时代,现在正迈入智能时代。智能时代的标志就是人工智能应用的广度和深度即融合度。当人类社会的各领域、各行业中的人类智能活动关键性部分都能用人工智能应用所取代时,我们就可以说,人类社会已真正到了智能时代。

因此,在对人工智能自身作研究外,更重要的是人工智能研究的成果与各种人类智能活动相结合的研究,最终用各类人工智能产品运行,替代人类智能活动作为其目标,这就是人工智能应用。

2. 从人工智能技术发展观点看人工智能的应用

在人工智能发展的60余年中经历了三起三落的痛苦过程,它既有胜利时的喜悦更有失败时的悲痛。我们仔细分析失败的原因,主要是在于人工智能理论与计算机应用的脱节,以及人工智能思想与计算机实现的差距所致。

在20世纪50年代—60年代,人工智能出现了第一次高潮,在此时期人工智能理论架构已基本确立,专业领域应用研究的思想、方法也大体定型,在当今广为人知的一些研究热点,如人机博弈、机器翻译、模式识别及专家系统等在当时均已出现,并且也是当时人工智能中的热门,但是由于受当时计算机学科的发展限制,丰满的人工智能理论无法得到计算机支持,包括计算力、算法及数据等。虽然也开发了一些简单的应用,如五子棋博弈、问答式翻译、梵塔及迷宫问题的求解等,但从现在的眼光看来,这不过是一些简单的智力游戏而已。由于得不到计算机的强力支持最终导致20世纪70年代人工智能的第一次低潮。这就出现了人工智能中的“理想是丰满的但应用是骨感的”。

到了20世纪80年代,人工智能出现了第二次高潮,这次高潮到来的基本因素是人工智能找到了一个新的应用突破口,即知识工程及其应用专家系统。由此出现了人工智能新的高潮,各种专家系统如雨后春笋纷纷问世,如医学专家系统、化学分析专家系统及电脑配置专家系统等,同时20世纪80年代的计算机也走出了初期的幼稚,逐渐成熟,它为专家系统的发力提供了有力支持。

但是好景不长,专家系统的开发由简单逐渐到复杂,出现了推理引擎中的计算机算法瓶颈,此外,专家系统中知识的人工获取手段的原始性,使专家系统发展受到了实质性的阻碍,到了20世纪90年代人工智能又一次走入低谷。

随着21世纪的到来,计算机的发展迎来了新的春天,互联网的出现,物联网、云计算,移动终端的发展以及超级计算机的问世,加上大数据的成功应用,为人工智能新的发展奠定了基础。人工神经网络中算法取得突破性进展,使深度学习成为可能。这种以"计算力+大数据+深度学习"为代表的新技术带来了人工智能新的崛起,以前所有陷于困境的应用都因新技术的应用而取得突破性进展,如人机博弈、自然语言处理(包括机器翻译)、语音识别、机器视觉(包括人脸识别、自动驾驶、图像识别)、知识推荐以及情感分析等应用,标志性应用是2016年AlphaGo的横空出世,掀起了人工智能第三次高潮。人类已开始进入新的智能时代。其主要特征是人工智能与实体经济跨界融合,出现了多种人工智能应用系统,如科大讯飞翻译机、百度自动驾驶汽车以及小度机器人等。

3. 人工智能应用的组成

由科学技术发展与人工智能发展经历可以得到两点启示:

(1)人工智能应用是人工智能研究的根本目标,也是推动人工智能学科自身发展与产业发展的原动力。

(2)人工智能应用是建立在人工智能理论研究基础上的。同时,人工智能应用也是建立在计算机学科发展基础上的,特别是需要用计算机技术开发人工智能应用产品。此外,还需要大数据的支持。这三者有机结合,组成人工智能应用的理论、开发与数据的支撑平台。人工智能应用的具体表示形式即计算机人工智能应用系统。下图所示是人工智能应用的基本组成。

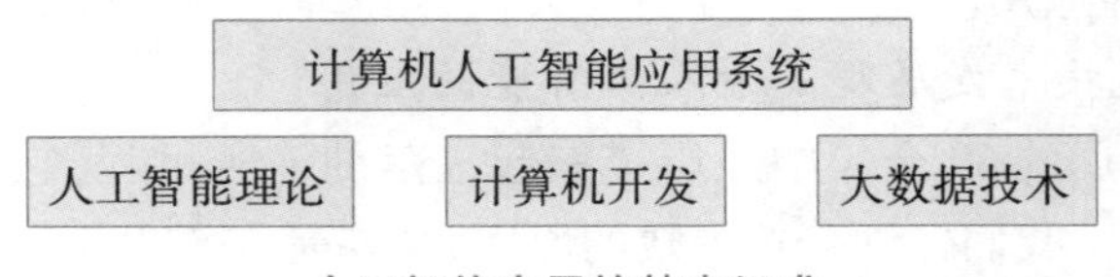

人工智能应用的基本组成

本篇主要根据人工智能应用的基本组成介绍人工智能应用的基本内容,由四个部分组成。其中,人工智能理论的人工智能基础理论与应用技术已在第一篇及第二篇中有所介绍,其他部分在本篇中介绍。

本篇为应用篇,共三章(第14~16章),介绍人工智能应用,包括大数据技术、人工智能应用系统开发及典型的四种应用系统介绍。

第14章大数据技术:介绍支持人工智能应用中巨量数据的处理技术;第15章人工智能应用系统开发:介绍智能产品的开发;第16章人工智能的应用系统:介绍目前广为流行的自动驾驶、人脸识别、机器翻译、智能医学图像处理等四个应用实例。

第14章 大数据技术

近年来，大数据技术在全球迅猛发展，世界掀起了大数据的高潮。我国也是如此，从2016年开始大数据技术已上升成为我国战略层面的技术发展高度。

大数据提供了巨大的信息财富，它为人工智能机器学习的模型训练提供巨量样本数据；为大型网站提供系统、规范的知识服务；还为大型统计性智能应用提供分析手段，为现代人工智能走向多个领域的实际应用提供基础性的保证。因此，人工智能中必须介绍大数据，它是知识获取中的一种基本手段与基础。

本章主要介绍大数据技术的基本思想、方法与原理以及大数据与人工智能之间的关系等内容。

14.1 大数据技术概述

14.1.1 大数据的发展历史

1. 大数据的产生

随着互联网、物联网、云计算的发展，网络中的数据量呈井喷式上升，它们以年50%以上的速度递增，即每两年增长一倍。这就出现了“大数据摩尔定律”现象，如近年“百度”总数据量已超过5 000 PB，中国移动一个省的通话记录数每月可达1 PB。而全球网络上的数据已由2009年的0.8 ZB达到2015的12 ZB。由此可说，从量的角度看，网上数据的使用一般是PB—EB的数据量(1 EB =1 000 ZB，1 ZB =1 000 PB，1 PB = 1 000 TB)。这种数据增长的源头主要来自网络中的数据库、文件中的数据以及Web数据；物联网中感知器所产生的数据；智能终端(如智能手机中的微信、QQ等)产生的数据以及网络中各结点的日志数据等。

在人们惊呼“信息大爆炸”之际，不少理性的科学家发出了另一种声音，他们认为，隐藏于海量、杂乱的数据内部的是有规律且人类尚未发现的知识。充分利用这些数据，发现其中规则是一种新的研究领域与新的学科，这就是“大数据学科”。这是一种技术性学科，故称大数据技术，简称“大数据”。

2. 大数据技术的诞生

一般认为，大数据作为一门技术性学科出现于2008年。该年《自然》杂志出版了大数据的专刊,首次提出大数据概念并提出它所研究的内容与发展前景。计算社区联盟也于同年发表有关大数据研究的报告,提出大数据研究所需技术及所面临的挑战。从这一年起,大数据开始走入人们的视线,并引起众多计算机专家的关注,有关大数据的研究也从此开始。

3. 大数据技术的发展

自2012年起,大数据技术正式进入发展阶段,其标志性的事件是:

(1)2012年3月,美国政府启动了"大数据研究与发展倡议",投资2亿美元,正式启动大数据研究与发展计划。

(2)2012年Google开启了大数据开发平台Hadoop、Map Reduce的应用。此后,大数据开发与应用进入高潮。

4. 大数据技术发展新阶段——大数据与人工智能的结合

2016年以后,大数据与人工智能的结合开启了大数据学科发展新阶段,其标志性事件是2016年的人机博弈中AlphaGo战胜国际围棋大师李世石的人工智能应用震撼了全球,引发了全球的"人工智能热"。AlphaGo采用了大数据与深度学习相结合的技术。此后,此种技术被大量应用于人工智能多种应用开发领域,如人脸识别、机器翻译、无人驾驶等,开启了人工智能发展新阶段。

14.1.2 大数据的基本概念

1. 大数据特性

大数据(Big Data)实际上是一种"巨量数据"。那么,这种"巨量"量值的具体概念是什么呢?一般认为大数据的真正含义不仅仅是量值的概念,还包含由量到质的多种变化的不同丰富内含。一般称为5V:

(1)Volume(大体量):即是PB~EB的巨量数据。

(2)Variety(多样性):即包含多种结构化数据、半结构化数据及无结构化数据等形式。

(3)Velocity(时效性):即需要在限定时间内及时处理。

(4)Veracity(准确性):即处理结果保证有一定的正确性。

(5)Value(大价值):即大数据包含有深度的应用价值。

2. 大数据技术的研究内容——大数据管理与大数据计算

在计算机科学中,有多种数据组织用于数据管理,如文件组织、数据库组织、数据仓库组织及Web组织等,一般而言,不同的数据特性有不同的数据管理组织,对大数据而言,也有它自己的数据管理组织。这种数据管理组织是根据它的特性而确定的:

(1)由于数据的大体量性,大数据是绝对无法存储于一台计算机中的,因此它必定是分布存储于网络中的数据,这就是大数据管理组织结构上的分布性。

(2)由于数据的多样性,大数据必须具有多种数据形式,这就是大数据管理组织结构上的复杂性。

(3)由于数据的大体量性、准确性与时效性,在大数据处理时必须具有高计算能力,为达到此目的,必须采用并行式处理,这就是大数据管理组织并行性。

(4)由于数据的大价值性,大数据的价值体现在一般数据无法达到的水平。目前来说,可应用于多个领域并发挥多种作用。

符合上述四种功能特性的大数据管理组织是非 SQL 型或扩充 SQL 型,一般采用 NoSQL 或 NewSQL 数据库。

大数据管理组织是为大数据计算服务的。大数据计算即大数据应用,它在人工智能的机器学习、数据挖掘中,在大型网络知识库应用系统中以及大型数据统计中起着决定性作用。大数据计算建立在网络平台基础上,还需要一定计算模式支持,还包括多种软件工具的支持,同时需有用户接口界面等。

大数据技术主要研究大数据管理与大数据计算中的技术性问题。

3. 大数据结构体系的四方面内容

大数据是由一个统一结构体系组成的,包括以下四方面:

(1)有一个建立在互联网上的大数据基础平台。

(2)有一个建立在基础平台上的大数据软件平台。

(3)建立在上面两个平台上的大数据计算,即大数据的应用。

(4)大数据应用的可视化用户接口。

4. 大数据层次结构

大数据的四方面内容可以组成一个大数据层次结构,如图 14.1所示。

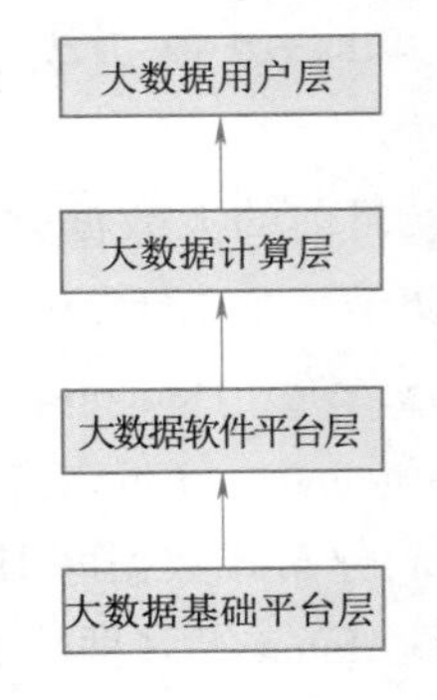

图 14.1 大数据层次结构

大数据结构分四个层次:

(1)大数据基础平台层:这是一种网络平台,主要提供数据分布式存储及数据并行计算的硬件设施及结构。其中硬件设施主要是互联网络中商用服务器集群,也可以是云计算中的 IaaS 或 PaaS 结构方式。

(2)大数据软件平台层:大数据软件平台层主要提供大数据计算的基础性软件。目前最为流行的是 Hadoop 平台以及包含其中的分布式数据库 HBase(NoSQL)等,分布式文件组织 HDFS、数据并行计算模式 Map Reduce 以及基础数据处理工具库 Common 等。

(3)大数据计算层:

大数据计算层分为三类计算应用:

①通过网络搜索、数据抽取、数据整合形成规范化、体系化的应用系统,提供高质量的知识库应用系统为客户提供规范的数据服务,如维基百科、百度百科等。

②通过大数据的统计计算为大型统计应用(而非传统数据统计)提供服务,如人口普查、固定资产普查等。

③作为样本数据,为人工智能中的机器学习、数据挖掘计算提供服务。

(4)大数据用户层。大数据用户层给出了应用大数据各类不同用户的应用接口。

14.2 大数据基础平台

大数据基础平台是一种硬件平台,它是整个大数据赖以生存与活动的基础平台。大数据基础平台还是一种网络平台,它的特色如下:

(1)分布式结构:在数据组织及计算中均采用分布式方式。

(2)并行计算:大数据量值的巨量性使得任何串行计算成为不可能。因此,大数据处理中必须使用数据并行计算,即网络中多个服务器结点中的数据并行计算。

(3)硬件设施。大数据硬件平台的设施主要是互联网中商用服务器集群,这种服务器包括数据服务器、处理服务器、管理服务器等多种不同服务器。目前还采用云计算平台方式,以云中基于 IaaS 结构形式实现。此外,还配有专用的芯片阵列与组合以提高数据处理速度。

14.3 大数据软件平台——Hadoop

目前的大数据软件平台很多,较为流行的是 Apache 公司的 Hadoop 平台,该平台最初是一个基于云计算的开源平台,后经逐步发展成为一个能全面支持大数据的完整生态系统。Hadoop 内容很多,目前的 Hadoop 2.0 版本主要包括大数据公共计算工具库 Common,分布式文件组织 HDFS、并行计算模式 Map Reduce 以及任务监控与管理的 Yam、分布式数据库 HBase(NoSQL)、数据仓库 Haive、数学计算工具 Maout 及科学计算工具 Hama 等多种数据处理基础软件,它们共同构成一个如图 14.2 所示的三层完整系统。

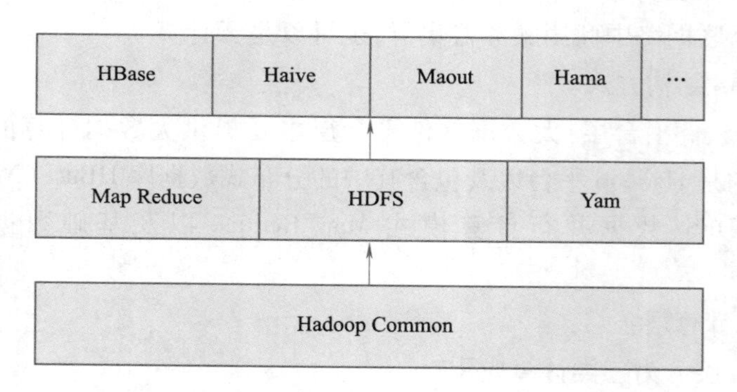

图 14.2 大数据 Hadoop 平台层次结构

下面对图 14.2 所示的 Hadoop 平台的三个层次八个模块作介绍。

1. Hadoop 中的基础层 Hadoop Common

Hadoop Common 是 Hadoop 中最基础的软件层,它为通用硬件及云计算环境提供基本服务,同时为上层软件开发提供基本 API。它包括一系列文件系统及通用文件包,主要有系统配置工具 Configuration、远程过程调用 RPC、序列化机制及抽象文件系统 File System 等。

2. Hadoop 中的基础数据组织 HDFS

大数据是需要管理的,其管理特色是巨量数据、多种数据结构形式。大数据中的基础数据组织具有分布式特性,在 Hadoop 中即分布式文件系统 HDFS。它是 Hadoop 中第二层次的软件模块,为上层的数据组织提供基础。

HDFS 是一个可扩充、高可靠的分布式文件系统,是一种物理上分布于各网络数据存储结点,逻辑上是一个完整的大规模数据存储文件组织。它采用多副本的存储机制,并有数据自动检验及故障恢复功能。

3. Hadoop 中的计算模式 Map Reduce

大数据计算模式包括大数据计算的结构思想、方式及相应的开发软件。典型代表是 Google 公司 2003 年提出的 Map Reduce。它最初用于 Google 云计算的大规模数据处理的并行计算模型与方法,具体应用于搜索引擎的 Web 文档处理。这种模式可以作为大数据处理的并行计算模型,并为多个大数据工具系统所采用(包括 Hadoop),目前已成为大数据处理中的基本计算模型。

Map Reduce 是处于 Hadoop 的中间层次结构,与 HDFS 处于同一层次,它为 Hadoop 的计算提供支撑。

1)大数据的并行计算思想

可以将大数据分解成具有同样计算过程的数据块。每个数据块间是没有语义关联的,将这些数据块分片交给网络中的不同结点处理,最后汇总处理。这为数据并行计算提供了实现方案。

2)大数据的并行计算方法

在处理方法上,Map Reduce 采用如下方法:

(1)借鉴 LISP 的设计思想:LISP 是一种人工智能语言,它是函数式语言,即采用函数方式组织程序。同时 LISP 是一种列表式语言,采用列表作为其基本数据结构。在 Map Reduce 中使用函数与列表作为其组织程序的特色。

(2)Map Reduce 中的两个函数:

①Map Reduce 中采用两个函数:Map 函数与 Reduce 函数。

②Map 的功能是对网络数据结点中的顺序列表数据作处理,处理的主要工作是数据抽取与分类。抽取是选择分析所需的数据,分类是按类分成若干个数据块。数据块间无语义关联。经过 Map 处理后的数据,完成了大数据分析与并行的基本需求。在处理每个数据结点时有一个 Map 函数操作,由此可知 Map 的函数操作是并行的。

在完成 Map 函数操作后,即可作 Reduce 函数操作。Reduce 的功能是对网络数据结点中经 Map 处理的数据作进一步整理、排序与归类,最终组成统一的以数据块为单位的数据集合,为后续的并行分析算法的实现提供数据支持。Reduce 操作是在若干个新的数据结点中同时完成的,Reduce 的函数操作是并行的。在完成 Reduce 后,每个新数据结点中都有一个独立的数据块,这些新数据结点集群为大数据分析处理提供了基础平台。

(3)Map Reduce 是 Google 的一个软件工具,它的处理方式与思想已成为大数据处理的有效模型,这里仅采用其内在的思想作为计算模型,Map Reduce 原理如图 14.3 所示。

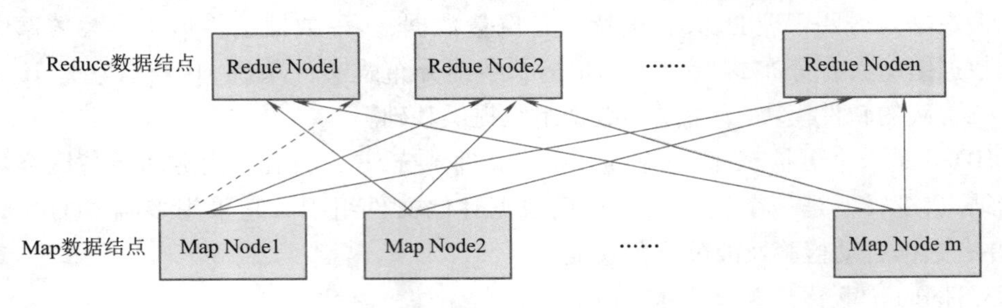

图 14.3　Map Reduce 原理

4. Hadoop 中的任务监督管理 Yam

在 Hadoop 中层,除了基础数据组织及计算方式外还有一个在 Hadoop 中计算运行的任务的监督、管理软件模块,即 Hadoop 中的 Yam。

Hadoop 中有多个计算任务在其上运行,需要对它们作分配、调度、跟踪、监督等管理,这就由 Yam 完成。Yam 由两个独立的服务模块组成:一个是 Resource Manager 负责全局资源管理;另一个是 Application Master 负责单个应用程序的管理。

以下四个软件模块都属于 Hadoop 的上层模块,从层次上看,它们都是建立在上面四个模块之上的。

5. Hadoop 中的数据库 HBase

在大数据管理中,关系数据库的严格、单一结构的管理方式显然不适用,由此出现了非 SQL 或扩充 SQL 等的大数据管理标准 NoSQL 及 NewBase 等。

在 Hadoop 中采用 NoSQL 技术,具体的数据管理系统是分布式数据库 HBase。

HBase(Hadoop DataBase)是建立在 Hadoop 上且具有扩充 NoSQL 功能的一种大型分布式数据库系统。它的基础是分布式文件系统 HDFS,是 Hadoop 中最上层的数据组织。它提供对结构化、半结构化及非结构化数据管理功能(包括数据读/写)。它支持多种非关系的数据形式,包括 NoSQL 中的四种数据形式以及由一个基于行、列、时间戳等三维数据模型组成的单元(Cell)结构形式。

6. Hadoop 中的数据仓库 Haive

在 Hadoop 中,除了 HBase 外,还有一种处于中间层次的数据组织,即数据仓库 Haive。Haive 是网络中一种基于结构化数据经抽取、清洗、集成而组成的有主题的数据组织,主要用于有目标的数据分析与归纳。

7. Hadoop 中的数据分析工具 Maout

大数据的目的是为了开发应用,为此在 Hadoop 中需有适应大数据应用的数据分析软件,常用的以工具形式打包存储于 Hadoop 中称为数据分析工具库。

在 Hadoop 中有两种数据分析工具库：一种是用于智能分析的数据分析挖掘工具库 Maout；另一种是用于统计分析的科学计算工具库 Hama。

数据分析挖掘工具库 Maout 包括数据挖掘、机器学习中的多个工具，如基于决策树算法的工具、基于朴素贝叶斯算法的工具、基于 Apriori 算法的工具、基于 Means 聚类算法的工具以及基于最大期望算法的工具等。

8. Hadoop 中的科学计算工具库 Hama

科学计算工具库 Hama 包括统计分析中的多个工具，如描述性统计分析工具(包括集中趋势分析、离中趋势分析、相关分析)、回归分析工具、因子分析工具以及方差分析工具等。

上述算法工具与传统算法有所不同，但是以传统算法的思想与方法为基础，进行分布式与并行化的改造，以适应大数据平台高效、快速的计算需求。

14.4 大数据管理系统标准 NoSQL

整个大数据的基础存储机构是大数据的数据库。它的基础标准则是 NoSQL。NoSQL 是一种扩充关系式的、分布式结构的、有并行功能的大数据管理系统标准。NoSQL 是 Not Only SQL 的缩写，其意义是“不仅仅是 SQL”，即表示仅仅关系数据结构模式是不够的。NoSQL 并不是对关系数据库的否定，而是对关系数据库的补充与扩大。

NoSQL 的功能特点是：

- 支持四种数据结构的形式。
- 具有简单的数据操纵能力。
- 有一定的数据控制能力。
- 无推理能力。
- 标准文本。

1. 支持四种非关系的数据结构形式

(1)键值结构：这是一种很简单的数据结构，由两个数据项组成，其中一个项是键，另一个是值，当给出键后即能取得唯一的值。值的结构具有高度的随意性。它可作为知识图谱中的基本结构及机器学习中的样本数据结构。

(2)大表格结构：又称面向列的结构。大表格结构是一种结构化数据，每个数据中各数据项都按列存储组成列簇，其中每个列都包含时间戳属性，从而可组成版本。

(3)文档结构：它可以支持复杂结构定义并转换成统一的结构化文档。对它还可按字段建立索引。

(4)图结构：这种结构中的“图”指的是数学图论中的图。图结构可用 $G(V,E)$ 表示。其中，V 表示结点集，E 表示边集。结点与边都可有若干属性。它们组成一个抽象的图 G。这种结构适合于以图作为基本模型的结构中。在人工智能中，图结构具有知识表示中的知识图谱的结构特性。

这四种数据结构主要为大数据技术及人工智能中的知识图谱应用以及机器学习模型的训练提供样本数据。

2. 具有简单的数据操纵能力

在 NoSQL 中,数据操纵能力简单,这是人工智能中原始数据的特有要求。这种数据一般以查询与插入为主。

3. 有一定的数据控制能力

在 NoSQL 中的数据控制能力可表现为:

(1)并发控制:NoSQL 的并行性强,但并发控制能力不高。

(2)故障恢复能力:NoSQL 故障恢复能力强。

(3)安全性与完整性控制:NoSQL 具有一定的安全性与完整性控制能力。

4. 无推理能力

NoSQL 毕竟是一种数据库,因此它并没有推理的能力,它仅为推理提供基础的知识性数据。

5. 服务功能

服务功能是非标准化的,可按不同产品而有所不同,一般而言,在网络上的数据采集能力是目前大多数产品都具有的服务功能。

6. 标准文本

NoSQL 是一种适应大数据管理及人工智能需求的数据管理组织的技术标准,相应的产品有很多,如 Google 的 Big Table、FreeBase;Facebook 的 Cassandra;Amazon 的 Dynamo;维基百科的 WikiData 以及 Apache 的 HBase 等。NoSQL 文本目前已成为大数据及人工智能中知识库的基本标准文本。

由于 NoSQL 存在着数据控制能力不强及数据操纵能力方面的不足,为改进此功能而出现了 NewBase。NewBase 是一种新型的关系数据库系统,兼有大数据、人工智能中的知识管理能力,它扩充了关系数据库的功能,使它在适应传统数据需要时也能适应大数据及知识管理。

14.5 大数据计算

计算功能是大数据的主要目标功能。计算建立在 Map Reduce 计算模式上的,它采用 Hadoop 数据组织中的数据以及 Hadoop 数据分析工具库中的程序,将两者结合并在网络平台上启动运行,这种运行是在网络多个结点上并行执行的,最后得到计算结果,通过人机接口传递给用户。

在大数据计算中,传统的数据挖掘及机器学习算法都将失效,取代它们的将是各种高效的并行算法。因此大数据计算并行算法是目前重要的研究方向与研究领域。

大数据计算的具体构筑由网络上的多个结点组成。其中每个结点由数据与程序两部分组成。数据是并行数据中的数据块,每个结点一块,而程序则是大数据分析并行算法程序。在运行时每个结点同时执行相同的并行算法程序,分别对不同数据块作处理,并协同其他结点,最终完成计算处理。

14.5.1 两种不同的计算

计算机计算中一般都需数据与程序,传统计算中所用到的数据的量受到限制,这影响与约束了它的计算范围与领域。在大数据出现后,大量受数据限制的计算得到了进一步解放,并得到了发展,从而出现了计算中的两种分类:

第一类是传统的受限数据计算,过去的所有计算机计算(特别是10年前的计算)均属此类计算。

第二类是大数据计算,它突破了数据的限制,使过去很多由于数据量受限的计算获得了解放,得到了有效的解决。

传统数据与大数据的计算从表面上看仅是量的不同,但实际上数据的量值由“量变到质变”,使其计算产生了质的变化。因此,大数据计算与传统数据计算是两种不同质的计算。

一般而言,大数据计算是传统数据计算所不能替代的。大数据中蕴藏着深度财富,通过它可获得多种结果与新的知识,这是一种信息财富。2013年Google通过它的大数据发现了全球的流行病及其流行区域,世界卫生组织在接到通报的五天后,通过人员调查才获得此消息。这种通过大数据所获得的结果是传统数据所无法得到的。

当今社会对财富的认识已正在发生变化,它正由仅是一种财富,物质财富成为两种财富,即物质财富与信息财富。这种新概念的形成正是大数据时代出现后所带来的改变。

14.5.2 三种不同的应用

目前的大数据计算中主要有三方面应用,即是统计分析应用、智能分析应用与知识库应用。

1. 统计分析应用

统计分析在大数据出现以前已有大量的应用,它并非是大数据专用的,但是统计分析一般是通过抽样(即抽取少量样本)方法实现的,其统计结果严重受制于所选取样本数据量的限制,造成结果失真。这种情况往往是数据量多少与结果正确度有紧密关联。因此在传统数据时代统计分析只能作为实际使用中的参考,并不能作为实际使用中的真实依据,故其重要性及所受关注程度均不高。在大数据时代,由于所选样本数据量可高速增加,有时可达到全选(而不是抽选)的程度,在此情况下的统计分析正确度与实际使用达到高度一致,从而可以正确反应客观世界的真实情况,同时也可预测未来的结果。

因此,传统数据时代统计分析与大数据时代统计分析有着本质上的不同,也有着本质上的不同效果。

2. 智能分析应用

智能分析应用主要应用于人工智能中的数据挖掘与机器学习中与归纳有关的应用。由于与归纳有关的应用需要大量的数据,数据的多少直接影响到归纳结果的正确性与可用性。例如在2016年的围棋人机大战中正是由于AlphaGo中搜集了超过千万以上的棋谱与棋局作为基础数据从而使得学习算法获得了足够的知识而取得了胜利。此外,在人脸识别及语音识别中都只有在获得了足够多的数据后才得以提高识别效果获得理想的结果。

人工智能自20世纪50年代诞生至今已六十余年历史,在这漫长的时间中它经历多次痛苦、失败与磨难,终于迎来了春天,它的应用已席卷全球,世界正进入人工智能时代。总结其惨痛的教训与成功的经验不外是两句话:优质算法与巨量数据。就目前而言,优质算法的代表就是深度学习算法;巨量数据的代表就是大数据。因此,“大数据+深度学习”算法已成当今人工智能中最新技术的代表,而大数据的主要应用也正转向人工智能中的应用,即智能分析应用已成为大数据的主要应用方向。

3. 知识库应用

当今的网络世界中存在着巨量的数据,它们为用户提供了各种不同方面的知识,这种知识涵盖了古今中外,是历史上从未有过的巨大知识体系,有人说,目前所需的所有种类的知识都可以在此中找到,但问题是这些数据在网络上的存在是混乱、无序的,在查找时如“大海捞针”,而要找到它更是“难于上青天”,这两个词语充分反映了人们在网络上查找知识的困难程度,因此如何科学、有序地重组数据,方便、有效地查找数据是在大数据中又一个应用。这就是大数据中的第三种应用,它一般可用知识库应用系统以实现之。有关它的介绍在第3章中已有详细说明。

14.5.3 大数据应用的开发

在大数据计算中主要的应用都是需要开发的,其中最主要的是大数据应用的开发。这种开发分为两个部分,它们即是大数据管理组织的数据模式设置及在网络上的数据采集与加载。

1. 大数据管理组织的数据模式设置

大数据管理组织的数据模式设置与传统的数据库数据模式设置一样,包括需求分析、概念设计、逻辑设计与物理设计等四个部分。这里我们不作过多的介绍。

2. 数据采集与加载

在大数据管理组织的数据模式设置完成后,需根据应用主题从网络上采集数据,进行数据预处理后最终加载至所设计的数据模式中,从而完成大数据应用的开发。

一般说来,数据采集与加载可分以下四个步骤:

1)确定主题

大数据应用开发的数据采集是有应用目标的,在采集时从网络中众多不同类型、不同应用部门、不同结点及不同性质的混乱、复杂的数据中依确定的目标进行搜索与选择,选取那些符合目标要求的数据,淘汰那些不符合目标要求的数据。

这种目标是根据应用需求而设置的,具体来说,即根据前面数据模式设置中的需求分析而得到的,称为主题。

2)数据采集

在明确主题后,根据主题作数据采集。数据采集是在网络上进行的。这种数据包括结构化数据、半结构化数据及非结构化数据等。

(1)数据源。在网络上进行数据采集的数据源有很多,它们的采集方法也不同,目前常用的有三种数据源,它们是:

①建立在网络数据库服务器上的数据库数据。它们都是一些结构化数据,由严格的数据库管理系统管理。

②建立在网络 Web 服务器上的网页数据。它们都是一些半结构化数据及非结构化数据,包括文档、图像、视频等,Web 中的数据没有严格的管理。

③在网络的各结点中都有大量操作活动与数据活动,从而产生多个数据日志中的数据记录,它们提供了结点中所有操作与数据的活动记录。

(2)数据采集方法。根据不同数据源使用不同的数据采集方法:

①网络中的数据库数据有严格的数据结构,可用抽取的方法以实现对结构化数据库数据作采集,以主题为目标对数据库作自动抽取,包括关系、关系中元组及列的抽取。在网络中有专门的抽取工具可供数据抽取时使用。

②网络中的 Web 数据没有严格的数据结构,对 Web 中的网页数据的采集需使用网络爬虫。网络爬虫是在网络中的一种数据自动采集工具,能根据主题的要求在网页中寻找适用的数据。网络中也有很多专门的网络爬虫工具可供数据扒取时使用。

③网络数据日志中的记录以主题为目标可作自动抽取。网络中也有专门的用于日志抽取工具可供日志数据抽取时使用。

3)数据预处理

在数据采集完成后所得到的数据仅是一些原始性的数据,离真正实际使用尚相距很远。需要进行数据的整理,又称数据预处理。

数据预处理的内容很多,包括数据清洗、集成等两大部分。

(1)数据清洗。数据清洗即是将采集后的不同语法、语义,不同层次,不同结构的数据进行归纳整理成统一形式。同时,除不符合主题要求的、不规范、不完整以及有错误的脏数据作,以保证数据的正确性。

数据清洗在预处理中是特别重要的,目前有很多这方面的工具,著名的有 Data Wrangler 与 Google Refine 等。

(2)数据集成。数据集成即是将清洗后的数据,根据一定规则转换成最终存储的数据管理组织(如 HBase)中的统一平台、统一结构、统一语法/语义的数据统一体。

4)数据加载

数据加载即是将集成后的数据装入最终的大数据的数据管理组织中,以作为按主题在网络中采集的结果。

以上四个步骤构成数据开发过程的四个连续阶段,它们构成了如图14.4所示的数据开发流程。

图14.4　大数据开发流程

14.6　大数据用户接口与可视化

大数据是为用户服务的,在用户获取数据过程中往往需要进行不断交互才能最终获得数据。这就需要有一个用户接口,此外,在用户获得数据后,以可视化形式呈现。

1. 大数据用户接口

大数据用户接口一般有很多接口工具可供用户使用,用户也可自行编程实现。这种接口的需求是按不同应用而不同的,如统计分析接口、机器学习接口以及知识库应用系统的用户接口都是不一样的。

2. 数据可视化

在数据结果输出中,由于数据的抽象性与符号化,往往难以理解,必须以可视化形式表示。在大数据结果输出中,由于数据量更为庞大,结构方式更为多样,数据间关系更为复杂,因此,大数据可视化尤为重要。

目前大数据可视化大都以使用工具为主,现有工具很多,常用的有Tableau、SPSS、Matlab等。

小　　结

本章主要介绍大数据技术的基本思想、方法与原理及大数据与人工智能间的关系。

1. 大数据特性

(1)Volume(大体量):即是PB～EB的巨量数据。

(2)Variety(多样性):即包含多种结构化数据、半结构化数据及无结构化数据等形式。

(3)Velocity(时效性):即需要在限定时间内及时处理。

(4)Veracity(准确性):即处理结果保证有一定的正确性。

(5)Value(大价值):即大数据包含有深度的应用价值。

2. 大数据研究内容——大数据管理组织与大数据计算

大数据管理组织四大功能特点:

(1)大数据管理组织结构上的分布性。

(2)大数据管理组织结构上的复杂性。

(3)大数据管理组织处理的并行性。

(4)大数据管理组织应用。

大数据管理组织采用 NoSQL 或 NewSQL 数据库。

大数据计算的功能:

大数据计算即大数据应用,包括大数据规范化管理应用、大数据统计分析与大数据归纳推理等,称为大数据计算。它建立在多个平台之上,还需有用户接口。

3. 大数据结构体系

(1)有一个建立在互联网上的大数据基础平台。

(2)有一个建立在基础平台上的大数据软件平台。

(3)建立在以上两个平台上的大数据计算,即是大数据的应用。

(4)大数据应用的可视化用户接口。

4. 大数据基础平台

这是一种网络平台,主要提供分布式存储及并行计算的硬件设施及结构。其中硬件设施主要是互联网络中的商用服务器集群,也可以是云计算中的 IaaS 或 PaaS 结构方式。

5. 大数据软件平台

大数据软件平台层主要提供大数据计算的基础性软件。目前流行的是 Hadoop,内容如下:

- 大数据公共计算工具库 Common。
- 分布式文件组织 HDFS。
- 并行计算模式 Map Reduce。
- 任务监控与管理的 Yam。
- 分布式数据库 HBase(NoSQL)。
- 数据仓库 Haive。
- 数学计算工具 Maout。
- 科学计算工具 Hama。

6. 大数据的数据库标准 NoSQL

NoSQL 是一种扩充关系式的、分布式结构的、有并行功能的大数据管理系统标准。NoSQL 是对关系数据库的补充与扩大。

NoSQL 的功能特点是:

- 支持四种数据结构的形式。
- 具有简单的数据操纵能力。

- 有一定的数据控制能力。
- 无推理能力。
- 是一种标准文本。

7. 大数据计算

(1)两种不同的计算。传统计算所用到的数据的量受到限制,这影响与约束了它的计算范围与领域。在大数据出现后,数据限制的计算得到了解放,出现了计算中的两种分类:

第一类是传统的受限数据计算,过去的所有计算机计算中均属此类计算。

第二类是大数据计算,过去很多数据量受限的计算获得了解放,得到了有效的解决。

传统数据与大数据的计算从表面上看仅是量的不同,但实际上数据的量值由“量变到质变”,使其计算产生了质的变化。因此,大数据计算与传统数据计算是两种不同质的计算。

(2)三类计算应用:

①通过网络搜索、数据抽取、数据整合形成规范化、体系化的应用系统,提供高质量的知识库应用系统为客户提供规范的数据服务,如维基百科、百度百科等。

②通过大数据的统计计算为大型统计应用(而非传统数据统计)提供服务,如人口普查、固定资产普查等。

③作为样本数据,为人工智能中的机器学习、数据挖掘计算提供服务。

(3)大数据应用的开发。在大数据计算中主要的应用都是需要开发的,其中最主要的是大数据应用的开发。这种开发分为两个部分:

①大数据组织的数据模式设置。大数据管理组织的数据模式设置包括需求分析、概念设计、逻辑设计与物理设计等四个部分。

②数据采集与加载。在大数据管理组织的数据模式设置完成后,需根据应用主题从网络上采集数据,进行数据预处理后最终加载至设计后的数据模式中,从而完成大数据应用的开发。

8. 大数据用户层

大数据用户层给出了应用大数据各类不同用户的应用接口。

习题14

14.1 试述大数据的五大特性。

14.2 试述大数据管理组织的四大功能特性。

14.3 试述大数据管理组织所采用的数据库类型,并说明其理由。

14.4 试解释大数据计算。

14.5 试说明大数据结构的四层体系。

14.6 试说明大数据基础平台。

14.7 试说明大数据软件平台。

14.8 NoSQL 的功能特点是什么？试说明之。

14.9 试说明大数据两种不同的计算。

14.10 试说明大数据三种不同的应用。

14.11 试述大数据应用的开发流程。

第15章

人工智能应用系统开发

15.1 概　　述

人工智能应用的最终结果是需要一个具有智能功能的计算机应用系统。这个应用系统是需要开发的,这种开发有下面两种特性:

首先,它是一种计算机应用系统,因此应具有计算机应用系统开发的所有基本特性。

其次,这种计算机应用系统开发应具有人工智能的特性。

因此,这种开发可称为计算机智能应用系统开发,也可简称为人工智能应用系统开发或智能应用系统开发。

具体说来,这种系统开发有如下几方面的要求与内容。

1.人工智能应用开发的三大要素

从计算机观点看,人工智能应用是计算机应用的一种。人工智能应用是需要开发的,它的开发也需遵从计算机应用开发的原则。但是人工智能应用又有其特殊性,因此在遵从计算机应用开发的原则上还有其特殊要求,就是人工智能应用开发的三大要素。

1)强大的计算力

计算力是计算机系统整体的计算处理能力。由于人工智能应用中需要替代人类脑力劳动中的顶级思维,因此对计算机的计算力要求较高。强大的计算力为人工智能应用开发提供了基础能力。

2)高效的算法

强大的计算力仅仅提供了基础能力,而真正起关键作用的是算法。由于人类脑力劳动中的思维活动在人工智能中表现为计算机中的算法以及由算法编码而成的应用程序。大脑敏捷的思维能力与严密的逻辑过程在计算机中应表示为高效率的算法。

3)大数据

在人类大脑思维活动中需要捕获外界信息与知识参与推理,它们的量值往往是巨大的,包括在演绎推理及归纳推理中,特别是归纳推理所需要的量值更为巨大。这些参与推理的信息与知识在计算机中均表示为不同类型的数据,且需求量大,它们在强大的计算力支持下构筑成一个数据组织与处理的实体,为算法运行提供支持。这就是人工智能应用开发中的大数据。

2. 人工智能应用系统结构

人工智能应用系统结构由基础平台、基本软件平台、应用软件、用户/系统接口及用户等五个部分组成。

3. 人工智能应用开发流程

人工智能应用开发流程遵守计算机应用系统的开发流程原则,再结合人工智能中的特殊要求,在具体细节中作适当调整而成。开发步骤与计算机应用系统的开发步骤大致相同。

4. 人工智能应用开发三种典型方法

从人工智能应用的角度看,目前有三种典型应用开发方法,它们引领着人工智能发展第三个时期应用的主要趋势。

(1)以深度学习为主的连接主义的方法。

(2)以知识图谱为主的符号主义的方法。

(3)以机器人为主的行为主义的方法。

15.2 人工智能应用开发的三大要素

本节对人工智能应用开发的三大要素展开介绍。

1. 计算力

人工智能中所讨论与求解的问题都是人类顶级思维中的问题,而这些问题的解决都有赖于严谨的逻辑推理与周密的关系分析,其中推理与分析的步骤烦琐、关系复杂,它们最终都依靠计算机强大的计算力才能得以解决。

强大计算力主要表示为如下四个指标:

1)计算速度

计算速度是衡量计算力的重要指标,强大计算力表示具有高速度计算力的计算机。那么,这种高速度的量值概念是什么呢?举例说明,美国在2018年研发出世界上速度最快的计算机“顶点”,它的浮点运算速度为20亿亿次/秒。该计算机主要用于人工智能中深度学习的计算及能源中核能计算等。从此可以看出,所谓高速度的单机数量值的意义是:至少是在亿亿次/秒的档次上。

2)存储容量

存储容量也是衡量计算力的指标,而强大计算力在存储容量的能力上则表示为至少有PB~EB级的联机存储能力,这种能力仅靠单机是无法完成的,它必须在网络上才能得以实现。因此强大计算力在存储容量的能力上必须建立在计算机网络之上。

3)分布式存储与并行计算

除了上面两个指标外,还有一个至关重要的指标是分布式存储与并行计算。这表示计算力必须建立在网络环境上，并采用一定的分布式结构。所谓分布式存储指的是数据存储在逻辑上是统一的，在物理上分散存储于互联网中多个存储结点中。

并行计算表示计算是在互联网上进行的，包括网上多个计算结点间的并行计算，也可以是计算机内部的并行计算。一般，一个计算机内部包含多个处理单元（如 CPU、GPU 及 TPU 等），它们在内部可作并行计算。如在计算机"顶点"中有 4 356 个单元组成，而每个单元中又有两个计算处理器及一个图像处理器，而每个处理器中又有 8 个 Power9 组成。由此可见此计算机并行程度之高是前所未有的。

4）云结构方式

强计算力最后还表现在互联网组织结构平台上。目前大都采用云平台方式，组成大规模服务器集群为中心的网络虚拟空间平台。

以上四个指标构成人工智能中强大计算力的基本要求。

2. 高效算法

人工智能中的所有思想、方法与理论最终只有能用算法表示才有应用的可能，由此可见算法的重要性。下面六部分介绍算法及高效算法。

1）算法的基本概念

算法（Algorithm）是研究计算过程的学科，著名计算机科学家 D. E. Knuth 在他的著作《计算机程序设计技巧》中对算法进行了总结，给出以下五个特征：

①可行性（Effectiveness）：表示算法中的所有计算都是可用计算机实现的。

②确定性（Definiteness）：表示算法的每个步骤都有明确定义和严格规定的，不允许出现多义性等模棱两可的解释。

③有穷性（Finiteness）：表示算法必须在有限个步骤内执行完毕。

④输入（Input）：每个算法必有 $0 \sim n$ 个数据作为输入。

⑤输出（Output）：每个算法必有 $1 \sim m$ 个数据作为输出；没有输出的算法表示算法"什么都没有做"。

这五个特性唯一地确定了算法的基本性质，因此也可作为算法的定义。

2）算法的存在性

人工智能的所有思想、方法与理论的实现只有按照算法概念要求的方法用一组有序的计算过程或步骤表示才能得以应用。

现在的人工智能中往往很多问题虽有理论支持但是无法用算法表示，因此就无法得以应用。这是人工智能应用中首先要解决的问题，称为算法的存在性问题。

3）算法正确性

算法正确性即是对所有的合法输入经算法执行均能获得正确的输出并能停止执行。算法的正确性是需要证明的。

4）算法的时间复杂性

算法的时间复杂性，又称时间复杂度（Time Complexity）。它指的是算法执行所耗费的时间。它与问题的规模 n 有关，即算法执行所耗费的时间是 n 的函数，可记为 $f(n)$，而算法复杂度则可记为 $T(n)$。

在时间复杂度中计算时间是以执行一条操作作为一个基本时间单位，这是为计算简便起见所设置的一个预设条件，根据这种计算方式所计算出的算法执行时间 $T(n) \leqslant Cf(n)$。通常，并不要求 $T(n)$ 很准确（实际上也很难做到），而是将它分成若干个时间档次，称为阶，可用 O 表示，即 $T(n)=O(f(n))$。

目前一般设置六个阶：

①常数阶 $O(1)$：表示时间复杂度与输入数据量无关。

②对数阶 $O(\log_2 n)$：表示时间复杂度与输入数据量 n 有对数关系。

③线性阶 $O(n)$：表示时间复杂度与输入数据量 n 有线性关系。

④线性对数阶 $O(n\log_2 n)$：表示时间复杂度与输入数据量 n 及其对数有关。

⑤平方阶 $O(n^2)$、立方阶 $O(n^3)$ 以及 k 次方阶 $O(n^k)$：表示时间复杂度与输入数据量 n 具有多项式关系。

⑥指数阶 $O(2^n)$：表示时间复杂度与输入数据量 n 有指数关系。

$T(n)$ 六个阶的说明：

①$T(n)=O(1)$：此类算法的时间效率最高。

②$T(n)=O(\log_2 n)$、$O(n)$、$O(n\log_2 n)$：此类算法可以在线性（或对数、线性对数）时间内完成，其效率差于 $O(1)$，但也很好。

③$T(n)=O(n^2), O(n^3), \cdots, O(n^k)$：此类算法在多项式时间内完成，其效率差于前两者，但总体仍在可接受范围之内。

④$T(n)=O(2^n)$：此类算法可以在指数范围内完成。这是一种高复杂度的算法。目前的计算机在指数限定范围之内尚可计算，但效率极低，而当指数范围不作限定时则无法完成此类算法的计算。

整个算法的 $T(n)$ 从低到高，它的阶越低，执行速度越快。因此，应尽量选取低阶的算法。阶为 $O(2^n)$ 的算法尽量限定指数范围，无法限定指数范围的在计算机中无法执行，因此一般不选用此类算法。

5）算法的空间复杂性

算法空间复杂性，又称空间复杂度（Space Complexity）。它指的是算法执行所占用的存储空间。这种存储空间与算法输入数据量 n 有关，也就是说，它是 n 的函数，可记为 $g(n)$。算法的空间复杂度可记为 $S(n)$。

在空间复杂度中计算空间是以一个存储单元为基本存储单位，根据此种方式，一般有 $S(n) \leqslant Cg(n)$。与算法时间复杂度类似，算法空间复杂度也可分为若干个档次，称为算法复杂度的阶，一般也分为 $O(1)$、$O(\log_2 n)$、$O(n)$、$O(n\log_2 n)$、$O(n^k)$ 及 $O(2^n)$ 等六个阶。一般尽量选用低阶的算法。同样，阶为 $O(2^n)$ 的算法且无法限定指数范围是不能接受的。

在人工智能中有的问题可证明其算法存在，也可以找到算法，这些算法可以有多个，在这些算法中选取其时间复杂度及空间复杂度较低者，但是如果选取的均为指数级且无法将其限制在固定范围内，则此问题在人工智能应用中是无法实现的。

比较遗憾的是,在人工智能中有很多问题尚未找到算法,而更多问题是虽有算法但其复杂度都是指数级的,因此当其变量突破一定限制后就成为不可计算的。例如著名的问题求解中的空间搜索算法及逻辑表示中自动定理证明算法均属此类算法。因此在人工智能中寻找复杂度低的算法,是一个艰巨的任务。

6)算法的并行性

在一般的传统算法构造中并不关注其并行性,但是,在人工智能应用中,对计算速度要求高,因此大都建立在并行平台之上,这样就要求运行其上程序的算法具有并行性。并行性提高了算法的效率。因此在人工智能应用中一般都要求将传统算法作并行性改造,以适应平台要求及提高效率。

到此为止,已介绍完人工智能应用中的一个重要素,即算法。所谓高效算法即是时间复杂度与空间复杂度均低且并行性高的算法。在人工智能应用中一般都要求高效算法。

3. 大数据

大数据是人工智能应用开发的最后的一个要素。有关大数据的概念及重要性已在前面第14章中有详细介绍,这里主要从人工智能应用开发要素的角度对大数据作一个提醒:

(1)大数据主要作用于人工智能应用开发中的机器学习领域基于归纳类型的计算中,特别是在现代人工智能的深度学习中应用。此外大数据还作用于人工智能应用开发中的新一代知识工程、专家系统的计算中,特别是在现代人工智能的咨询专家系统中应用。

(2)大数据建立在互联网上,构成了物理上的分布式结构与逻辑上的统一结构的数据结构组织。

在人工智能应用中大数据与传统数据起到了完全不同的作用,人工智能应用开发中只有大数据的支持才能起到真正的效果。

15.3 人工智能应用开发系统结构

人工智能应用开发系统结构实际上是一个特殊的、适合于智能计算的计算机应用开发结构,它由基础平台、基本软件平台、应用软件、用户/系统接口及用户等五个部分组成。

15.3.1 基础平台

人工智能应用开发平台中的基础平台由以下几个部分组成,都建立在互联网之上。

1. 通用计算机平台

通用超级计算机是互联网上商用服务器,它由多个通用 CPU 及专用 GPU、TPU、HPU、FPGA 等组成,这种服务器集群以云计算方式组成云平台。此外,还包括物联网、移动网络等多种结构及组织方式。

2. 专用芯片与服务器平台

由于人工智能应用中对计算机的计算速度要求实在太高,在某些算法的实现中一般最快速的通用计算机服务器也无法满足其要求，如目前最为常用的人工神经网络中的算法计算，深度学习中的卷积神经网络中的算法计算等，由于实在计算量大、计算速度要求高，因此，都采用专用的人工智能芯片实现，其具体方法是通过多个神经网络芯片按一定结构方式搭建成多层神经网络结构，同时尚需与高速服务器捆绑从而组成另一种类型的平台。在目前深度学习方法流行之际，此种平台广受欢迎。

15.3.2 基本软件平台

用于人工智能中的基本软件平台的软件比较多，包括下面几部分内容：

1. 机器学习软件

机器学习软件包括有：

(1)软件平台：如 Hadoop 平台、Tensorflow 平台以及目前最为流行的开源深度学习平台 TensorLayer 2.0 等。

(2)基本框架与工具库：如 Mahout、Julia、Python(既是语言又是工具库)、Spark、MapReduce 等。

(3)传统机器学习工具库：如 SAS、SPSS、MATLAB 及 Statistica 等。

(4)常用工具语言：如 Java、C++、R、Python 等。

2. 知识库软件

与知识库有关软件有：

(1)文件系统：分布式文件系统 HDFS。

(2)关系数据库：如 SQL 关系数据库等。

(3)非关系数据库：如 NoSQL 的 HBase 等。

(4)数据仓库：如 Haive 数据仓库等。

(5)Web 数据：如 XML、HTML 等。

(6)知识库：如百度知识库、维基知识库等。

3. 演绎推理软件

有关演绎推理软件有：

(1)LISP 语言。

(2)Prolog 语言。

(3)Datalog 语言。

15.3.3 应用软件

人工智能应用开发主要是应用软件的开发，包括两方面内容。

1. 基于归纳的应用软件

编写应用代码及训练模型，是在平台上进行的，包括基础硬件的网络平台、使用相关工具及数据，最终由程序员组合所有平台中的资源完成应用代码编制及模型训练，所有这些代码与模型的集成即组成人工智能应用系统基于归纳的应用软件。

2. 基于演绎的应用软件

在网络上自动搜索知识，建立起一个符合一定知识表示要求（如知识图谱等）的知识库以及相应的搜索引擎，它们组成人工智能应用系统基于演绎的应用软件。

15.3.4 用户/系统接口

在所依托的平台上运行应用软件后即可获得结果，这些结果在人工智能中往往是一些知识或规则，当输出结果对象是人时，它们的接口是人/机接口，如文字、语音、语言、图示、图表、图形、视频等，当输出结果对象是物时，它们的接口是物/机接口，这个“物”称为执行体。此时的接口是执行体的控制器。当输出结果对象是另一系统（软件）时，它们的接口是系统/机接口。此时的接口是系统的接口子系统（接口软件）。

此外，还有系统所必需的数据输入，它一般通过感知装置进入。

下面介绍感知装置作介绍：

在人工智能处理中经常需要获取外部客观世界的信息，以进行知识推理及模型训练。这些外部信息的种类很多，对人来说如视觉、听觉、嗅觉、味觉、触觉等，还有温度、力度、湿度、速度等，此外还有很多人无法感知的如紫外线、红外线、超声波，磁场、电场、力场等，更有人所无法了解的人体与物体内部的信息，如人体内部的心脏、肝脏、脾脏、肺脏、肾脏等内部信息，生物界、自然界、宇宙界的宏观内部信息，还有微观的细胞、原子、分子到量子的结构信息等，所有这一切在人工智能中均需通过特置的感知设备获取。这些感知设备小的是各种不同的传感器，大的是独立的感知装置，如人脸识别中的三维视觉识别装置、无人驾驶中的雷达装置、天气预报中的风云 1 号、2 号卫星装置，地理位置定位中的 GPS、北斗等卫星定位装置；医学检验中的尿检、血检、CT、核磁共振设备等。所有的感知装置在结果输出时一般情况下都具有连续性特点，此时需设置一个模数转换器将连续模拟量转换成数字量，最后进入系统中，存储于文件系统内，为人工智能中的知识处理提供数据支撑。

同时还有系统的输出，它一般通过执行装置输出。

所有这些就是系统的输入/输出接口，又称用户/系统接口。

15.3.5 用户

用户是整个系统的最终服务对象，它是系统最终端部分，包括最终输出及最初输入等。用户可以是“人”，也可以是“物”，也可以是另一系统（软件）。一般服务对象是人，但有时服务对象是物，如机器人的肢体、飞行于空中无人机、行驶于马路上的汽车等。同时也可以是另一系统或软件，如智能电子商务系统中的接口有：物资系统、金融系统等，如智能应用程序调用知识库中知识的调用接口软件。

一个人工智能应用系统结构就由基础平台、基本软件平台、应用软件、用户/系统接口及用户等五个部分组成，如图 15.1 所示。

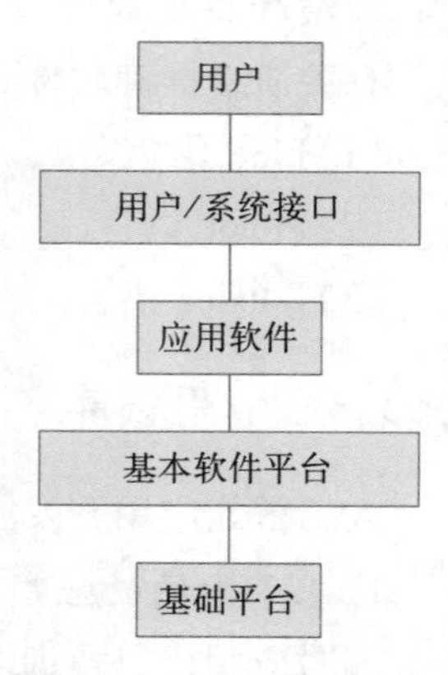

图 15.1 人工智能应用系统结构

15.4 人工智能应用系统开发流程

人工智能应用系统开发流程是依据计算机系统及软件工程开发流程为主并适当调整而成,它有以下八个步骤:

1. 计划制订

在人工智能应用开发中首先需要有一个明确的目标和边界,给出它们的功能、性能的要求,同时要对系统可行性作论证,并制订开发进程、人员安排以及经费筹措等实施计划,最后需写出开发计划书,报领导审批。

此阶段是人工智能应用系统开发的初期,其主要工作由开发主管单位负责,参加者有相关管理人员与技术人员,以管理人员为主。

2. 需求分析

此阶段的工作是在上阶段所提出的人工智能应用系统开发计划基础上做出需求调查,进行分析,并确认系统有人工智能应用需求,做出需求分析模型,最后写出需求分析说明书。

需求分析模型包括:

(1)所采用的人工智能方法,包括符号主义方法、连接主义方法或行为主义方法。

(2)数据搜索及数据结构。

(3)知识表示与知识搜集。

(4)所采用的知识模型、算法及流程分析。

(5)接口分析。

(6)最终组成需求分析整体模型。

此阶段工作由开发人员负责完成。

3. 系统设计

此阶段的工作是在需求分析基础上,将分析模型转换成系统结构模型,为系统生成提供基础。最后,写出系统设计说明书。

系统结构模型包括:

(1)确定数据库组织及数据搜集模块与工具。

(2)知识库组织及知识搜集模块与工具。

(3)所采用的具体算法及过程设计。

(4)界面与接口设计。

(5)所组成的软件模块结构设计。

(6)最终组成系统结构整体模型。

此阶段工作由系统开发人员负责完成。

4. 系统平台设计

根据需求分析与系统设计说明书的要求可以设计系统平台,包括基础平台与软件平台等。此外还包括接口(感知装置及执行装置控制器)的设计等。最后写出系统平台设计说明书。

此阶段工作由系统开发人员负责完成。

5. 系统更新设计

在系统设计后增加了系统平台设计,使得原有的设计内容增添了诸多物理因素,因此,对原有系统设计方案(特别是其中的软件设计)作必要的调整,同时,为协调与平台的关系,对平台设计方案也作一些修正。经过这种修改后的方案构成了应用系统的初步协调的设计方案。最后写出系统设计更新说明书。

此阶段工作由系统开发人员负责完成。

6. 应用系统组成

此阶段的工作是将系统设计中的系统结构模型转换成计算机系统所能接受的计算机平台及相应设备、数据库组织、知识库组织、算法模型训练、程序代码及接口。最终提交形式是:

(1)相应计算机平台。

(2)相应系统接口。

(3)带有足够数据的数据库组织。

(4)带有足够知识的知识库组织。

(5)经过充分训练的知识模型。

(6)所有模块的源代码清单。

最后写出应用系统组成说明书。

此阶段工作由系统开发人员及程序员负责完成。

7. 测试

测试是为了保证所组成系统的正确性。测试内容包括单元测试、组装测试以及最终的确认测试。测试需编写测试文档,按测试文档进行测试。

此阶段工作由测试人员负责完成。

8. 运行与维护

经过测试的系统即能投入运行。在运行过程中尚需不断地对系统进行更改、调整,这就是运行与维护。运行与维护需及时记录运行状况及维护内容。

运行与维护包括以下六个部分:

(1)系统平台运行与维护。

(2)数据运行与维护。

(3)知识运行与维护。

(4)知识模型运行与维护。

(5)应用程序运行与维护。

(6)接口运行与维护。

运行与维护由系统管理人员及系统维护人员共同负责。

15.5 人工智能应用的三种典型方法

从人工智能技术的角度看,目前的人工智能应用开发可有三种典型方法,它们引领了人工智能发展第三个时期应用的主要趋势。这也是人工智能技术的基础理论与应用的结合之处。

这三种典型方法分别是:

- 以深度学习为主的连接主义的方法。
- 以知识图谱为主的符号主义的方法。
- 以机器人为主的行为主义的方法。

1. 以深度学习为主的连接主义的方法

深度学习方法是推进人工智能发展进入第三个时期的关键技术方法,特别是其中的卷积神经网络方法,它通过了实际应用的考验,证明是一种行之有效的方法。

这是一种连接主义的方法,它需要以数据作训练,最终得到一个知识模型。这也是一种归纳学习的方法,它的特点是"数据+算法"。

更进一步分析,在这种方法中的数据,不仅要具"海量"性,更需要的是"巨量"性;在这种方法中的算法,主要是计算函数中的多个参数值,其复杂性较高,因此这种"数据+算法"的实现需要建立在强大计算力的基础之上的。故而这种方法的标准形式是:卷积神经网络+大数据技术+强大计算力。

因此这种方法不仅需要有人工智能中的先进方法,还需要有大数据技术以及强大计算力的配合,这三者缺一不可。所幸的是,在这几年中,这三种技术都取得了突飞猛进的进步,因此造就了这种方法的成功,过去多年长期未获解决的多种应用都得到了突破,如自然语言处理(包括机器翻译、语音识别)、计算机视觉(包括图像识别、人脸识别)、自动驾驶等。目前此种方法已成为人工智能发展第三个时期的标志性方法。

2. 以知识图谱为主的符号主义的方法

其实,在人工智能发展第三个时期中除了深度学习方法以外,传统的专家系统方法也获得了新生。在人工智能发展第二个时期中走向衰败的传统专家系统方法,在关键技术上作了重大的改进后,已组建成为一种新的专家系统。这种新的专家系统特别适合于作为咨询类专家系统。从方法论角度看,它是一种符号主义的方法,适合于语义性的推理。这种方法的标准形式是建立在互联网上的以知识图谱为表示方法,以网络中的数据自动采集(属大数据技术)为知识获取手段的新方法:知识图谱+大数据技术+互联网。

3. 以机器人为主的行为主义的方法

在人工智能发展第三个时期中还有一种新的典型方法,它即是以机器人为代表的行为主义的方法。它是目前应用得最为广泛且应用产值最大的人工智能产业群。以

Agent 作为其技术基础,特点是大量利用感知设备及机电装置作为与外部世界互动的接口设施,在机器人内部将感知设备所不断获得的数据序列作为其输入,在经处理后以数据序列作为结果知识输出。这种方法的标准形式是:Agent + 大数据技术 + 接口设备。

在实际应用中,往往是这三种方法联合应用。常用的有:

(1)第一种方法与第二种方法的联合应用,即先通过第一种方法归纳后获得知识,再通过第二种方法作演绎推理后获得最终结果知识。

(2)第三种方法与上面两种方法相结合后,就出现"智能机器人"。

小结

1. 人工智能应用系统开发的概念

人工智能应用的最终结果是需要有一个具有智能功能的计算机应用系统。这个应用系统是需要开发的,这种开发是具有计算机应用系统开发的所有基本特性。又具有人工智能的特性。因此,这种开发称为计算机智能应用系统开发,又称人工智能应用系统开发。

2. 人工智能应用的计算机应用开发的三大要素:

(1)计算力。

(2)算法。

(3)大数据。

3. 人工智能应用开发平台

(1)基础平台。

(2)基本软件平台。

(3)应用软件。

(4)用户/系统接口。

(5)用户。

4. 人工智能应用系统开发流程

人工智能应用系统开发流程包括以下八个步骤内容:

(1)计划制订。

(2)需求分析。

(3)系统设计。

(4)系统平台设计。

(5)系统更新设计。

(6)系统组成。

(7)测试。

(8)运行与维护。

5. 人工智能应用开发三种典型方法：

(1)以深度学习为主的连接主义的方法。

这种方法的标准形式是：卷积神经网络+大数据技术+强大计算力。

(2)以知识图谱为主的符号主义的方法。

这种方法的标准形式是：知识图谱+大数据技术+互联网。

(3)以机器人为主的行为主义的方法。

这种方法的标准形式是：Agent+大数据技术+接口装置。

习题15

15.1 什么是人工智能应用？请简述其基本概念。

15.2 请简述人工智能应用三大基础技术。

15.3 请简述人工智能应用中的计算机应用开发的三大要素。

15.4 请说明人工智能应用开发平台的内容。

15.5 请说明人工智能应用开发流程的八个步骤内容。

15.6 请说明人工智能应用开发三种典型方法内容。

15.7 请简述一个人工智能应用的详细内容。

15.8 请说明人工智能应用、人工智能理论及人工智能产品这三者之间的关系。

第16章 人工智能的应用系统

本章介绍人工智能应用系统。人工智能应用系统是人工智能应用的最终结果。它们大多以产品形式出现,因此又称人工智能应用产品。

由于人工智能的应用产品很多,本章仅选取部分具有高度经济价值与社会价值且为人们所熟知的应用产品。这些应用产品都已列入了我国政府新一代人工智能发展计划中,即自动驾驶与网联车、人脸识别、机器翻译、智能医学图像处理等四类应用。

人工智能应用产品具有“跨界融合”及“和实体经济深度融合”等特性,如自动驾驶与网联车是人工智能与汽车产业的跨界融合;人脸识别是人工智能与图像处理学科的跨界融合;机器翻译是人工智能与翻译界的跨界融合;智能医学图像处理是人工智能与医学领域的跨界融合等。通过这些跨界融合,带动多个学科、领域与行业的智能化,从而实现了人工智能的“头雁”作用。

16.1 自动驾驶与网联车

自动驾驶是人工智能与汽车驾驶的结合,利用先进的人工智能技术改造汽车产业,使之协助驾驶人员,减轻其脑力与体力劳动并最终达到完全替代驾驶人员的目标,这就是自动驾驶。具有自动驾驶功能的汽车称为智能汽车。

目前,实现自动驾驶的主要技术是网联车技术,本节主要介绍自动驾驶及网联车的主要概念、基本原理及相应案例。

16.1.1 自动驾驶技术概述

1. 自动驾驶技术的概念

自动驾驶技术就是在普通车辆的基础上应用多种以人工智能为核心的先进技术,使车辆具备智能的环境感知能力,能够自动分析车辆行驶的安全及危险状态,并使车辆按照人的意愿到达目的地,实现辅助驾驶并最终实现完全自动驾驶的目的。

自动驾驶技术中涉及的技术很多,包括以人工智能为核心的传感技术、计算机技术、车载控制技术以及定位技术等,使用的人工智能技术则主要包括机器学习、大数据分析、计算机视觉以及智能决策支持系统等。

2. 自动驾驶的研究分类

汽车驾驶员通常使用手、脚、眼等器官在大脑统一控制与管理下实现车辆驾驶，在自动驾驶中，由一个以计算机网络为架构的系统完成汽车驾驶员的工作，由部分到全部，分为以下六个级别：

(1)第0级：L-0，由人驾驶，系统仅负责做些必要的提示。此级别系统不能代替驾驶员的任何工作。

(2)第1级：L-1，人与系统联合驾驶，以人为主。系统根据环境信息执行纵向操作(转向)和横向操作(加/减速)中的一项，其余操作都由驾驶人完成。此级别系统可以代替驾驶员的手或脚。

(3)第2级：L-2，人与系统联合驾驶，以人为主，系统根据环境信息执行纵向操作(转向)和横向操作(加/减速)的全部项目，其余操作都由驾驶人完成。此级别系统可以代替驾驶员的手与脚。

(4)第3级：L-3，人与系统联合驾驶，以系统为主。系统可以执行所有驾驶操作，但在某些特殊情况下，系统可请求干预，此时，驾驶员必须提供适当的干预。此级别系统可以代替驾驶员的手、脚、眼及大部分逻辑思维。

(5)第4级：L-4，系统驾驶。系统可以执行所有驾驶操作，但在某些特殊情况下，系统可请求干预，此时，系统可以对驾驶人请求不作响应。此级别系统可以基本代替驾驶员的全部工作，包括手、脚、眼及大脑逻辑思维。

(6)第5级：L-5，系统可以执行所有驾驶操作，包括对所有特殊情况都有能自动处置的能力，而完全不需要驾驶员。此级别系统可以完全代替驾驶员的全部工作，包括手、脚、眼及大脑逻辑思维。

目前所进行的自动驾驶研究一般大都指的是第4级自动驾驶，其研究的最终目标是第5级自动驾驶。

3. 自动驾驶研究的两种方法

自动驾驶的研究是人类的梦想，早在五十年前已有自动驾驶的研究，直到现在，已经历了两种时代与方法研究：

1)传统研究方法

传统研究方法是以单车为主的研究方法。在此方法中整个自动驾驶系统是一个安装于车内的车载设备系统。此研究方法主要关注点集中于单车，因此研究目标单一，缺少周围环境共享数据的支持，研究难度大，难于实现自动驾驶本质性突破。

2)现代研究方法

现代研究方法又称基于网联车的研究方法，所谓网联车就是将车辆自动驾驶置身于人、车、路统一平台之上，建立起人与车、车与车、车与路之间的统一关联与协调，实现整个线路上所有车辆的自动驾驶。其实现的方法是建设一个连接人、车、路中所有有关信息的搜集、流通、处理、分析的网络，这种网络是包括车联网(Internet Of Vehicle，IOV)在内的互联网系统。其中，每辆车的车载设备仅是该网络中的一个结点，车中的自动驾驶均由网络统一控制与协调完成，这就是网联车名称的由来。

将车联网与搭载有先进的车载传感器、控制器、执行器等装置的车辆有机联合，并融合网络技术，实现车与人、车、路、后台等智能信息的高度交换与共享，实现安全、舒适、节能、高效行驶，并最终可替代人来操作的新一代汽车称为智能网联汽车(Intelligent Connected Vehicle，ICV)，简称网联车。

网联车的实现需要有一个统一的连接人、车、路中所有信息的网络平台，这不是单个企业所能完成的，必需要得到政府的统一规划与支持。此项工作的实施目前已由工信部统一安排与计划，并在逐步推进，预计在2020年可取得阶段性成果。到2025年，基本建成面向乘用车与商用车的自主智能网联汽车产业链与智慧交通体系。

16.1.2 自动驾驶技术原理

下面介绍网联车的自动驾驶技术原理。

1. 基于网络系统的自动驾驶

自动驾驶技术可以看成是建立在一个网络上的系统，运用多种以人工智能为主的技术融合而成，主要包括：

1)网络系统

该网络系统负责搜集路况、车况、人员以及相关后台数据，在此基础上处理与分析，最终通过车辆内部控制设备完成自动驾驶。

该网络系统是一个物联网，具有云计算功能，由多个移动终端结点组成。在这个网络中每个车载系统都是它的一个移动结点，该结点中所需的自动驾驶数据大都可从网络中获取，其自身的工作主要完成数据分析并转换成驾驶员的操作行为。

2)数据搜集

车辆自动驾驶所需的主要数据均由网络中的数据搜集子系统负责并可为线路上所有车辆共享。数据搜集内容包括前台的实时数据与后台的固定数据两个部分。

(1)前台的实时数据。前台的实时数据可通过传感器(包括雷达、摄像机、激光传感器等)搜集完成，包括路况、车况及人员等静态、动态数据。静态的如道路交通标记：缓行、绕行、禁行、禁鸣、出口、入口；路况：单/双车道、路宽、路面湿、冻、有坑、有坡度等。动态的有红绿信号灯、行人、车辆等。

(2)后台的固定数据。后台的固定数据可通过后台数据库搜集、整理存储，包括交通规则、行车地图及相关规范、文件等多种与驾驶有关的固定数据。此外，还包括各型号车辆的规格与参数等。

3)数据通信

数据通信由有线与无线通信两种方式以及通用网络通信和汽车专用短程通信技术、车载无线射频通信技术、LTE－V通信技术、汽车移动自组织网络技术、面向智能交通的4G/5G通信技术等。

4)数据处理

数据搜集后即进入数据处理，包括数据重组、结构转换等，此外还包括数据计算、统计等。

5）数据分析

除数据处理外，最重要的就是数据分析。在自动驾驶中有关数据分析内容包括：道路标记的识别，道路动态物体（如人、车）的运动速度、方向的分析；动态行驶车辆的定位等。

6）数据控制

经数据处理、数据分析后即可进入数据控制，它即是应用数据处理与数据分析后所得结果数据，经一定的控制算法，通过机电接口实现对汽车的纵向与横向实时控制，从而实现自动驾驶的目标。

2. 自动驾驶技术的功能

自动驾驶可以替代驾驶人员完成汽车驾驶任务，具体来说，即驾驶人员可以用眼睛观察路况、车况、行人、道路标记等道路上所有能见的事物；驾驶人员可以用手操纵方向盘，用脚操纵油门和刹车；驾驶人员可以用大脑中所存储的交通法规、地图知识等；驾驶人员可以用大脑中的思维控制能力，根据所获取的所有知识进行逻辑推理，实现纵向防撞、横向防撞、交叉路口防撞、安全状况检测等，并能按规定路线驾驶车辆到达目的地。所有这些能力，在自动驾驶中系统按等级都能完成。这就是自动驾驶技术的功能。

下面分四方面介绍自动驾驶的功能。

1）视觉能力

自动驾驶具有机器视觉功能，它利用计算机来实现人类视觉系统对物体的测量、判断和识别，主要包括数字图像和3D图像的采集、处理和分析方法。随着计算机技术的发展和智能图像处理/识别技术的成熟，机器视觉技术可用于三维测量、三维重建、虚拟现实、运动目标检测和目标识别等方面。在自动驾驶中可用于路况识别和车辆、行人、障碍物的距离、速度、方位识别与检测。

2）操纵功能

在系统控制下自动驾驶具有自动操纵油门、刹车的能力以及操纵方向盘的能力，以取代驾驶员的脚和手的功能。

3）控制能力

利用计算机作为决策和控制中心，对由各种传感器收集的信息（包括道路、车辆、行人、环境等）以及后台信息加以综合利用，通过计算机的综合处理做出最佳控制执行方案，并通过车辆上的各种控制系统自动控制车辆。此控制能力可以取代驾驶员的逻辑思维的功能。

4）安全驾驶

在视觉能力、操纵功能及控制能力的作用下，自动驾驶还能完成如下的安全驾驶：

①安全状况检测。对驾驶员、车辆关键零部件以及路况进行监控，及时地针对本车的非正常状况向本车和邻近车辆驾驶员、交通管理中心发出预警，主动采取措施，以保证交通安全。

②纵向防撞。利用系统控制能力，对车辆前后方行人、车辆和障碍物等情况进行

实时监控,并通过向驾驶员和周围驾驶员预警、采取辅助驾驶措施,使人、车安全避险。此外,在碰撞发生时,采取相应的被动安全措施,以减轻碰撞对驾驶员和乘客的伤害。

③横向防撞。利用系统控制能力,自动识别行驶环境(如道路状况、路旁设施、行人、其他车辆等),当车辆变换车道或发生横向偏离时,判别发生横向碰撞的危险程度并向驾驶员发出警告,通过车载辅助驾驶和自动控制装置,避免横向碰撞事故的发生。

④交叉路口防撞。在车辆即将进入或通过有信号控制的交叉路口时,利用系统控制功能获得的信息,及时地将交叉路口的交通状况通知驾驶员,并根据需要,辅助驾驶员对车辆进行控制,或车辆自动执行防撞措施(包括纵向防撞、横向防撞以及纵横向综合防撞),或发生碰撞后对司乘人员及时给予保护。

5)自动车辆驾驶

汽车通过系统的支持,在无人工干预或部分人工干预的情况下,实现在道路上的车道跟踪、车辆间距保持、换道、巡航、定位、停车等操作。

3. 人工智能与自动驾驶

在自动驾驶中所采用的核心技术是人工智能,主要表现在以下几方面:

1)计算机视觉

可将人工智能中的计算机视觉技术用于自动驾驶中,用于路况识别和车辆、障碍物的距离、速度检测以及交通标志识别和红绿灯识别等。

2)车辆定位

在无线定位方法中,目前最常用的是基于基站的定位方法。这是一种用卷积神经网络进行学习的一种方法。车辆在某一区域内各时刻接收到的基站信号强度可绘制成96像素×96像素大小的信号强度特征图,将其作为输入并将每张信号强度特征图对应的车辆坐标作为输出,利用CNN进行训练,训练所得模型能够基于各基站信号强度,较为精确地对车辆位置进行估计,实现基于CNN的车辆无线定位。

3)大数据技术

自动驾驶中所需的数据量大、实时性强、结构类型复杂,处理难度大,因此是一种典型的大数据,需使用大数据技术处理才能保证系统有效、顺利、高速运行。

4)决策技术

自动驾驶中最终执行均是通过系统控制软件实施的,这种控制包括纵向的操作(油门、刹车)与横向的操作(方向盘),以实现纵向防撞、横向防撞以及交叉路口防撞等目的。在决策中都需要有演绎性推理与归纳性推理等多种智能性技术。

16.1.3 自动驾驶案例

本案例主要介绍百度Apollo无人驾驶项目的发展经历。

2014年7月24日,百度启动“百度无人驾驶汽车”研发计划“百度Apollo”。截至2019年,Apollo拥有北京、雄安、硅谷等多样地区场景以及乘用车、无人小巴、无人物流车等多种车型;Apollo在路侧感知传感器方案、路侧感知算法、车端感知融合算法、数据压缩与通信优化、V2X终端硬件及软件、V2X安全方面布局研发领先的车路协同全栈技术;Apollo 拥有的无人驾驶汽车队、开放道路无人驾驶汽车测试里程等一系列的场景数据积累,为百度布局车路协同,智能交通建设打下根基。

2015 年 12 月,百度公司宣布,百度无人驾驶汽车国内首次实现城市、环路及高速道路混合路况下的全自动驾驶。百度无人驾驶汽车从位于北京中关村软件园的百度大厦附近出发,驶入 G7 京新高速公路,经五环路,抵达奥林匹克森林公园,并随后按原路线返回。百度无人驾驶汽车往返全程均为自动驾驶,实现了多次跟车减速、变道、超车、上下匝道、调头等复杂驾驶动作,完成了进入高速(汇入车流)到驶出高速(离开车流)的不同道路场景的切换,测试时最高速度达到 100 km/h。

2016 年 7 月 3 日,百度与乌镇旅游举行战略签约仪式,宣布双方在景区道路上实现 L-4 的无人驾驶。

2016 年的百度世界大会无人驾驶汽车分论坛上,百度高级副总裁、自动驾驶事业部负责人王劲宣布,百度无人驾驶汽车刚获得美国加州政府颁发的全球第 15 张无人驾驶汽车上路测试牌照。

2017 年 4 月 17 日,百度宣布与博世正式签署基于高精地图的自动驾驶战略合作,开发更加精准实时的自动驾驶定位系统。同时在发布会现场,展示了博世与百度的合作成果——高速公路辅助功能增强版演示车。

2018 年 2 月 15 日,百度 Apollo 无人驾驶汽车于港珠澳大桥进行演示,并在无人驾驶模式下完成“8”字交叉跑的高难度动作。

2018 年 7 月 4 日的百度 AI 开发者大会上,百度宣布 Apollo 无人驾驶汽车量产下线,并在海淀公园首次面向公众落地运营,实现从海淀公园西门到儿童游乐场所之间的往返接驳,全程 1 km 左右,一个往返在 15 ~ 20 min 左右。图 16.1 所示即为百度 Apollo 小巴车。

图 16.1 百度 Apollo 小巴车

11 月 7 日,百度在第五届世界互联网大会上就人工智能技术在各个领域的应用进行了全方位展示,并推出众多创新产品,包括搭载了声控版唱吧 App 的百度 Apollo 无人驾驶汽车,展现了集电影、游戏等多种娱乐和工作于一体的体验模式。Apollo 小度车载 OS 以及 Apollo 智能驾舱上接入声控版唱吧 App,可实现“车载 K 歌”的功能,同时其还可与百度无人驾驶汽车智能语音交互系统进行适配。当用户说出“小度小度,我要唱歌”的语音指令时,唱吧 K 歌功能即刻被唤起,用户通过语音口令,即可开始演唱、切歌或分享,随时随地享受在无人驾驶汽车里唱歌、录歌、互动的乐趣。

2018 年 11 月 1 日，在北京的百度世界大会上，展出了一款无人驾驶挖掘机。该无人驾驶挖掘机是由拓疆者和百度共同开发的。它有三个特点：重建全局地图，分析场景并规划作业路径；多目感知与强化学习，实现最优的自动化作业；装载车基于自动驾驶，实现自动卸载。在没有人的操作下，挖掘机能自己感知和寻找作业任务，可节约 40% 的人力成本，提升承包商 50% 的工程收益。图 16.2 所示即是百度无人驾驶挖掘机。

图 16.2　百度无人驾驶挖掘机

16.2　人脸识别

16.2.1　人脸识别技术发展历史

人脸识别的研究始于 20 世纪 60 年代的人工智能发展的第一个时期，它的先驱者有 Bledsoe、Helen Chan 和 Charles Bisson 等人，他们提出了致力于使用计算机识别人脸的思想，并开始做了一些初始化的研究工作。真正的研究工作是从 20 世纪 80 年代后开始的，随着计算机技术和光学成像技术的发展而取得了初步的成果。到了 20 世纪 90 年代后期，真正进入了初级应用阶段并以美国、德国的技术实现为主，可应用于机场、银行等领域，通过“不完善”的面部视图进行识别。人脸识别模型如图 16.3 所示。

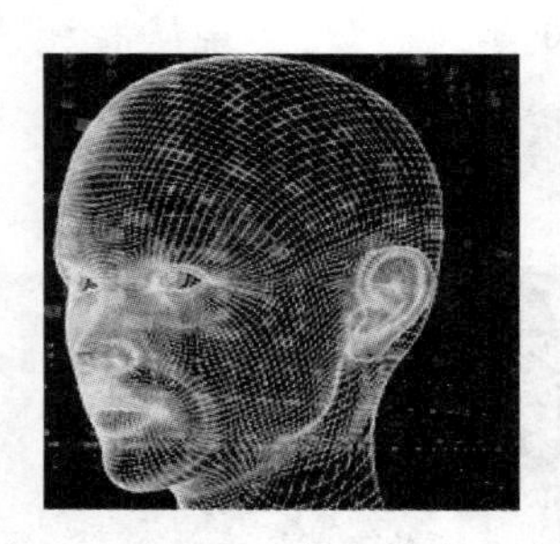

图 16.3　人脸识别模型

人脸识别的真正应用技术的发展是在 21 世纪，由于对它的研究需有人工智能中的成熟基础理论以及机器学习、专家系统、计算机视觉等应用技术支持；计算机的强大计算力的支持；高效算法的支持等多种因素，这些条件只有进行 21 世纪后才开始逐渐具备。2006 年，最新的人脸识别算法的性能在人脸识别战中得到了评估。在测试中使用高分辨率面部图像，三维面部扫描和虹膜图像。结果表明，新算法比 2002 年的人脸识别算法精确 10 倍，准确率比 1995 年高 100 倍。有些算法在识别人脸方面能够超越人类参与者，能够唯一识别同卵双胞胎。此后，人脸识别的错误率按摩尔定律的规定以每两年减少一半的速度前进。

2010 年以后，随着人工智能发展第三时期的出现，深度学习与卷积神经网络的应用，人脸识别终于迎来了大规模应用的时代。目前它已广泛应用于监控、安全、考勤门禁、身份验证、犯罪嫌疑人鉴定等多个领域。

有报道预测,人脸识别的商业价值将从2015年的9亿美元增长到2020年的24亿美元。机器将在某些方面达到高于人类的识别能力。在电视节目《最强大脑》中,百度首席科学家吴恩达带着小度机器人和人类选手在人脸识别项目的比拼中以3:2取胜。

目前,有关人脸识别技术的公司越来越多,除了著名的大公司如Google、百度等外,还有很多专业性公司,其中著名的如格灵深瞳、商汤科技、云从科技、中安未来、旷视Face++等。

16.2.2 人脸识别原理

人脸识别是基于人的脸部特征信息进行身份识别的一种技术,其主要方法是用摄像机或摄像头采集含有人脸的图像,用人脸识别技术进行识别,最终得到识别的结果,又称人像识别、面部识别等。在人工智能中,这种人脸识别技术主要属机器学习中的分类方法。目前主要采用深度学习方法,常用的是以卷积神经网络为主。分类有两分法与多分法。所谓两分法即是判别两张人脸是否为同一人,如在车站、机场、码头安检时采用的识别方法,即将持票人脸与其本人身份证中的照片作分类识别,以确认其是否、为同一人。这种两分法目前在技术上已完全成熟,可以广泛应用。多分法则是从n张人脸中寻找到特定的人脸,如在寻人启事中寻找特定人脸。这种多分法目前在技术上随着n的增大其准确率就会降低,目前的准确率可达到70% ~90%左右。

1. 人脸识别流程

人脸识别的流程一般分为两个步骤:

1)人脸识别模型训练

图16.4所示是人脸识别模型训练的过程。这个过程一共分为三个部分。首先需要有大量用于训练的人脸图像集,其次需选择相应的学习算法。将人脸图像集作为输入数据输入学习算法中做模型训练,最后得到一个用于人脸识别的人脸学习模型。

图16.4 人脸识别模型训练过程

2)人脸的识别

图16.5所示是人脸的识别过程。这个过程一共也分为三个部分。首先需要有用于识别的人脸图像,其次是经过训练完成后的人脸学习模型。将用于识别的人脸图像作为输入数据输入人脸学习模型,最后得到一个识别的结果作为输出。

图16.5 人脸的识别过程

具体来说，一个人脸的识别系统包括图像摄取、人脸定位、图像预处理、人脸识别，以及结果与输出。输入一般是一张或者一组含有未确定身份的人脸图像，以及人脸数据库中的若干已知身份的人脸图像或者相应的编码，而其识别结果则是一系列相似度得分，表明待识别的人脸的身份。最终的输出可以是一组数据或是通过输出接口的一组操作。图 16.6 所示的是人脸识别的门锁操作流程。

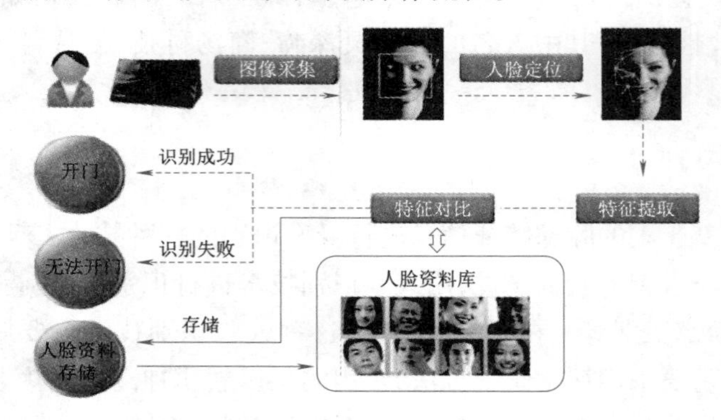

图 16.6 人脸识别的门锁操作流程

2. 人脸学习模型的生成

人脸识别的关键是人脸学习模型的生成，它需要两个最基础的条件：一个是数据；另一个是算法。所谓数据即是大量用于训练与评估的人脸图像集，算法是相应的学习算法。

1）用于训练、评估的人脸图像集

在人脸识别的训练中需有大量的人脸图像，它们主要是开发者通过多种手段搜集获得。其数量之大至少需有百万张人脸级别以上。目前这种搜集适合于 Facebook、Google、百度、腾讯等大企业，以及占有较大数据资源的研究机构。通过更多、更全的数据，提高模型对现实应用中人脸差异的适应能力。

此外还需要一些一致公认的评估数据集，用以评价各种人脸识别系统的优劣，常用的人脸识别的数据集有：LFW（Labeled Faces in the Wild）数据集、AFLW（Annotated Facial Landmarks in the Wild）人脸数据库、FDDB（Face Detection Data Set and Benchmark）人脸识别的数据集、MegaFace 数据集等。MegaFace 是目前世界范围内最权威的评价人脸识别性能的指标数据集，如图 16.7 所示其部分图像。

图 16.7 MegaFace 所示的部分图像

2)人脸识别的学习算法

人脸识别的学习算法经历了传统与现代的两个发展阶段。

(1)传统发展阶段:在早期的人脸识别的学习算法中一般采用基于几何特征的方法、基于模板匹配的方法以及基于代数特征的方法等。这些方法的特点是采用人工与自动(即算法)相结合的方法。首先由人工设置特征,其次通过(浅层)机器学习算法自动获取特征值。由于人工设计的特征不能很好地表征人脸,同时(浅层)机器学习算法的误差率高,因此,传统算法的人脸识别精确度不高。

(2)现代发展阶段:自21世纪以来,深度学习的出现与发展深刻地改变了人脸识别的算法,特别是2012年以后,应用卷积神经网络已成为人脸识别的主要算法,其主要优点是能自动寻找人脸特征,且准确率高,一般可达到90%以上。著名的有:

①DeepFace模型:该模型由Facebook于2014年提出,用它可进行人脸识别。DeepFace在LFW数据集上取得了97.35%的检测精度。DeepFace的卷积神经网络结构如图16.8所示。

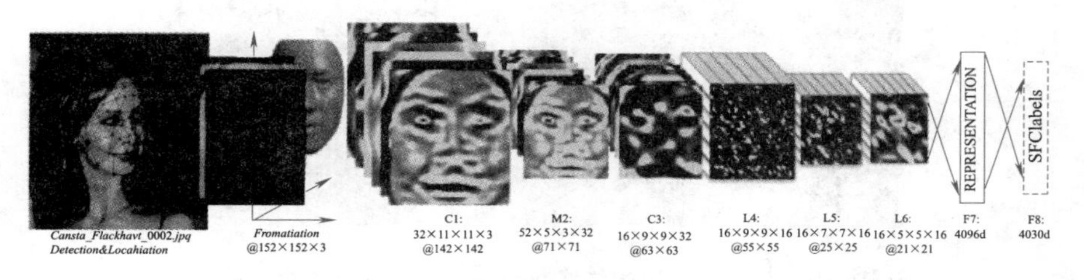

图16.8 DeepFace的卷积神经网络结构

②FaceNet模型:该模型由Google于2015年提出用于进行人脸识别。FaceNet在LFW数据集上取得了99.63%的检测精度。

③百度深度学习研究院于2017年在120万训练数据的基础上,采用Mutil－patch训练模式方法,该方法在LFW数据集上取得了99.77%的检测精度,其卷积神经网络结构示意如图16.9所示。

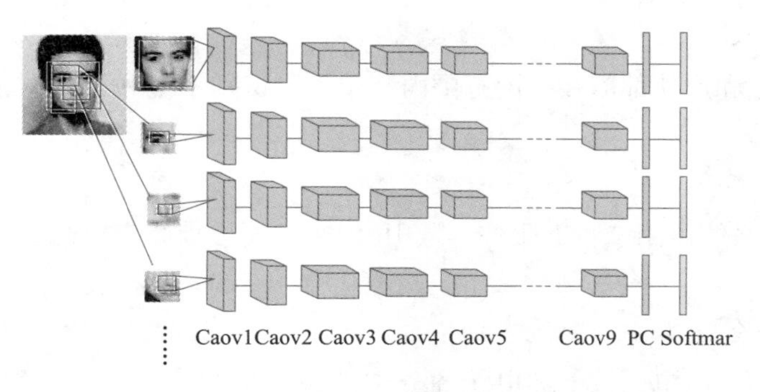

图16.9 Mutil－patch训练模式的卷积神经网络结构示意

16.2.3 人脸识别应用

人脸识别技术已日趋成熟,目前已广泛应用于金融、司法、军队、公安、边检、政府、航天、电力、工厂、教育、医疗及众多企事业单位等领域。随着技术的进一步成熟和社会认同度的提高,人脸识别技术将可应用在更多的领域。

1. 身份识别

人脸识别可用于身份识别。由于视频监控正在快速普及,众多的视频监控应用迫切需要一种远距离、用户非配合状态下的快速身份识别技术,以求远距离快速确认人员身份,实现智能预警。人脸识别技术无疑是最佳选择,采用快速人脸检测技术可以从监控视频图像中实时查找人脸,并与人脸数据库进行实时比对,从而实现快速身份识别。图 16.10 所示是一张视频监控所拍摄的人脸图像,可以从中寻找出特定的人脸。

图 16.10 视频监控所拍摄的人脸图像从中寻找出特定的人脸

2. 企业、住宅安全和管理

在企业和住宅中利用人脸识别系统作门禁,也可为企业作考勤,并用人脸识别作住宅防盗门等。

3. 电子护照及身份证

电子护照及身份证件的应用正在国外及我国有序地推进,如电子护照实施计划正由我国公安部加紧规划和实施。

4. 搜捕逃犯

公安、司法和刑侦部门在全国范围内利用人脸识别系统和互联网技术搜捕逃犯已取得实际成效。

5. 自助服务

人脸识别系统可用于自助服务领域中,如在无人售货商店、智能客户服务、智能自助缴费等。

6. 信息安全服务——智能咨询

在计算机登录、电子政务和电子商务中涉及大量的信息安全瓶颈,电子商务中交易全部在网上完成,电子政务中的很多审批流程也都在网上操作。这种交易或者审批的授权都是靠密码实现,而密码的安全性不高,此时可以通过人脸识别,做到当事人在网上的数字身份和真实身份统一,从而大大增加电子商务和电子政务系统的可靠性,解决了系统的安全隐患。

下面介绍若干个人脸识别的应用系统实例。

1. 高铁安检

2012 年 4 月 13 日京沪高铁安检区域人脸识别系统工程开始招标,上海虹桥站、天津西站和济南西站三个车站安检区域已安装用于身份识别的高科技安检系统——人脸识别系统。目前该系统已广泛应用于南京南、杭州东等多个车站。

2. 刷脸支付

2013 年 9 月 5 日,刷脸支付系统在中国国际金融展上亮相。刷脸支付系统基于天诚盛业自主研发的生物识别云金融平台,将自主知识产权军用级别的人脸识别算法与现有的支付系统进行融合,对接了日常生活中涉及支付、转账、结算和交易的环节。在支付时人们不再需要银行卡、存折和密码,甚至是手机,只需要对着摄像头点个头、露个笑脸,刷脸支付系统将会在几秒内完成身份确认、账户读取、转账支付、交易确认等一站式支付环节,为用户创建更棒的支付体验。

3. 蚂蚁金服刷脸支付

2015 年 3 月 15 日汉诺威 IT 博览会在德国开幕,阿里巴巴创始人马云作为唯一受邀的企业家代表,在开幕式上做了主旨演讲。在发表演讲后,马云演示了蚂蚁金服的 SmileZto Pay 扫脸技术,并当场刷自己的脸给嘉宾买礼物。马云选择的礼物是淘宝网上一枚 1948 年的汉诺威纪念邮票。他用手机登录淘宝,第一步选择产品;第二步进入支付系统,确认支付后出现扫脸的页面;第三步扫脸(拍照后)后台认证;第四步显示支付成功。马云现场赠送了德国总理默克尔一份特殊的礼物:一张纪念版的德国日历页,且恰好就是这位女总理的出生年月。图16.11所示是当时现场的实况。

图 16.11　汉诺威 IT 博览会上马云演示扫脸技术现场的实况

16.3　机器翻译

机器翻译是自然语言处理中最具实用价值的一种应用。自 1956 年人工智能产生之时起机器翻译已成为当时热门研究之一,但由于受技术条件的限制,在经历了 30 余年的不懈努力后,直至 20 世纪 90 年代才逐渐进入实际应用阶段。到目前为止,机器翻译已进入实用化阶段,多种机器翻译产品已进入市场,并发挥了重要作用。

16.3.1 机器翻译的基本原理

从形式上看,机器翻译实际上就是从一种符号序列(称为源语言)通过一定的规则转换成另一种符号序列(称为目标语言)的过程。这种转换过程可以用人工智能方法实现,称为机器翻译。它的基础理论是自然语言处理。由于这种转换过程极其复杂,在实际处理时还需要用到人工智能基础理论中的演绎推理、归纳推理(特别是其中的深度学习)等多种理论。

具体来说,机器翻译就是从源语言通过一定的方法(称为机器翻译方法)转换成目标语言的过程。常用过程是:首先对源语言作分析(如词法分析、句法分析、语义分析)后形成某种形式的内部结构表示(如句法结构形式),然后将此种内部形式转换成目标语言的相应内部表示。最后,从目标语言的内部表示再生成目标语言。

机器翻译过程如图 16.12 所示。

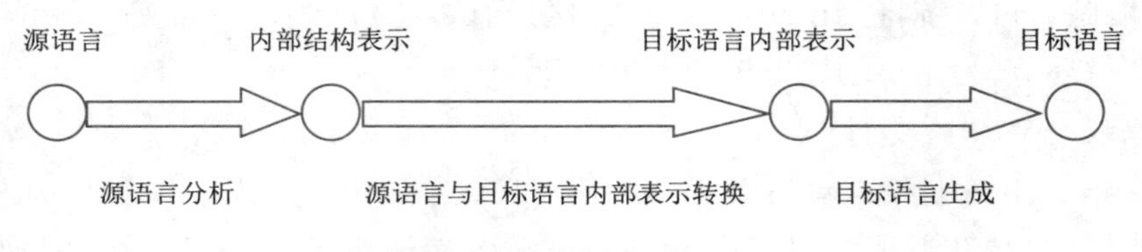

图 16.12 机器翻译过程

在此翻译过程中,源语言分析与目标语言生成可用自然语言处理的方法解决,真正在机器翻译中所需处理的是:源语言与目标语言内部表示的转换。

除此以外,还有两种翻译过程:一种是直接从源语言文本到目标语言文本的过程,另一种是从源语言通过另一种中间语言再到目标语言文本的过程。

机器翻译一般就这三种翻译过程。

16.3.2 机器翻译的实现方法

从机器翻译发展历史看,它的实现方法有很多种,一般有效的有以下四种:

1. 基于人工规则的方法

这是机器翻译发展历史中最原始的方法,它是用专家系统的思想作为机器翻译,因为翻译的工作属于专家范畴。这种方法的基本思想是通过人工的方法将翻译的知识(包括事实与规则)组织成知识库,然后用演绎推理的方法实现翻译的过程。

这种方法从技术上看并无问题,但在实现中难度极大,主要是人工知识获取与推理引擎的实用性都存在着无法克服的障碍。因此这种方法仅适合于简单情况的翻译及辅助翻译之用。

2. 基于实例的方法

进一步的发展是采用基于实例的学习方法。这种翻译方法是首先建立一个实例库,在这个库中存有很多从源语言到目标语言之间的多个翻译实例,在翻译时在库中寻找相似的目标语言例子,然后再作适当调整而成。

这也是一种可行的办法,但是由于自然语言语句的复杂性与多样性,因此,实例库的完整性与多样性很难得到保证。因此这种方法也仅适合于简单情况的翻译及辅助翻译之用。

3. 基于统计模型的方法

基于统计模型的方法又称统计机器翻译方法,这种方法实际上就是浅层机器学习方法。它是应用基于参数的数学方法,同时用实例库中实例对参数作训练,最终将效果最好的作为翻译结果。

这种方法实现的具体步骤是:

(1)建模:建立一个具有多个参数的数学公式作为其原始模型。

(2)训练:用实例库中实例对原始模型作训练以确定其参数以获得统计模型。

(3)推理:对给定源句子 F 经统计模型后所获得的目标句子集中选取概率为最大的句子作为结果句子。

这种方法在 20 世纪 90 年代后期用得比较多,为很多产品所采用。但它也存在很多弊端,如缺乏合适的语义表示,难以利用非局部上下文等。

4. 基于深度学习的方法

近年来人工神经网络及深度学习理论获得了突破性进展,用这种方法于机器翻译中可以消除上述很多弊端,目前大致可采用以下两种方法:

(1)利用深度学习方法改进基于统计模型的方法。

(2)端对端神经机器翻译方法。这是一种新的方法,它直接利用深度学习方法,实现从源语言文本到目标语言文本的映射。

目前采用这种方法的效果最为理想。当下较为流行的产品也大都采用了这种方法,如 Google 翻译系统、百度翻译等。

5. 基于语音的机器翻译

上面四种是基于文本的机器翻译,是机器翻译的基础。此外,还有基于语音的机器翻译。这种机器翻译的方法就建立在基于文本的机器翻译基础之上,再加上语音处理技术后就能方便实现。图 16.13 所示是基于语音的机器翻译实现的过程。

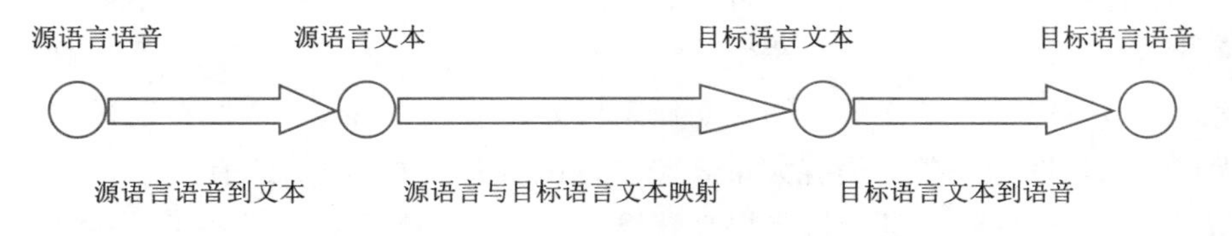

图 16.13　基于语音的机器翻译实现的过程

分为以下三个步骤:

(1)源语言语音到文本:可用语音识别技术实现。

(2)源语言与目标语言文本映射:可用基于文本的机器翻译方法实现。

(3)目标语言文本到语音:可用语音合成技术实现。

16.3.3 机器翻译的应用

机器翻译的应用已进入实用化阶段,机器翻译的产品也大量涌现。其中,Google翻译系统可以实现63种主要语言之间的相互翻译,而且功能强、使用方便。此外,还有Facebook的翻译系统、必应翻译等。我国的机器翻译也已跻身于国际先进行列,著名的产品有百度翻译、阿里翻译及专业公司科大讯飞的翻译机等。

16.4 智能医学图像处理

16.4.1 智能医学图像处理概述

现代医学的发展是以现代化的医学检验手段为基本支撑,近年来,特别是医学图像的发展,在疾病的诊断及选择治疗方法方面起到决定性的作用。所谓医学图像(Medical Image)是指为了医疗或医学研究,对人体或人体某部分以非侵入方式取得内部组织影像的技术与处理过程,包括各种放射线仪器、磁共振仪器、超声仪器等四部分:

①射线影像,如X-CT X。

②磁共振成像MRI。

③放射性核素显像如,ECT。

④超声波成像,如超声CT。

这些医学图像,其影像灰度分布都是由人体组织特性参数的不同决定的。通常,这种差异(对比度)很小,导致影像上相邻灰度差别也就很小。人眼对灰度的分辨率很低,只能清楚分辨从全黑到全白的十几个灰阶。因此,过去传统的模拟影像必须经过数字化处理方有实用价值,而现代医学图像都是直接数字成像。

经数字化处理后的医学图像其识别能力虽有所提高,但仅靠医生肉眼要分辨人体组织中复杂细微的结构仍有很大困难,这还需依靠医生长期积累的经验与分析推理。往往会出现这样一种现象,同一张片子,在不同医生眼里可能有不同的结果。因此最先进的医学图像,最终还是要靠医生的经验与判断才能发挥其作用。也不是每个医生都能作出正确的判断,这需靠他的长期积累与努力学习的结果。因此在现代化的医院中,大量的医学图像设备必须有大量经验丰富的读片人员,他们的有机结合才能最终产生有效的诊断结果,为诊治病人提高效果。现实环境中医院大量缺乏水平高的读片人员,从而使得现代化先进医学图像设备不能充分发挥其作用,这已成为目前医学研究中的重要问题。

设想用人工智能方法替代读片员分辨人体组织中复杂细致的结构,并分析与正常组织结构的不同,从而为诊断疾病提供基础。由于医学图像也属计算机中的图像,因而可以用人工智能中的智能图像处理、计算机视觉中的理论与方法，主要是机器学习方法，特别是其中的深度学习方法、卷积神经网络等，通过从巨量的医学图片中进行学习，抽取其特征而获得人体各种器官组织特征，从而分辨出不同的结果来。这就是智能医学图像的基本思想与基础方法。

由于智能医学图像在医学研究中的重要性以及它在人工智能中的实用性，因此它已被国家正式列入人工智能应用发展计划之中，目前相关的应用系统及实际应用效果均已逐渐显现。

16.4.2 智能医学图像处理原理

智能医学图像处理主要使用人工智能基础理论中的机器学习方法，人工智能应用理论的智能图像处理、计算机视觉中的方法，实际主要是用其中的机器学习算法、深度学习方法、卷积神经网络等进行学习。由于其图像对象为人体组织结构，因此识别能力要求高、精确度要求也高，故而其学习算法有特殊的要求，另一方面，智能医学图像处理是一个流程，而其流程操作也有一定的要求。

1. 智能医学图像处理流程

智能医学图像处理主要研究机器辅助人类，自动处理大量的图像信息。一般，智能医学图像处理包括五个部分：图像获取、图像预处理、图像特征提取、分类模型建立及分类结果。其流程结构如图16.14所示。

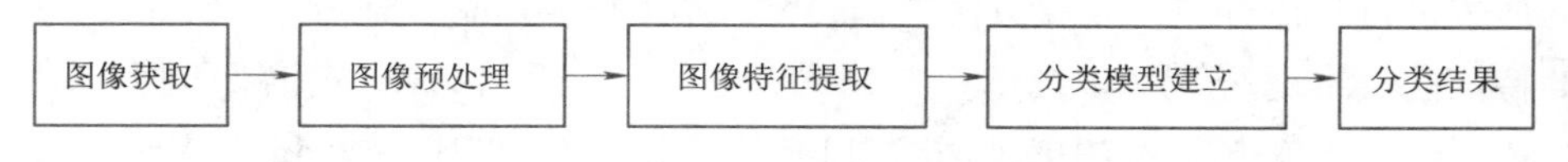

图16.14 医学图像识别智能化处理系统

1）图像获取

通过图像采集器、摄像头及数据转换卡等将光信号、模拟信号等物理信息转换成数字图像。

2）图像预处理

图像预处理的内容比较多，首先是图像去噪与增强，接着是图像分割，使其聚合于所关注的那部分图像，割去不必要的那部分，最后是作图像重建等，具体的算法和技术包括：灰度化、中值滤波、直方图均衡化、形态学处理、各向异性扩散、小波分析等。

3）图像特征提取

特征提取是决定识别结果的关键因素，常用的包括形状、颜色及纹理等特征，针对不同的图像识别算法，有的特征分类效果好，有些特征的分类效果较弱。好的特征提取方法要能提取出对图像分类最有利的特征。纹理特征中的纹理是目标图像的重要特征，可以认为是灰度或颜色在空间分布的规律所形成的图案。

4）分类模型的建立

根据一定的算法，通过对训练样本合理地进行学习，建立起一个用于分类的学习模型。常用的分类包括：决策树分类、支持向量机分类、统计分类、人工神经网络分类及深度学习中的卷积神经网络分类等。在深度学习分类中图像特征是自动提取的。

5）分类结果

分类结果就是应用学习模型对图片进行判别和分类的结果，最终疾病的诊断取决于对医学图像的分类结果所获取的解释而取得。

2. 医学图像特征提取和多特征融合的算法

目前所采用的机器学习方法中对普通图像的特征提取方法，在医学图像上并不能行之有效，特别是在局部特征提取方面更加注重于梯度、纹理的提取。所以一般采用直方图方式的局部二值模式（Lacol Binary Patterns，LBP）特征提取方法。此外，还采用SIFT作为局部不变性特征提取的代表方法。

1）LBP特征

LBP特征提取方法所关心的是梯度的符号，即中心像素与领域像素间的明暗关系，并仅用0/1表示之。当领域像素值大于等于中心像素值时则赋值为1，否则为0。

这里选用Image CLEF组织提供的公开的医学分类图像作为特征提取的数据集，其包含类别比较全面，主要有大脑、脖子、颈椎、手、脚、肺部、心脏和细胞等图像。Image CLEF数据集主要用于图像领域的研究，为分类、标注和检索提供数据和基准依据。这里选用比较理想的肺部和脚部图像，分别提取其LBP特征，包括常规的具有灰度不变性的LBP特征和具有旋转、灰度不变性的统一模式的LBP特征，并转换为直方图的形式进行对比分析。在直方图方面，分别选取了64Bin、128Bin和256Bin三种，对应的特征向量维度分别为64、128和256。图16.15所示为部分肺部和脚部图像的LBP特征及其直方图形式，中间两个为LBP特征，分别对应于基本LBP特征和具有旋转、等价模式的LBP特征。

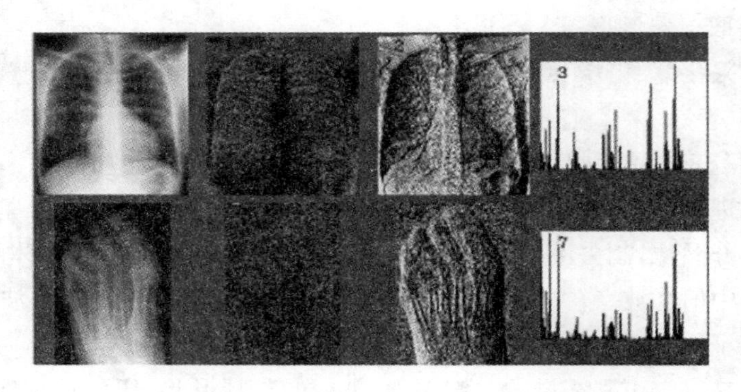

图16.15 LBP特征及其直方图效果

2）SIFT特征

SIFT特征作为局部不变性特征的代表，是图像识别分类中常用的局部性特征。可以将它与主成分分析法PCA特征降维的算法相结合。PCA是一种在特征变换时所采用的方法，它是一种在最小均方误差意义下最优线性变换降维方法。对于有些分类任务来说维度相对比较高，此时可用两者结合的PCA－SIFT算法。

SIFT 特征为 128 维，采用的算法为 PCA－SIFT。下面将 2 240 张医学图像数据，分为 1 640 张训练图像和 600 张测试图像，分别有大脑、肺部、颈椎、手、肺部、脚六种类型的器官图像。

首先针对部分医学器官图像进行 SIFT 特征高斯滤波尺度空间和 DOG 尺度空间的实验，观察其构建效果，图 16.16 和图 16.17 分别展示了一张肺部图像的高斯滤波尺度空间和 DOG 尺度空间。在图 16.16 中，出于显示考虑，所有图像都具有一样的尺度，但可以看出，高斯滤波在尺度图像模糊上的效果，随着尺度的变化，图像越来越模糊。在图 16.17 中，可以明显看出 DOG 多尺度图像的变化情况，随着尺度变大越来越模糊化。

图 16.16　肺部图像在多尺度上的高斯滤波图像效果

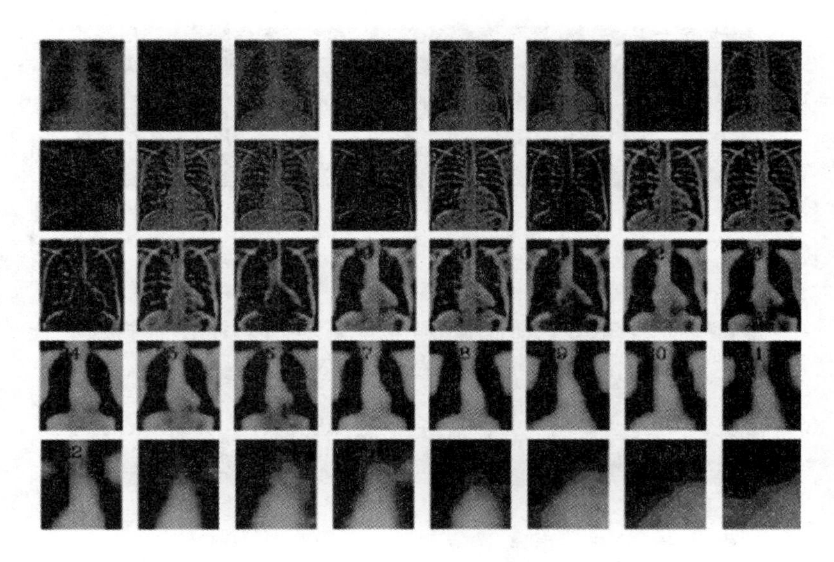

图 16.17　肺部图像 DOG 尺度空间图像构建过程

由图像 DOG 尺度图像形成效果可以看出，SIFT 的梯度信息对于图像中梯度有明显变化的区域表示比较清楚，对关键点捕捉比较敏感。图 16.18 显示了一张肺部图像的 SIFT 特征关键点描述子分布情况。在 SIFT 特征提取时，参数设置为 100 个特征。

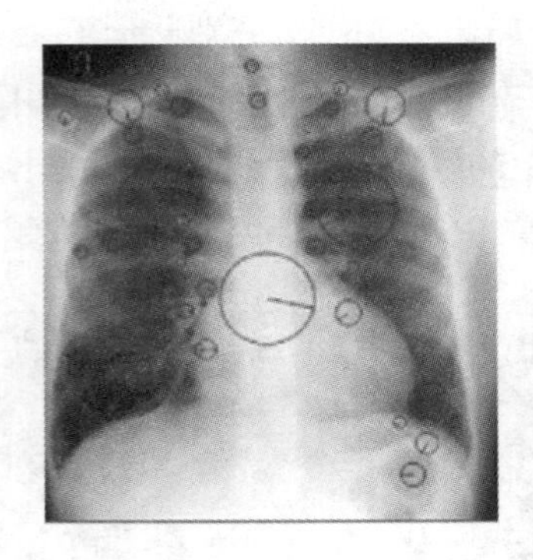

图 16.18　肺部图像 SIFT 特征

16.4.3　智能医学图像处理案例

通过一个射线成像，对肺部筛查的例子以说明智能医学图像处理的实际应用。

人工智能进行肺部筛查的步骤为：使用图像分割算法对肺部扫描序列进行处理，生成肺部区域图，然后根据肺部区域图生成肺部图像。利用肺部分割生成的肺部区域图像，加上结节标注信息生成结节区域图像，训练基于卷积神经网络的肺结节分割器，然后对图像做肺结节分割，得到疑似肺结节区域。找到疑似肺结节后，使用 3D 卷积神经网络对肺结节进行分类，得到真正肺结节的位置和置信度，如图 16.19 和图 16.20 所示。

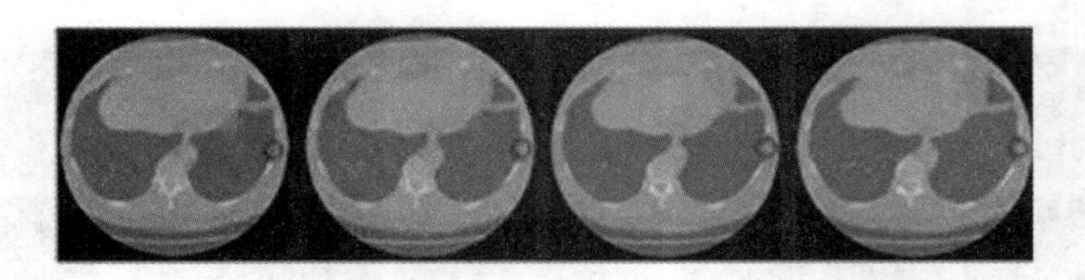

图 16.19　肺部扫描系列

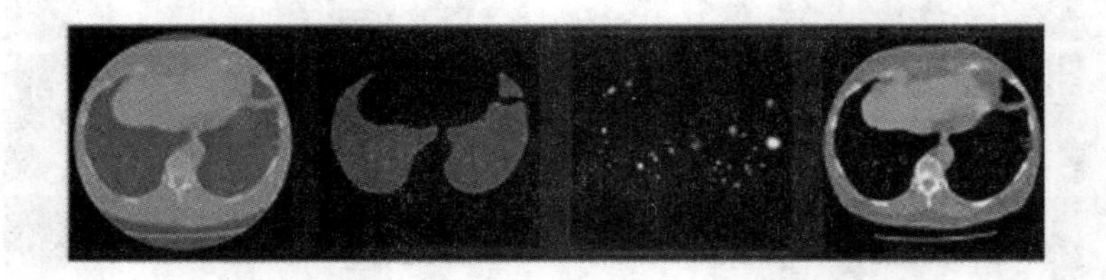

图 16.20　左至右：输入图像、肺部提取、肺结节分割、肺结节分类

小　结

本章介绍人工智能的四类应用。人工智能应用是其生存与发展的关键,但由于人工智能的应用很多,本章仅选取部分具有高度经济价值与社会价值且为人们所熟知的应用,即自动驾驶与网联车、人脸识别、机器翻译、智能医学图像处理等四类应用。

1. 自动驾驶与网联车

自动驾驶是人工智能与汽车驾驶的结合,利用先进的人工智能技术改造汽车产业,使之能协助驾驶人员,减轻其脑力与体力劳动并最终达到完全替代驾驶人员的目标,这就是自动驾驶。实现自动驾驶的主要技术是网联车技术。具有自动驾驶功能的汽车称为智能汽车。

(1) 自动驾驶技术就是在普通车辆的基础上应用多种以人工智能为核心的先进技术,使车辆具备智能的环境感知能力,能够自动分析车辆行驶的安全及危险状态,并使车辆按照人的意愿到达目的地,实现辅助驾驶并最终实现完全自动驾驶的目的。

(2) 自动驾驶技术中涉及的技术很多,包括以人工智能为核心的传感技术、计算机技术、车载控制技术以及定位技术等。

(3) 汽车驾驶员通常使用手、脚、眼等器官在大脑统一控制与管理下实现车辆驾驶,在自动驾驶中,由一个以计算机网络为架构的系统完成汽车驾驶员的工作,由部分到全部,可分为六个级别:L-0 至 L-5。目前所进行的自动驾驶研究大都指的是第 4 级自动驾驶,而其研究的最终目标是第 5 级自动驾驶。

(4) 自动驾驶的研究有两种方法:传统研究方法与现代研究方法。目前主要研究现代研究方法,又称基于网联车的研究、方法。所谓网联车就是将车辆自动驾驶置身于人、车、路统一平台之上,建立起人与车、车与车、车与路之间的统一关联与协调,实现整个线路上所有车辆的自动驾驶。实现的方法是建设一个连接人、车、路中所有有关信息的搜集、流通、处理、分析的网络,这种网络是包括车联网(Internet Of Vehicle, IOV)在内的互联网系统。

(5) 自动驾驶技术可以看成是建立在一个网络上的系统,运用多种以人工智能为主的技术融合而成,主要是网络系统、数据搜集、数据流通、数据处理、数据分析、数据控制等六个部分。

(6) 自动驾驶技术的功能:视觉能力、操纵功能、控制能力、安全驾驶能力。

(7) 自动驾驶中所采用的核心技术是人工智能,主要是图像识别、车辆定位、大数据技术、决策技术等。

(8) 自动驾驶技术的案例:百度 Apollo 无人驾驶项目的发展经历。

2. 人脸识别

(1) 人脸识别是基于人的脸部特征信息进行身份识别的一种技术，其主要方法是用摄像机或摄像头采集含有人脸的图像，接着用人脸识别技术进行识别，最终得到识别的结果，又称人像识别、面部识别等。

(2) 在人工智能中，人脸识别技术属机器学习中的分类方法。目前主要采用深度学习方法，常用的是以卷积神经网络为主。分类有两分法与多分法。所谓两分法即是判别两张人脸是否为同一人，多分法则是从 n 张人脸中寻找到特定的人脸。

(3) 人脸识别的流程一般分为两个步骤：人脸识别模型训练流程与人脸的识别流程。

(4) 人脸学习模型的生成有两个最基础的条件：一个是数据；另一个是算法。所谓数据即是大量用于训练与评估的人脸图像集，算法则是相应的学习算法。卷积神经网络已成为人脸识别的主要算法，能自动寻找人脸特征，且准确率高，一般可达到90% 以上。其中著名的有 DeepFace 模型、FaceNet 模型及百度模型等。

(5) 应用：身份识别，企业、住宅安全和管理，电子护照及身份证，公安、司法和刑侦，自助服务，信息安全等领域。

3. 机器翻译

(1) 基本原理。机器翻译是从一种符号序列（称为源语言）通过一定的规则转换成另一种符号序列（称为目标语言）的过程。这种转换过程用人工智能方法实现，称为机器翻译。

(2) 基础理论。机器翻译的基础理论是自然语言处理。由于这种转换过程极其复杂，在实际处理时还需要用到人工智能基础理论中的演绎推理、归纳推理（特别是其中的深度学习）等多种理论。

具体来说，机器翻译就是从源语言通过一定的方法（称为机器翻译方法）转换成目标语言的过程。其常用过程是：首先对源语言作分析（如词法分析、句法分析、语义分析）后形成某种形式的内部结构表示（如句法结构形式），然后将此种内部形式转换成目标语言的相应内部表示。最后，从目标语言的内部表示再生成目标语言。

(3) 机器翻译的实现方法有以下四种：

①基于人工规则的方法。

②基于实例的方法。

③基于统计模型的方法（浅层学习方法）。

④基于深度学习的方法。

目前主要采用以下两种方法：

①利用深度学习方法改进基于统计模型的方法。

②端对端神经机器翻译方法。这是一种直接利用深度学习方法,实现从源语言文本到目标语言文本的映射。

(4)基于语音的机器翻译。此翻译分为三个步骤:

①源语言语音到文本:可用语音识别技术实现。

②源语言与目标语言文本映射:可用基于文本的机器翻译方法实现。

③目标语言文本到语音:可用语音合成技术实现。

4.智能医学图像处理

(1)医学图像。医学图像是指为了医疗或医学研究,对人体或人体某部分以非侵入方式取得内部组织影像的技术与处理过程。它包括各种放射线仪器、磁共振仪器、超声仪器等。

(2)智能医学图像。用人工智能方法替代读片员分辨人体组织中复杂细致的结构,分析与正常组织结构的异同,从而为诊断疾病提供基础,称为智能医学图像。

(3)智能医学图像处理。智能医学图像可以用人工智能中的智能图像处理、计算机视觉中的理论与方法,主要是机器学习方法,特别是其中的深度学习方法、卷积神经网络等,通过从巨量的医学图片中进行学习,抽取其特征而获得人体各种器官组织特征,从而分辨出不同的结果。这就是智能医学图像的基本思想与基础方法。

(4)智能医学图像处理原理。智能医学图像处理是一个流程,而其流程操作有一定的要求。另一方面,采用卷积神经网络等方法学习。由于其图像对象为人体组织结构,因此识别能力要求高、精确度要求也高,故而学习算法也有特殊要求。

①流程:图像获取、图像预处理、图像特征提取、分类器及分类决策。

②算法:医学图像特征提取和多特征融合的算法是国内外研究医学领域的主要方向,包括LBP特征和SIFT特征等。

习题16

16.1 试介绍人工智能应用系统的重要性。

16.2 什么是自动驾驶?什么是网联车?自动驾驶与网联车有什么关系?请说明之。

16.3 试介绍自动驾驶分级。

16.4 试介绍自动驾驶与人工智能的关系。

16.5 什么是人脸识别?请说明。

16.6 请介绍人脸识别技术与人工智能的关系。

16.7 请介绍人脸识别的流程。

16.8 请介绍人脸学习模型的生成。

16.9 请介绍机器翻译基本原理及基础理论。

16.10 机器翻译实现的两种主要方法。

16.11 什么是智能医学图像？请说明。

16.12 试介绍智能医学图像处理原理。

16.13 试举一个你所见过的人工智能的应用。

第四篇

展　望　篇

本篇是本书的最后一篇，对人工智能60余年发展的教训与经验作一个小结，并在此基础上重点对今后的发展及存在问题的解决作一个展望。

本篇可以写的内容很多，但遵从本书以"多务实少务虚"的原则，仅介绍对人工智能发展起关键性影响的内容。

本篇共一章，即第17章：人工智能发展展望。此章主要介绍人工智能60余年历史中学科发展所带来的技术问题及社会问题。同时，对今后的解决给出方向性指导。

本书仅是人工智能学科的一本入门性书籍，它不可能对人工智能作全方位详细的介绍。它的目标是读者能对人工智能学科有一个系统、框架性的了解与认识，为进一步深入了解、开发与研究人工智能提供基础。

第 17 章

人工智能发展展望

近年来,人工智能以前所未有的速度迅速发展,这种发展预示着人工智能已进入了繁荣时期,但是,与此同时也带来了不少弊端,其中就学科而言,首先是学科发展所带来的各种理论问题及应用问题;其次是学科发展所带来的社会问题。本章介绍这两个问题的同时对解决的方法作方向性的指导。

17.1 人工智能学科发展

人工智能起源于多个学科,并在其发展中经历了多种磨难与重重困难,尝试过多种不同思想、方法与理论才取得了今天的大发展。回首过往的60余年历史,不但有经验,更多的是惨痛教训。结合经验与教训,看到了发展同时也看到了不足,人工智能学科的发展任重而道远。下面是人工智能学科今后的发展方向,较为一致性的三点意见作简要介绍。

1. 建立完整的人工智能基础理论体系

任何一个学科都需要有一套完整的基础理论体系,用以支撑该学科的发展。对人工智能学科而言也是如此。在经历了60余年发展后,人工智能也有了自己的理论与一定的体系,但由于人工智能自身发展的特殊性,使得它至今在完整与统一的理论体系方面尚有待进一步完善与发展。究其原因主要是:

(1)人工智能是一门边缘性学科,从它发展的萌芽期起就有多个学科基于不同理论体系组合而成。

(2)人工智能在其发展过程中,多种不同理论体系虽然有所融合,但是由于不同环境与特殊处境而形成了三种研究理论体系,它们即是符号主义体系、连接主义体系及行动主义体系,并都有其应用的支撑,至今无法完全融合。

(3)近十余年是人工智能飞速发展的时期,这种发展主要表现为人工智能应用的发展。在众多应用发展的同时出现并解决了很多理论的问题,这些理论的解决与发展已冲击到了传统的理论体系,但是人们过多聚焦于应用的实现,而忽视了理论的进一步总结、提高与发展。

由于这些因素,使得人工智能至今形成的统一理论体系仍未能取得权威性的一致性表述，它影响了人工智能学科整体发展，并影响对应用的引领与指导。目前迫切需要人工智能理论工作者努力，建立起一个统一、完整的理论体系。

2. 人工智能的多学科交叉融合

人工智能学科是一门多学科交叉集成的学科，因此人工智能的发展必须在统一的目标下注重于多学科间的交叉融合，发挥各学科优势，建立各学科间的紧密关系，相互取长补短，从而达到在人工智能大家庭中融合一起、和谐共存。这是人工智能学科发展的又一个方面。

这种多学科间的交叉融合主要表现在以下几方面：

(1) 人工智能理论与应用间的融合。

(2) 人工智能理论中各方法间的融合。

(3) 人工智能应用中计算机技术与应用系统间融合。

这种融合的必然结果是人工智能学科整体能力的进一步提升。

3. 人工智能理论、应用与计算机技术的均衡性发展

人工智能学科是一门应用性学科，总体来说其涉及的内容包括：人工智能理论、人工智能应用与计算机技术等三个部分。人工智能的这三个部分需均衡发展，才能保持其整体发展的势头，不断取得进展。

从人工智能发展的三起三伏历史中可以看出，当这三者协调一致，保持均衡发展时，人工智能就会获得高速发展；当其协调不一致，发展失衡时，人工智能就陷入低谷。究其原因，主要是这三者关系紧密，它们间相互支持又相互制约。但是这三者又各有其发展特征，要保持一致发展进程实属不易。这就出现了人工智能发展历史中的不断反复起伏的特殊现象。从此中也可以看出自觉保持人工智能发展均衡性的重要意义。

下面分三个层次深入探讨这个问题。

1) 人工智能理论

在人工智能学科中，人工智能理论是基础，是学科灵魂与生命线。人工智能一切发展都建立在理论上。人工智能理论是以研究为主，其内容包括人工智能的思想、方法及算法原理等。

由于人工智能理论研究的难度大，持续时间久，参与研究的人员的专业素质要求高等多种原因，决定了其研究特色是：少量高素质人员为主、出成果的周期长、需持续高强度的投入。

2) 人工智能应用

人工智能是一门应用性学科，应用是其最终目标，也是学科发展的主要标志。学科整体的价值体现都表现在应用中。同时，应用的需求引导了理论研究方向与产品开发力度，倒迫理论的发展，从而带动整个学科的发展。因此，应用在整个人工智能学科中既是原始驱动力，又是最终的价值体现。

所谓人工智能应用即是在人工智能理论指导下，对人类社会各种智能活动用计算机系统模拟实现，从而实现用系统取代智能活动。

人工智能应用的领域宽、应用行业多,参与应用人员可以大量投入并可以快速取得成果。因此,人工智能应用发展的特色是:可以大量投入人员,迅速取得大面积成果。

从人工智能发展的现实情况可以看出,只有应用发展了,才能产生经济效益与社会效益,从而达到聚集资金、聚集人才的结果,利用这些人才与资金才能反哺理论的研究开发,而理论的发展又促进了应用的支撑,最终达到整个学科的良性循环,从而促进人工智能学科发展。

3)计算机技术

计算机技术是发展人工智能应用的基础,其主要作用是通过系统的开发将人工智能理论转变成为应用系统或产品,从而达到应用的目的。

人工智能的计算机技术特色是:它是人工智能理论与应用的纽带,必须建立起三者的融合是其主要的特色。

(1)人工智能学科的三个层次既各自独立又相互依存,共同组成一个整体,它们之间必须保持均衡发展才能获得整体效果。

(2)人工智能学科的三个层次在发展中各具特色,很难保持同步均衡发展。从发展难度、周期、依存度及关联学科看,理论层次难度高、发展周期长但依存度低;应用层次难度相对低、发展周期快,但严重依存于理论与计算机技术的发展;计算机技术是理论与应用的纽带,必须不断迅速协调两者关系才能保证整个学科同步发展。

(3)这三者的特色是不同的,只有依据特色,三者均衡发展,保持动态平衡,最终才能获得良性循环,从而避免出现过去历史上起落不停的怪圈。

从以上的分析可以看出,要保持均衡一致发展,必须的条件如下:

(1)理论必须先行。理论是应用的前提,但理论研究难度高、周期长,因此必须认识此特征,坚持长时期高投入,任何浮躁、短浅的目光与政策措施都将损害整个人工智能学科的发展。

(2)必须大力发展应用。人工智能之所以获得发展,并进入国家战略层次的学科,正是由于它的应用性。它是人工智能整体获得发展的关键。有了应用就有了资金、设备与人才,才能使人工智能整体(包括理论与产品)得到发展。

(3)强化计算机技术与理论、应用之间的不断融合。人工智能应用的最终体现是以计算机技术为工具利用人工智能理论开发更多的人工智能应用系统或产品,并以系统替代人类智力活动为目标。因此,强化计算机技术与理论、应用之间的融合是计算机技术的主要职责。

17.2 人工智能所引发的社会问题及其解决

人工智能学科是一门特殊的学科,由于它所研究的内容涉及人类自身最敏感的部位,出于对人类自我保护潜意识的反射,以及科幻小说与电影的过分渲染,从人工智能刚出现的萌芽时期就已经有人担忧,担心在其发展美好前景的同时会引起对人类自身利益的直接碰撞与抵触。因此,在人工智能发生与发展的同时,对人工智能的担心就一直没有停止过,这已不是一个技术问题而是社会问题了,主要表现为人工智能会侵占人类就业权益的担心与人类自身安全的担心这两方面。尤为严重的是,担心人类根本无法解决这些问题,这就由担心升级为恐慌。为此,必须对这两个问题从技术与社会学角度进行必要的解释与说明。

1. 人工智能与就业

从20世纪50年代开始,以日本为首的一些流水线作业的工厂中逐渐推广机器人作业,将简单、枯燥的劳动由机器人取代。进而,又逐步推广至较为复杂但又有固定规则可循的工作中,将这种工作由机器人取代。如此不断,随着人工智能与机器人技术水平不断发展,这种"取代"工作已威胁到了成熟的技术工人的工作,因此就引起了工人的担心,进而引起了社会的担心与恐慌。

其实,人类社会自工业革命以来,新技术的应用除了提高生产力与减轻人类劳动外,都会影响到人类的就业。以蒸汽机为代表的第一次产业革命解放了人类的体力劳动,同时也影响到了体力工人的就业;以电动机为代表的第二次产业革命(电气化)解放了人类的脑/体力劳动,同时也影响到了技术工人的就业;以计算机为代表的第三次产业革命(信息化)解放了人类的脑力劳动,同时也影响到了劳力人员的就业。以人工智能为代表的第四次产业革命(智能化)解放了人类的智力劳动,同时也影响到了智力人员的就业。但所有这一切,前三次革命的结果是人类生产力的大解放,人类生活水平提高,就业问题所带来的影响最终通过发展中的不断平衡与调整而得到了解决,这第四次革命所产生的就业问题预计也可通过这种办法得到解决。

具体来说,就业问题是一个社会问题。社会问题的最终解决必须依靠社会解决。社会学中有一个基本原则就是:社会生产力的发展是解决社会中所有问题的基础。也就是邓小平同志所说的:发展是硬道理。人工智能所带来的生产力发展必定能通过政府的政策措施与市场调节等手段而使就业问题得以解决。事实证明也是如此,在日本、韩国等大量使用机器人及人工智能应用的国家,并没有因此造成大量失业,反而因此提高了人民的生活水平与生活质量。

2. 人工智能与人类智能

第二个问题实质上是一个"杞人忧天"的问题,此问题对目前社会影响之大又远远超过前一个,这就是所谓的人工智能威胁论。有人认为,人工智能将会超越人类智能,机器将控制人类并威胁人类的生存。此问题产生的起源有以下三个:

(1)人工智能学科自身研究的敏感性所致。

(2)科幻小说与影视作品的渲染以及非本门学科专家对人工智能的了解不足而引起的担忧所致。

(3)人工智能本门学科专家的不负责的宣扬所致。

实际上,所谓的"人工智能威胁论"是一个"伪命题",或者确切一点说,至少在我们这一代内是一个"伪命题"。真正的人工智能专家是不会谈论此类问题的,他们在长期的研究工作中深知人工智能的艰难，深知人类对其自身智能的了解知之甚少，人类对其自身智能的模拟有多么的困难，目前所获得的成果又是多么的稀少。当前流行着的一个笑话是：判别人工智能专家的标准是一个简单的是非题——人工智能将会超越人类智能吗？回答 Yes 者必不为专家；只有回答 No 者才有可能是真专家。

这个简单的是非题告诉我们，目前人工智能的研究水平实际上是极其低下的，研究难度是极其高的，从人工智能到人类智能尚有很多个无法逾越的障碍。下面从技术层面对主要几方面问题进行讨论：

(1)人工智能的研究对象是人类智能，它包括人类智能的主要器官——大脑的研究，从大脑神经生理的结构研究、大脑思维的研究(含形式思维与辩证思维)、大脑外在行为研究等方面，到目前为止，尚知之甚少。

(2)人类智能是动态活动的过程，即人类智能对外部世界的认识是一个不断变化、不断提高的动态发展过程。我们现在对这种动态过程的了解也知之不多。

(3)人类智能动态活动的过程是在一定环境下进行的。这种环境包括外部世界的人类社会与自然社会，同样，就目前水平看，人类对它们的了解也是极其有限的。

以上三点从人类智能角度的三个不同方面，即静态结构功能、动态变化能力以及外部环境认识等内容都可以看出，人们对其了解尚极为不足。对人类智能的认知不足，则人工智能对其模拟的难度当然很大。

下面从人工智能模拟人类智能的工具——计算机能力的角度看。

(4)计算机通过数据模拟人类智能中的外部环境。这种环境处于巨大时空多维世界中，这是一种多维、无限、连续世界，而计算机数据所能表示的仅是有限、离散的环境，因此用有限、离散的数据用于模拟无限、连续世界之间存在着的巨大差距。这种模拟只能说是“近似”，永远无法达到“一致”。

(5)计算机通过算法模拟人类智能中的智力活动。对这种模拟可分四个层次讨论：

①算法的可计算性问题：算法的能力是有限的，世界上的智力活动并非所有都用算法表示。这在算法理论中称为可计算性理论。也就是说，世界上的智力活动可分为两部分：一部分可用算法表示；另一个部分不可用算法表示，不可用算法表示的智力活动，在人工智能中是无能为力的。

②算法的复杂性问题：若智力活动是可计算的，则可用算法表示该活动。但算法在计算时还存在着计算的复杂性问题，即计算过程所需的时间与所占的空间问题，一般可分三个级别：指数级算法、多项式级算法及线性级算法。其中，指数级算法称为高复杂度算法，这种算法虽在理论上能计算，但是在实际计算中，经常出现计算变量在计算过程中其时间与空间呈指数级上升而使整个计算最终无完成。因此，算法的复杂性问题告诉我们，算法按复杂性可分两种类型，包括高复杂度算法与中、低复杂度算法。其中，高复杂度算法是无法用计算机实际计算的。

③算法的停机问题：可计算的算法还存在另一个问题，称为算法停机问题。它表示算法的收敛性，即在算法计算过程中会出现无法收敛而永不停机的状态。

以上三点讨论的算法的理论问题可得，一个智力活动是需用算法表示的，而这种算法则一定是可计算的、中低复杂度以及是无停机问题的。

④算法寻找问题：上面讨论的仅是智力活动算法的理论问题，它是寻找算法所需满足的最基本的条件。在这些条件框定下，人工智能专家任务是逐个寻找适合特定智力活动的算法，这是一种极其艰辛的创新活动过程。到目前为止，专家们所找到的算法仅是整个人类智能活动的九牛一毛。算法寻找问题是其中最重要的一环。

(6)计算机的计算力

计算机的数据与算法只有在一定的计算机平台上运行才能产生动态的结果，计算机平台上的运行能力称为计算力。计算力是建立在网络上的所有设备，包括硬件、软件及结构方式的总集成。其指标包括：运行速度、存储容量、传输速率、感知能力、行为能力、算法编程能力、数据处理能力、系统集成能力等。计算力是人工智能中计算机模拟的最基础性能力，目前计算力中的所有指标离人工智能及其数据、算法的要求差距甚大，而且很多指标无法在短时期内得以解决。

第(4)~(6)条从计算机角度的三个不同方面，即数据、算法与计算力等三方面讨论了计算机模拟人类智能活动的艰辛与难度。

综上所述，究竟人工智能能否超越人类智能呢？从目前的认知水平看，由于诸多关键问题尚无法逾越，因此人工智能超越人类智能问题在目前看来尚不在考虑范围之内。具体来说，经过60余年的不懈努力奋斗，目前人工智能研究的最高水平尚处于弱人工智能阶段，离真正的强人工智能尚遥不可及，而离超强人工智能仅仅是一个可望而不可及的奋斗目标而已。

小　结

(1)人工智能已进入繁荣时期，但是，也带来了不少弊端，主要是学科发展所带来的不平衡问题及社会问题。本章主要讨论这两个问题。

(2)人工智能学科的今后发展方向：

①建立起一个统一、完整的理论体系。

②注重多学科之间的交叉融合。

③自觉保持人工智能发展中理论与应用的均衡性。

(3)人工智能发展中的社会问题：

①就业问题。就业问题是一个社会问题，它的最终解决必须依靠社会解决。社会学中有一个基本原则就是：社会生产力的发展是解决社会中所有问题的基础。也就是邓小平同志所说的：发展是硬道理。人工智能所带来的生产力发展必定能通过政府的政策措施与市场调节等手段而使就业问题得以解决。

②人工智能威胁论。从目前的认知水平看,由于诸多关键问题尚无法逾越,因此人工智能超越人类智能问题不过是一个“杞人忧天”的问题。

习题 17

17.1 请说明人工智能学科今后的发展方向。

17.2 人工智能的发展能解决就业问题吗?请说明。

17.3 人工智能将会超越人类智能吗?请说明。

参考文献

[1]杨祥金,蔡庆生. 人工智能[M]. 重庆:中国科技文献出版社重庆分社,1988.
[2]徐洁磐. 知识库系统导论[M]. 北京:科学出版社,2000.
[3]徐洁磐. 数据仓库与决策支持系统[M]. 北京:科学出版社,2005.
[4]黄宜华. 深入理解大数据:大数据处理与编程实践[M]. 北京:机械工业出版社,2016.
[5]史忠植. 人工智能[M]. 北京:机械工业出版社,2016.
[6]周志华. 机器学习[M]. 北京:清华大学出版社,2016.
[7]王宏志. 大数据算法[M]. 北京:机械工业出版社,2015.
[8]高文倩. 人工智能[M]. 北京:清华大学出版社,2017.
[9]李德毅. 人工智能导论[M]. 北京:中国科学技术出版社,2018.
[10]马慧民,高歌. 智能新零售:数据智能时代的零售业变革[M]. 北京:中国铁道出版社,2019.
[11]娄岩. 智能医学概论[M]. 北京:中国铁道出版社,2018.
[12]朱频频. 智能客户服务技术与应用[M]. 北京:中国铁道出版社,2018.
[13]姚海鹏,王露瑶,刘韵洁,等. 大数据与人工智能导论[M]. 北京:人民邮电出版社,2018.
[14]娄岩. 大数据应用基础[M]. 北京:中国铁道出版社,2018.
[15]徐龙章,等. 智慧城市建设与实践[M]. 北京:中国铁道出版社,2018.
[16]贲可荣,张彦铎. 人工智能[M]. 3 版. 北京:清华大学出版社,2018.
[17]苏尼拉. 实用机器学习[M]. 张世武,陈铁兵,商旦,译. 北京:机械工业出版社,2018.
[18]史蒂芬,丹尼. 人工智能(第 2 版)[M]. 林赐,译. 北京:人民邮电出版社,2018.
[19]奥弗,凯西,道格拉斯. 数据科学与大数据技术导论[M]. 唐金川,译. 北京:机械工业出版社,2018.
[20]杨露菁,吉文阳,郝卓楠,等. 智能图像处理及应用[M]. 北京:中国铁道出版社,2019.